SOLEIL, SABLE ET SCIENCE

Raynald Pepin

Du même auteur :

Au-delà des apparences. La dimension scientifique de la vie quotidienne, Éditions MultiMondes et Revue *Québec Science*, 174 pages, 2001, ISBN 2-89544-022-0

Données de catalogage avant publication de Bibliothèque et Archives Canada

Pepin, Raynald

Soleil, sable et science

Comprend des réf. bibliogr. et un index.
Publ. en collab. avec : *Québec Science*.

ISBN 2-89544-070-0

1. Sciences – Ouvrages de vulgarisation. 2. Sciences – Expériences – Ouvrages de vulgarisation. 3. Jeux scientifiques. II. Titre.

Q162.P462 2005 500 C2001-940084-6

SOLEIL, SABLE ET SCIENCE

Raynald Pepin

Québec Science

ÉDITIONS MULTIMONDES

Révision linguistique : Marie-Hélène Tremblay

Illustrations techniques : Raynald Pepin et Emmanuel Gagnon

Couverture et autres illustrations : Jacques Goldstyn

Photo de la page 185 et de la quatrième de couverture : René Phaneuf

Impression : Transcontinental Impression

ISBN 2-89544-070-0
Dépôt légal – Bibliothèque nationale du Québec, 2005
Dépôt légal – Bibliothèque nationale du Canada, 2005

ÉDITIONS MULTIMONDES
930, rue Pouliot
Sainte-Foy (Québec) G1V 3N9
CANADA
Téléphone : (418) 651-3885
Téléphone sans frais depuis l'Amérique du Nord : 1 800 840-3029
Télécopie : (418) 651-6822
Télécopie sans frais depuis l'Amérique du Nord : 1 888 303-5931
multimondes@multim.com
http://www.multim.com

DISTRIBUTION EN LIBRAIRIE AU CANADA
Prologue
1650, boul. Lionel-Bertrand
Boisbriand (Québec) J7H 1N7
CANADA
Téléphone : (450) 434-0306
Téléphone sans frais : 1 800 363-2864
Télécopie : (450) 434-2627
Télécopie sans frais : 1 800 361-8088
prologue@prologue.ca

DISTRIBUTION EN FRANCE
Librairie du Québec
30, rue Gay-Lussac
75005 Paris
FRANCE
Téléphone : 01 43 54 49 02
Télécopie : 01 43 54 39 15
liquebec@cybercable.fr

DISTRIBUTION EN BELGIQUE
Librairie Océan
Avenue de Tervuren 139
B-1150 Bruxelles
BELGIQUE
Téléphone : 02 732 35 32
Télécopie : 02 732 35 32
g.i.a@wol.be

DISTRIBUTION EN SUISSE
SERVIDIS SA
Rue de l'Etraz, 2
CH-1027 LONAY
SUISSE
Téléphone : (021) 803 26 26
Télécopie : (021) 803 26 29
pgavillet@servidis.ch
http://www.servidis.ch

La Revue Québec Science *remercie le ministère de la Culture et des Communications pour le soutien financier accordé à la préparation de cet ouvrage par le programme Étalez votre science.*

Les Éditions MultiMondes reconnaissent l'aide financière du gouvernement du Canada par l'entremise du Programme d'aide au développement de l'industrie de l'édition (PADIÉ) pour leurs activités d'édition. Elles remercient la Société de développement des entreprises culturelles du Québec (SODEC) pour son aide à l'édition et à la promotion.

Gouvernement du Québec – Programme de crédit d'impôt pour l'édition de livres – gestion SODEC.

À Marie-Hélène,
en souvenir de nos aventures d'été
et de bien d'autres bons moments.

Remerciements

La publication d'un livre nécessite une moins grosse équipe que la réalisation d'un film, mais elle fait néanmoins appel à une foule de gens. Ce livre ne serait pas né sans le soutien du magazine *Québec Science*, de son rédacteur en chef Raymond Lemieux et de son directeur Pierre-Yves Gagnon ; je les remercie de leur appui. Merci également au ministère de la Culture et des Communications du Québec et aux responsables du programme Étalez votre science pour leur contribution financière à la rédaction et à la publication. Je suis également reconnaissant à Jean-Marc Gagnon et à Lise Morin, mes éditeurs, pour leur appui et leur bonne humeur constante et stimulante pour un auteur débordé.

Une grande partie du contenu de ce livre provient d'entrevues menées auprès de personnes si nombreuses que je ne peux toutes les nommer ici ; qu'elles soient néanmoins remerciées de leur collaboration et du temps qu'elles m'ont consacré.

J'ai aussi eu le plaisir de travailler avec une équipe d'excellents réviseurs, Hélène Gaulin, Michel Groulx, Robert St-Amour et André-Marie Tremblay. Ils ont vérifié le contenu et beaucoup amélioré le manuscrit original en y allant de commentaires pertinents émis avec gentillesse. Un merci tout spécial à Martin Paquet, mon réviseur préféré, qui m'a signalé avec tant de compétence de nombreuses lourdeurs et erreurs ainsi que des précisions à apporter et des passages à couper. Ma conjointe, Marie-Hélène Legault, a aussi relu tout le texte et m'a indiqué, sans que notre relation n'en souffre, plusieurs passages à améliorer. Jacques Goldstyn a illustré le livre avec son humour et son à-propos habituels. Enfin, j'aimerais aussi remercier Marie-Hélène Tremblay et Emmanuel Gagnon, des Éditions MultiMondes, pour le soin apporté à la révision linguistique finale et à la réalisation des illustrations.

Bonne lecture !
Raynald Pepin

TABLE DES MATIÈRES

CHAPITRE 1

BON VOYAGE!

Sophie avait conduit tout l'après-midi. Après le souper au resto, Pierre avait repris le volant. Il n'aimait pas conduire, mais avec trois enfants sur la banquette arrière, Pierre trouvait souvent plus relaxant d'être au volant. Invoquant la concentration nécessaire à la conduite, il pouvait ainsi laisser la responsabilité de « l'animation » à l'occupante du siège de droite.

Le départ avait eu lieu le matin, vers 10h, une fois les bagages et les enfants casés dans l'auto. Pour Pierre et Sophie, rien n'égalait le moment où ils quittaient enfin la maison. Après toute la frénésie des préparatifs, le moment où l'auto démarrait, avec tout le monde à bord, marquait le début des vacances.

Évidemment, ça n'empêchait pas la routine habituelle. Au bout d'une demi-heure, alors qu'ils étaient à peine sortis de la ville, Rachel avait demandé: « Quand est-ce qu'on arrive ? » Sophie lui avait expliqué de nouveau qu'ils avaient une longue route à faire avant d'arriver au chalet prêté par oncle Yvon. Les enfants détestaient l'auto autant que Pierre et le record familial était de cinq heures de route en un jour, marque atteinte l'an dernier. Grâce à la maturité apportée par l'année supplémentaire, Pierre et Sophie espéraient battre ce record et se rendre au chalet dans la journée sans que le toit de l'auto n'explose.

C'est ainsi qu'en matinée, pour faire passer le temps, Sophie avait passé une heure à chanter avec Rachel et Julie; Antoine était trop vieux pour ces gamineries. Dans l'après-midi, pendant que Sophie conduisait, Pierre avait joué avec les enfants à des jeux « intellectuels ». Qui, le premier, voit une auto jaune ? un sapin ? un tracteur ? Puis ça avait été les charades, les devinettes. Une partie de foot dans une halte routière avait assez fatigué les enfants pour qu'ils résistent jusqu'au souper. Mais depuis le resto, ils étaient excités et ils ne supportaient plus de rester assis. Sentant la soupe chaude, dans la hâte d'arriver, inconsciemment Pierre appuyait sur l'accélérateur plus qu'il n'aurait dû.

La police et les ondes

– Attention ! Une voiture de police, devant, l'avertit Sophie.

En effet, de l'autre côté de la route, un policier braquait son radar… vers les véhicules venant en sens inverse. Ouf ! Ce n'était pas à eux qu'il en avait.

Comment peut-on, à distance, déterminer la vitesse d'une auto ? Les policiers utilisent un radar ou un détecteur à laser. Le radar émet des micro-ondes, des ondes de même nature que la LUMIÈRE VISIBLE[1], mais qui oscillent à une FRÉQUENCE d'environ 10 gigahertz. Un gigahertz (GHz) vaut 10^{10} hertz, soit 10 000 000 000 hertz ; un hertz correspond à une oscillation par seconde.

En comparaison, dans un four à micro-ondes, les ondes ont une fréquence de 2,45 GHz. La téléphonie cellulaire utilise des micro-ondes d'une fréquence proche de 1,9 GHz pour les communications entre le téléphone cellulaire et la station. Les ondes constituant la lumière visible ont une fréquence supérieure à 10^{14} hertz.

Une ONDE est une perturbation qui se propage. Durant leurs vacances, nos héros en rencontreront différents types : ondes lumineuses, micro-ondes, ondes sonores, peut-être même des ondes sismiques ! Les vagues sont aussi des ondes. Si on jette un caillou dans l'eau, son entrée dans le liquide crée un creux, une région où temporairement l'eau est plus basse, et une crête, résultat de l'eau projetée de côté. Une fois déformée, la surface de l'eau ne reste pas immobile. Crêtes et creux se propagent, l'ensemble constituant une onde.

Figure 1.1
Origine d'une onde

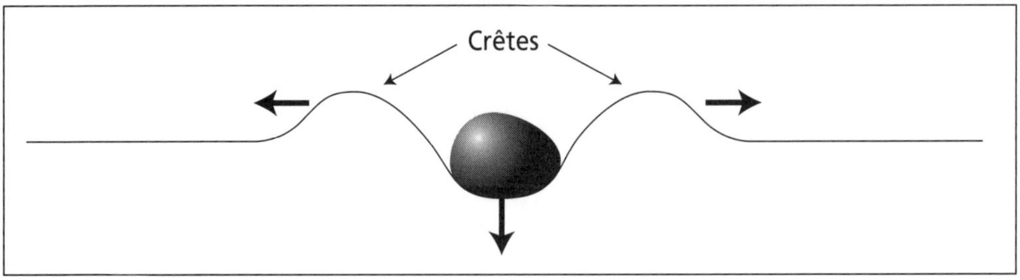

Une onde résulte d'une perturbation. Par exemple, un caillou jeté dans l'eau amorce une vague.

Les micro-ondes, des ONDES ÉLECTROMAGNÉTIQUES, se comportent comme des vagues, sauf qu'au lieu d'un matériau (comme l'eau) qui vibre, ce sont des CHAMPS ÉLECTRIQUE ET MAGNÉTIQUE qui oscillent. C'est plus abstrait qu'une vague, puisqu'on ne peut pas voir ces champs. Mais la nature est comme ça ! Les micro-ondes peuvent

1. Les mots écrits en petites capitales sont définis dans le glossaire à la fin du livre. Si un terme spécialisé ne se trouve pas dans le glossaire, vous pouvez utiliser l'index pour repérer sa première apparition dans le livre, où il est généralement défini.

être détectées par leurs effets sur différents matériaux. Par exemple, elles réchauffent l'eau dans un four micro-ondes, ou elles génèrent un COURANT électrique dans l'antenne métallique des téléphones portables.

Pour mesurer la vitesse d'un véhicule, un policier pointe un radar en direction du véhicule qui approche. Les micro-ondes, qui voyagent à 300 000 kilomètres par seconde (la vitesse de la lumière), arrivent sur le véhicule et sont réfléchies dans toutes les directions. Une partie des ondes revient vers le radar, qui détecte cet écho.

La fréquence des ondes captées est plus grande que la fréquence des ondes émises par le radar. L'écart de fréquence dépend de la vitesse du véhicule. À partir de cet écart, le radar peut évaluer la vitesse… au grand déplaisir de certains conducteurs.

Monsieur Doppler et les chauves-souris

Pourquoi la fréquence de l'onde captée est-elle différente ? Un tel décalage de fréquence se produit chaque fois qu'une source d'ondes, ou qu'un détecteur d'ondes, est en mouvement. Le phénomène a été décrit pour la première fois en 1842 par l'Autrichien Christian Doppler.

L'effet Doppler se produit avec n'importe quel type d'ondes, comme les vagues dont nous parlions précédemment. Supposons qu'une personne, debout dans l'eau au bord de la mer, reçoive 10 vagues par minute : ce chiffre correspond à la fréquence des vagues. Si la personne nage à la rencontre des vagues, elle croisera plus de vagues en une minute, par exemple 12 vagues. À cause de son mouvement, la fréquence perçue par la personne (le détecteur d'ondes) a changé, bien que la distance entre les vagues, appelée la longueur d'onde, soit restée la même[2].

De la même façon, quand une auto va à la rencontre des micro-ondes émises par un radar, comme notre nageur allait à la rencontre des vagues, la fréquence « perçue par l'auto » est plus grande. L'auto réfléchit les micro-ondes et la fréquence des ondes reçues par le radar est supérieure à la fréquence émise, d'où la possibilité de mesurer la vitesse de l'auto[3].

---

2. Même pour un détecteur d'ondes immobile, l'effet Doppler se produit si la source qui émet les ondes bouge elle-même. Dans ce cas, la distance entre les crêtes de l'onde n'est plus la même et la fréquence perçue change aussi.

3. Tel que mentionné plus tôt, la vitesse d'un véhicule peut aussi être évaluée par un détecteur laser. Le pistolet laser émet une impulsion de rayons infrarouges (invisibles), produits par un laser à semiconducteur ; ces rayons voyagent à 300 000 km/s, la vitesse de la lumière. Une partie des rayons se réfléchit sur le véhicule visé et revient vers le pistolet, où ils sont captés par un détecteur très sensible. L'électronique du détecteur, très précise, mesure le délai écoulé entre l'émission et la réception des rayons infrarouges. Ce délai, de l'ordre du millionième de seconde, permet de déterminer la distance du véhicule.

   Durant environ une demi-seconde, le pistolet laser émet une série d'impulsions espacées de quelques millisecondes. Le processeur électronique calcule le taux de changement de la distance du véhicule entre deux impulsions, ce qui correspond à la vitesse du véhicule.

Figure 1.2
Effet Doppler et mesure de la vitesse d'un véhicule

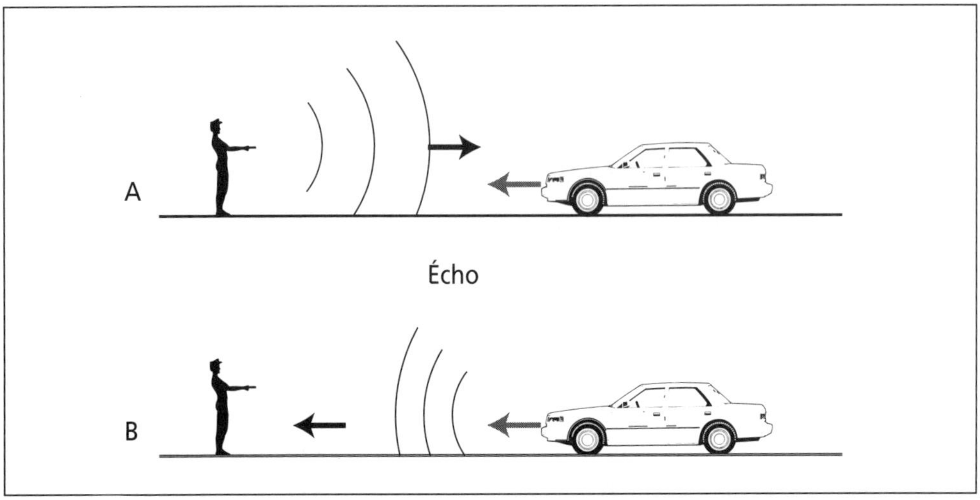

A. Les micro-ondes émises par le radar se propagent vers l'auto qui s'approche. Les lignes courbes représentent les crêtes de l'onde. *B.* À cause de son mouvement, l'auto « perçoit » et réfléchit les ondes à une fréquence plus grande que la fréquence émise par le radar. Les crêtes de l'onde réfléchie (l'écho) sont plus rapprochées. Le radar détecte une fréquence plus grande et en déduit la vitesse de l'auto.

Certaines espèces de chauves-souris utilisent l'effet Doppler pour obtenir de l'information sur leurs proies, par exemple des insectes en vol. Ces chauves-souris émettent des ULTRASONS (vibrations dans l'air dont la fréquence dépasse 20 kHz) dont elles captent les échos avec leurs oreilles. Le délai de réception de l'écho reflète la distance de la proie (ou d'un obstacle) ; plus le délai est long, plus la proie est éloignée. La taille de la proie peut être déduite de l'intensité de l'écho ; plus l'écho est fort, plus la proie est grosse. Les chauves-souris déduisent aussi la direction de la proie à partir des décalages et des différences entre les échos reçus par leurs deux oreilles. Mais en plus, les chauves-souris détectent les variations de fréquence de l'écho par rapport au cri qu'elles ont émis, et en déduisent la vitesse de vol de l'insecte par rapport à elles. Elles ont mis à profit l'effet Doppler avant les êtres humains !

L'effet Doppler est utilisé en médecine pour mesurer la vitesse d'écoulement du sang dans les vaisseaux. Un dispositif (une sonde) installé sur la peau émet des ultrasons à une fréquence donnée et un détecteur, placé à côté, capte l'écho de fréquence différente réfléchi par les globules sanguins en mouvement dans un vaisseau proche de la surface de la peau. La sonde, comme le radar du policier, sert à la fois d'émetteur et de détecteur. À partir du décalage de fréquence observé, on détermine la vitesse du sang. Si le sang va trop vite, on lui flanque une contravention. En fait, on observe les perturbations de son écoulement, ce qui permet de détecter un éventuel rétrécissement du vaisseau (sténose).

Certaines des applications les plus importantes de l'effet Doppler se font en astronomie. Le mouvement d'un corps céleste modifie par effet Doppler les LONGUEURS D'ONDE composant la lumière émise ou réfléchie par cet astre. C'est ainsi qu'on a découvert que l'univers est en expansion au lieu d'être statique, comme on le croyait auparavant.

Arrêt d'urgence

La voiture de police laissée en arrière, notre famille continue sa route, Pierre relâchant un peu la pression sur l'accélérateur. De part et d'autre de la route s'étendent des champs entrecoupés de boisés. Le soleil baisse progressivement, les ombres s'allongent, la campagne apparaît de plus en plus bucolique, et tout le monde a hâte d'arriver.

Hélas ! De multiples périls guettent encore nos voyageurs. La voix de Rachel s'élève à l'arrière :

– Papa ! J'ai envie !

Diable ! Alors que Pierre, aventurier déterminé, ne pense qu'à rouler à la conquête de territoires inconnus, il est ramené à la réalité par l'inéluctable résultat du MÉTABOLISME de sa fille.

– Mais tu es allée à la toilette en quittant le restaurant !

– J'ai encore envie ! T'avais qu'à ne pas m'obliger à boire tout mon lait !

En son for intérieur, Pierre est fier que sa fille ait un tel esprit de répartie, mais il n'est pas question de le montrer.

– Tu ne peux pas attendre un peu ? Nous serons au chalet d'ici 20 à 30 minutes.

– Non, j'ai de plus en plus envie !

Résigné, Pierre cherche un endroit où arrêter. Un kilomètre plus loin, un chemin secondaire part vers la droite, près d'un petit bois qui pourra assurer une discrétion minimale. L'auto arrêtée, Pierre se tourne vers Sophie mais celle-ci, avec un sourire moqueur, éteint ses espérances :

– Je reste avec les deux autres, moi ! Vas-y !

Pierre conduit Rachel quelques mètres à l'intérieur du bois, la protégeant du mieux qu'il le peut des buissons épineux, des trous perfides et des branches traîtresses pour les yeux. Notre jeune fille ayant pris la position immémoriale adoptée par les humains qui se délestent, l'opération commence. Depuis de longues minutes, des récepteurs situés dans la paroi musculaire de la vessie détectent l'expansion de celle-ci et envoient des signaux désespérés au système nerveux. Celui-ci peut enfin intimer au sphincter externe, un anneau musculaire situé à la sortie de la vessie, l'ordre de se relâcher. Simultanément, les muscles de la paroi de la vessie se contractent en chœur. La vessie, de réservoir élastique qu'elle était, se transforme maintenant en pompe et pousse l'urine dans l'urètre, le canal qui va de la vessie au méat urinaire. La PRESSION exercée par la paroi musculaire de la vessie peut alors atteindre 5 KILOPASCALS (kPa), alors qu'avant la miction, elle était limitée à environ 1 kilopascal.

À titre de comparaison, la pression atmosphérique vaut 101 kilopascals. La pression totale existant dans la vessie de Rachel durant la miction vaut en réalité 101 + 5, soit 106 kilopascals. En général, les pressions existant à différents endroits dans le corps humain sont exprimées relativement à la pression atmosphérique, parce que la pression à l'intérieur du corps est en moyenne égale à la pression atmosphérique et parce que la pression relative est plus facile à mesurer. Quand le ventricule gauche du cœur se contracte et pousse le sang dans les ARTÈRES, la pression *relative* du sang chez un adulte atteint typiquement 120 millimètres de mercure, soit 16 kilopascals (117 kilopascals en pression absolue), encore plus que dans la vessie[4] !

Quand Rachel, avec soulagement, commence à uriner, le débit augmente rapidement jusqu'à environ 20 millilitres par seconde (chez l'adulte, le débit maximum atteint 40 millilitres par seconde) avant de diminuer vers la fin de la miction. Rachel ayant 4 ans, la capacité de sa vessie est d'environ 150 millilitres et la durée de la miction sera d'une quinzaine de secondes. Avec la croissance, la capacité de sa vessie passera à 200 millilitres à 8 ans, puis à 500 millilitres vers 16 ans.

Quand Rachel aura fini d'humidifier l'humus forestier, sa vessie ne sera pas totalement vide : la vessie n'est pas un bidon que l'on renverse ! Mais il restera moins de 10 % de l'urine présente au début de l'évacuation.

4. Pour prendre la pression, on entoure le bras d'un brassard qu'on gonfle de façon à comprimer l'artère brachiale, à côté du biceps, assez pour y bloquer l'écoulement du sang (c'est le serrement d'Hippocrate). Au moyen d'un stéthoscope appliqué dans le pli du coude, on écoute les bruits dans l'artère brachiale tout en dégonflant lentement le brassard.

À un certain moment, le sang réussit à se frayer un chemin dans l'artère (la turbulence du sang rend l'écoulement audible) durant la portion du cycle cardiaque où la pression est la plus élevée, soit durant la contraction des ventricules ou systole ventriculaire. Cette pression systolique est exprimée en unités définies d'après la hauteur de la colonne de mercure du manomètre utilisé pour mesurer la pression : par exemple, 120 mm Hg (Hg est le symbole chimique du mercure).

En dégonflant toujours le brassard, le bruit s'assourdit puis la circulation reprend normalement. La disparition des bruits de turbulence définit la pression diastolique, par exemple 80 mm Hg. Cette pression est la pression minimale existant dans les artères lors de la diastole ventriculaire, la phase durant laquelle les ventricules se remplissent de sang avant de l'expulser dans les artères. La mesure complète de la pression est exprimée sous la forme 120/80 mm Hg.

Collecte d'ordures

Pierre dispose d'une quinzaine de secondes, comme on vient de le voir, pour méditer sur l'importance du processus en cours chez sa fille. L'urine élimine certains déchets résultant des réactions biochimiques et des divers processus ayant cours dans les cellules et les tissus du corps. Alors que le foie contrôle entre autres les taux de GLUCIDES et de PROTÉINES dans le sang, les reins, connectés à la vessie, ont pour fonction de régulariser la composition en minéraux et en eau de l'organisme, ainsi que d'éliminer les produits azotés résultant du métabolisme des protéines.

Les protéines, de grosses MOLÉCULES, sont les principaux constituants des tissus, tels les muscles, les organes et la peau. Les ENZYMES, CATALYSEURS essentiels dans le métabolisme, sont aussi des protéines. Les protéines sont constituées d'unités plus petites appelées ACIDES AMINÉS. Les acides aminés comportent entre autres un GROUPEMENT FONCTIONNEL amine, de formule chimique NH_2, où les symboles N et H correspondent respectivement à l'azote et à l'hydrogène.

Notre organisme ne peut pas stocker des acides aminés sans d'abord les transformer, contrairement à ce qu'il fait avec les glucides et les lipides. Les acides aminés en excès sont délestés de leur groupement amine, qui est transformé après plusieurs réactions en ammoniac[5] (NH_3), une substance toxique. Le résidu des acides aminés est converti en diverses substances utiles.

Dans le foie, diverses enzymes assurent la synthèse de l'urée (H_2NCONH_2) à partir de l'ammoniac. L'urée, beaucoup moins toxique que l'ammoniac, se retrouve dans le sang, ce qui l'amène assez rapidement à passer par les reins.

Près de 10 % de l'énergie que Rachel consomme sous forme d'aliments sert à l'épuration du sang par les reins. Sortir la poubelle, ça demande un effort ! Dans chaque rein, environ un million d'éboueurs-trieurs appelés néphrons recyclent et éliminent les déchets. Un néphron (du grec *nephros*, « rein ») est une petite structure, longue de 2 à 4 centimètres et large de moins d'un millimètre, entourée de CAPILLAIRES sanguins. Le plasma sanguin, incluant la plupart des minéraux et molécules qu'il contient, passe à travers les parois perméables des capillaires et ce « filtrat » se retrouve à un bout du néphron. Il circule ensuite dans un tube en forme d'épingle à cheveu appelé tubule rénal.

5. Ou en ion ammonium, NH_4^+.

Figure 1.3
Schémas du rein et des néphrons

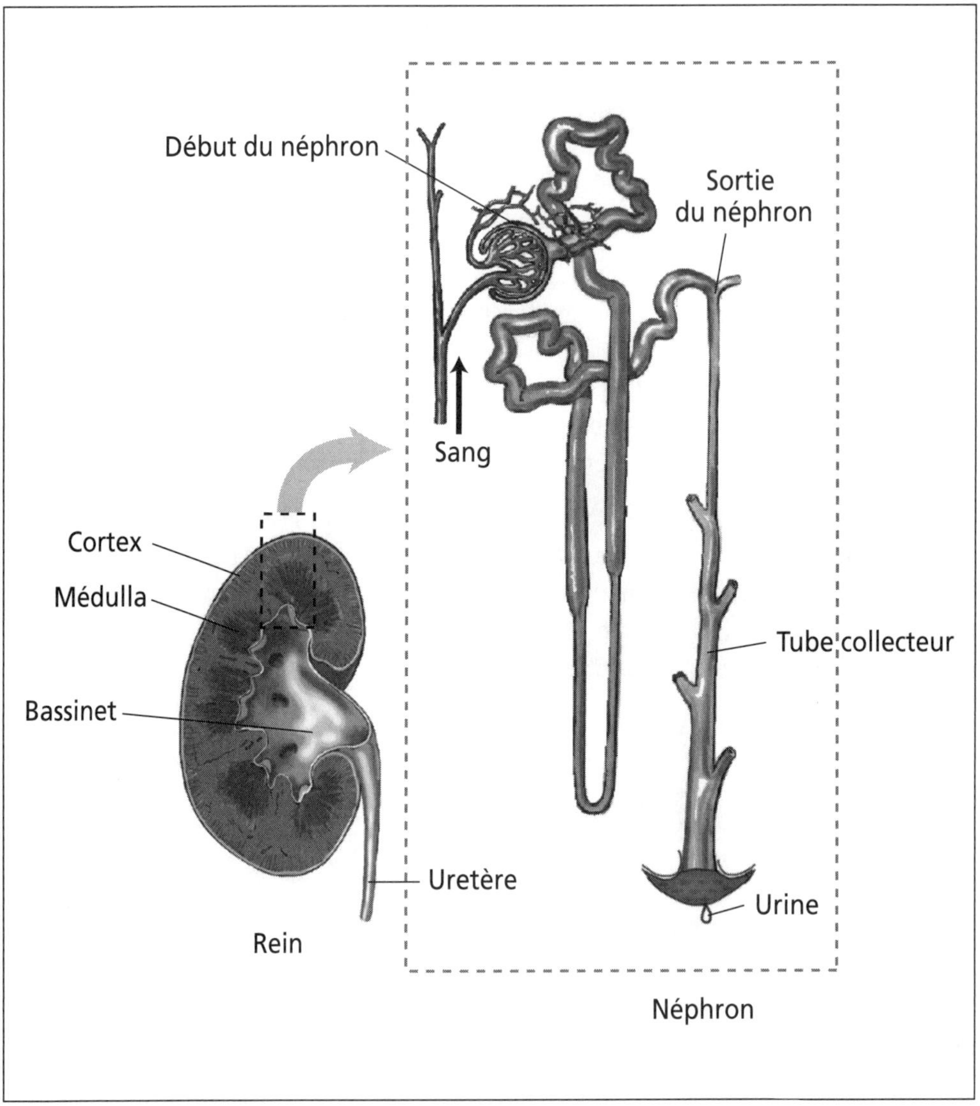

Les parois du tubule, constituées de cellules, réabsorbent la majeure partie du glucose, des minéraux et de l'eau, et les transfèrent au sang qui circule dans les capillaires environnants. Le liquide poursuivant son chemin dans le tubule devient l'urine. L'urine provenant de tous les néphrons se rassemble puis sort du rein par l'uretère, un canal qui mène à la vessie.

Chez un adulte, le volume sanguin tourne autour de 5 litres. En une journée, environ 1 500 litres de sang passent dans les reins. C'est comme si la benne à ordures passait 300 fois par jour : les déchets ne traînent pas longtemps. Toute cette activité engendre de 1 à 1,5 litre d'urine. La production d'urine augmente sous l'effet de divers facteurs, comme une absorption accrue de liquide, l'ingestion d'alcool, la nervosité ou l'exposition au froid. Quand il fait froid, les vaisseaux sanguins se contractent dans nos extrémités et la circulation du sang y diminue afin de limiter les pertes de chaleur ; c'est pourquoi la peau apparaît plus blanche. Ce mécanisme permet de conserver à la bonne température les organes essentiels, le cerveau, le cœur, le foie et les reins. Le volume de sang dans le tronc augmentant, davantage de sang passe dans les reins, ce qui accroît le volume d'urine produite.

L'urine évacuée par Rachel, avec une MASSE VOLUMIQUE[6] d'environ 1,02 gramme par centimètre cube, est légèrement plus dense que l'eau (masse volumique de 1,00 gramme par centimètre cube). Quand Rachel pisse dans une toilette, l'urine coule vers le fond, en raison de cette DENSITÉ plus élevée (mais aussi à cause de son mouvement initial). L'urine contient de 2 à 3 % d'urée et des ions chlore, sodium, potassium, etc. On peut donc dire qu'elle comporte environ 0,6 % de sel de table, dont le nom chimique est le chlorure de sodium (NaCl).

L'urée, le sel et le potassium sont incolores en SOLUTION. L'urine de Rachel est jaune parce qu'elle contient un pigment appelé urobiline, dont l'histoire commence quand de vieux globules rouges sont éliminés de la circulation sanguine. Les globules rouges comportent de l'hémoglobine, une protéine qui transporte l'oxygène à la surface des globules. Quand les vieux globules meurent, le groupement hème de l'hémoglobine est dégradé, ce qui mène à la formation de bilirubine, une substance orange. Dans le foie, la bilirubine est transformée en un autre composé qui est ajouté dans la bile[7] ; celle-ci avait été excrétée dans l'intestin grêle par la vésicule biliaire pour faciliter la DIGESTION des LIPIDES. Plus loin, dans le gros intestin (vous suivez toujours ?), des bactéries convertissent ce composé en urobilinogène.

6. La masse volumique est le rapport de la masse d'un corps, en grammes ou en kilogrammes, sur son volume, en centimètres cube ou en mètres cube. La densité d'un corps est le rapport de la masse volumique du corps sur celle de l'eau, qui vaut 1,00 gramme par centimètre cube (g/cm^3). Un corps ayant une grande densité a donc aussi une masse volumique élevée.

7. Chez un nouveau-né, il arrive souvent que le foie n'arrive pas à dégrader suffisamment la bilirubine, d'où une jaunisse.

Figure 1.4
Origine de la couleur de l'urine

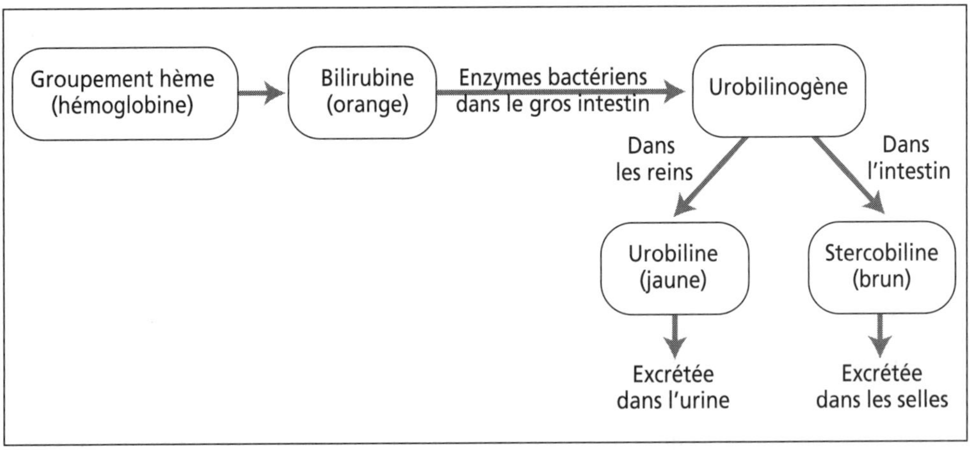

La couleur jaune de l'urine provient de l'urobiline, un produit de la dégradation des globules rouges.

Une partie de l'urobilinogène est absorbée par les cellules de la paroi intestinale et passe dans le sang avant d'être traitée et transformée en urobiline dans les reins. Le reste de l'urobilinogène est converti, encore par des bactéries intestinales, en stercobiline, un pigment brun-rouge qui donne leur couleur aux selles.

En passant, le « caca » des oiseaux, de couleur blanche, est plus près de l'urine que du « caca ». Les fientes contiennent surtout de l'acide urique [$C_5H_4N_4O_3$] produit à partir de l'ammoniac. L'acide urique peut être excrété sous une forme très concentrée, presque solide, ce qui permet aux oiseaux de se débarrasser de l'ammoniac avec une perte d'eau minimale. La forte concentration en substances azotées fait que le guano (substance constituée de déjections d'oiseaux) est un excellent engrais.

Gloutons moteurs

Pierre et Rachel sortent du bois, laissant derrière eux une zone nouvellement irriguée qui fait le bonheur de nombreux organismes. L'urée fournie par Rachel sera en effet utilisée comme source d'azote par divers microbes vivant dans le sol. L'urée est d'ailleurs fabriquée industriellement, à partir d'ammoniac (NH_3), pour servir d'engrais[8].

8. L'ammoniac est synthétisé à partir d'azote et d'hydrogène, ce dernier gaz étant tiré du gaz naturel ou du pétrole. La diminution des ressources en carburants fossiles risque donc de rendre plus difficile la production d'engrais synthétiques. Or, sans ces engrais, on arriverait difficilement à nourrir la population mondiale actuelle ; on estime qu'environ un tiers des protéines consommées par les êtres humains repose sur l'utilisation des engrais azotés.

Pierre est à nouveau tenté de rouler vite pour rattraper le temps perdu. Mal lui en prend. Dès que l'aiguille dépasse 115 km/h, Antoine l'apostrophe :

– Heille p'pa ! Roule pas trop vite ! Tu gaspilles de l'essence !

Antoine, pré-ado, aime bien taquiner ses parents. Depuis qu'il est parti sur une lancée écolo, ceux-ci trinquent.

– T'as raison, on aurait dû venir en vélo, le nargue Pierre.

– Non, mais on aurait pu faire un voyage en avion, ça aurait été mieux.

Antoine a raison sur un point mais tort sur l'autre. Rouler vite nécessite plus de carburant et produit donc plus de polluants que si on roulait plus lentement pour parcourir la même distance. C'est parce que la résistance qui s'oppose au mouvement de l'auto augmente avec la vitesse. Pour accroître la vitesse d'un véhicule, la FORCE de propulsion doit donc augmenter, ce qui accroît la consommation d'essence (à distance parcourue égale).

Deux forces s'opposent au mouvement de l'auto : la résistance au roulement, due à la déformation des pneus et de la chaussée, et la RÉSISTANCE de l'air. La résistance au roulement varie très peu avec la vitesse. La résistance de l'air, par contre, est proportionnelle à la vitesse au carré. Alors qu'elle est similaire à la résistance au roulement autour de 70 km/h, elle prend beaucoup plus d'importance à grande vitesse.

La résistance de l'air, aussi appelée traînée, a pour origine deux facteurs. La friction de l'air s'écoulant sur l'objet, dans une mince couche d'air appelée la couche limite, produit de la chaleur et fait perdre de l'énergie au véhicule. Mais c'est surtout la traînée due à la pression qui compte. Lors du mouvement, l'écoulement d'air n'arrive pas à suivre le contour du véhicule et s'en sépare. En conséquence, la pression de l'air est plus faible à l'arrière du véhicule qu'en avant. Il en résulte une force qui tend à ralentir le véhicule.

La traînée T est proportionnelle à la masse volumique d de l'air, à la surface frontale S (surface perpendiculaire à l'écoulement d'air) ainsi qu'au carré de la vitesse v de l'air par rapport au véhicule, ce qui s'exprime au moyen d'une petite équation :

$$T = 1/2\ C_x\ d\ S\ v^2$$

La vitesse v est la vitesse relative du véhicule par rapport à l'air. Pour une auto roulant à 80 km/h, avec un vent de face de 20 km/h, la vitesse relative vaut 100 km/h. Le coefficient de traînée, le fameux C_x, dépend de la forme du corps en mouvement. Le C_x vaut de 0,3 à 0,4 pour les autos actuelles, alors qu'il dépassait 0,80 pour les autos des années 1920 et 0,55 pour celles des années 1970.

On peut comprendre pourquoi la traînée varie selon le carré de la vitesse relative. Quand sa vitesse double, un véhicule rencontre deux fois plus de molécules d'air en un temps donné, avec une vitesse deux fois plus grande. Comme la force exercée par l'air est proportionnelle au nombre de molécules frappant le véhicule et à la vitesse de ces molécules lors de l'impact, la traînée quadruple.

Considérons le cas de l'auto de notre petite famille si Pierre accélère de 100 à 120 km/h : la vitesse augmente d'un facteur 1,2 et le carré de la vitesse augmente d'un facteur 1,44. La traînée augmente donc de 44 % ! La consommation d'essence sur le trajet effectué augmente de moins de 44 %, car la résistance au roulement, comme on l'a vu, varie peu avec la vitesse : l'augmentation de la résistance totale est donc inférieure à 44 %.

Aux vitesses normales sur l'autoroute, la traînée est environ deux fois plus importante que la résistance au roulement, ce qui fait que la consommation d'essence augmente d'environ 25 % en passant de 100 à 120 km/h. Sur un trajet de 600 kilomètres, en considérant une consommation moyenne de 10 litres aux 100 kilomètres (à 100 kilomètres par heure), un tel accroissement correspond à 15 litres d'essence. Ce n'est pas rien. Antoine a bien raison et son père se rend à ses objurgations en levant le pied.

Il est intéressant de comparer l'énergie contenue dans le carburant à l'énergie utilisée dans d'autres processus. L'unité d'énergie la plus généralement employée est le JOULE (J). Un joule correspond à peu près à l'énergie qu'une personne fournit à une tablette de chocolat de 100 grammes en l'élevant d'un mètre : ce n'est pas beaucoup ! Un adulte a besoin d'environ 100 joules par seconde pour assurer son métabolisme au repos, et doit consommer environ 10000 kilojoules (kJ) par jour sous forme d'énergie chimique contenue dans ses aliments. À titre de comparaison, une auto de 1500 kilos roulant à 100 km/h possède une énergie cinétique, associée à son mouvement, de 600 kilojoules. Un litre d'essence renferme environ 35000 kilojoules d'énergie.

On peut aussi comparer ces valeurs en utilisant l'unité d'énergie utilisée pour mesurer l'énergie électrique. Un kilowattheure (kWh) correspond à l'énergie consommée par un appareil électrique fonctionnant sous une PUISSANCE de 1000 watts (c'est par exemple le cas d'un grille-pain ou d'un sèche-cheveux) durant une heure. Un kilowattheure vaut 3600 kilojoules. Un litre d'essence renferme donc une énergie d'environ 10 kWh. Avec l'énergie contenue dans un litre d'essence, consommé par une auto en 10 kilomètres environ, on pourrait faire fonctionner un grille-pain durant 10 heures.

Antoine a eu raison à propos de l'effet de la vitesse sur la consommation d'essence. Par contre, son idée de remplacer le déplacement en auto par un voyage en avion est moins géniale sur le plan environnemental. Pour chaque passager transporté, un avion consomme en moyenne cinq litres de carburant aux 100 kilomètres. Le transport aérien est plus avantageux que l'automobile pour une ou deux personnes. Mais pour notre famille de cinq personnes, la consommation correspond à 25 litres aux 100 kilomètres, de 2 à 2,5 fois plus qu'en automobile.

Et si on tient compte du fait que les voyages en avion sont généralement plus longs que ceux en automobile, des vacances avec voyage en avion sont fort polluantes. Si notre petite famille avait effectué l'aller-retour Montréal-Paris plutôt que d'aller au chalet et d'en revenir, elle aurait consommé 12 fois plus de carburant: environ 1 500 litres au lieu de 120 litres!

Chauffage central

Que ce soit en avion ou en automobile, ce carburant s'envole en fumée. Le pétrole et les carburants dérivés sont constitués d'hydrocarbures, des composés chimiques contenant des atomes de carbone et d'hydrogène. La combustion de ces substances en présence d'oxygène produit du gaz carbonique.

Le carbone est un ATOME particulier. Six ÉLECTRONS tournent autour de son noyau central. Deux des électrons orbitent dans une région proche du noyau alors que les quatre autres sont en mouvement dans une couche externe. Chacun de ces quatre électrons peut s'apparier avec un électron d'un autre atome et former une LIAISON (appelée « LIAISON COVALENTE »). Cette liaison ne correspond pas à une situation où les atomes sont « attachés » rigidement: les électrons et les noyaux des atomes bougent constamment. Les électrons créant la liaison se trouvent entre les deux noyaux, et l'effet de toutes les forces électriques existant entre toutes ces particules est de maintenir le système ensemble.

Un atome de carbone peut ainsi se lier à quatre atomes. Alors que la plupart des atomes (hydrogène, oxygène, etc.) sont monogames ou bigames, c'est-à-dire qu'ils se lient à un ou à deux autres atomes, l'atome de carbone est polygame! Cela lui permet de former de grosses familles, pardon! de grosses molécules. En particulier, un atome de carbone peut former une ou plusieurs liaisons avec d'autres atomes de carbone. Le carbone peut ainsi constituer de longues chaînes, ou des anneaux, d'atomes de carbone associés à d'autres types d'atomes, donnant ainsi naissance à des millions de composés ORGANIQUES différents[9] comme les hydrocarbures, les glucides, les lipides (graisses), les protéines, l'ADN…

9. Notons que le silicium, qui se trouve dans la même colonne du tableau périodique que le carbone, a aussi quatre électrons extérieurs disponibles pour former des liaisons. Cependant, le silicium ne forme pas de longues chaînes ou des composés aussi variés que le carbone. L'atome de silicium étant plus gros, les électrons sont plus loin du noyau et les liaisons entre atomes sont plus faibles que celles formées par le carbone.

Figure 1.5
Molécules formées par le carbone

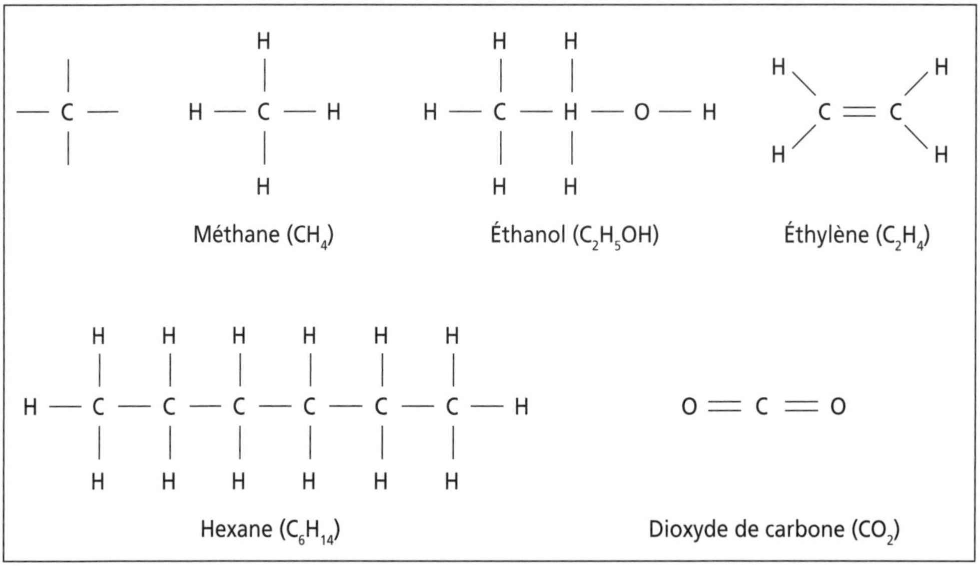

Exemples de molécules formées par le carbone, dont le symbole chimique est C. Le carbone forme quatre liaisons, qu'on représente par des tirets ; chaque liaison met en jeu deux électrons, un de l'atome de carbone et l'autre de l'atome lié.

Dans une molécule de méthane, principal constituant du gaz naturel, le carbone est lié à quatre atomes d'hydrogène (H). Dans une molécule d'éthanol, l'alcool présent dans les boissons alcooliques, deux atomes de carbone unis par une liaison simple sont associés à cinq atomes d'hydrogène et à un groupement alcool OH, contenant un atome d'oxygène (O) et un atome d'hydrogène. Dans une molécule d'éthylène, les atomes de carbone sont liés par une liaison double, mettant en jeu quatre électrons. L'hexane est un exemple d'hydrocarbure contenu dans l'essence.

Toutes ces molécules ont une structure à trois dimensions différente de celle, à deux dimensions, que l'on peut représenter sur papier. Par exemple, la molécule de méthane ne forme pas une croix mais une pyramide à base triangulaire, avec l'atome de carbone au centre et les atomes d'hydrogène à chaque « coin ».

Les hydrocarbures de l'essence ont une lointaine origine végétale. Par PHOTOSYNTHÈSE, les plantes ou les algues consomment de l'eau (H_2O) et du gaz carbonique (ou dioxyde de carbone, CO_2), présent dans l'atmosphère ou dissous dans l'eau. Elles utilisent ces matières premières pour engendrer du glucose ($C_6H_{12}O_6$) et d'autres molécules organiques complexes essentielles à leur croissance et à leur métabolisme. Tout en retirant du CO_2 de l'atmosphère, les organismes photosynthétiques y rejettent aussi un « déchet » (pour eux), de l'oxygène. Alors que l'atmosphère initiale de la Terre ne contenait pas d'oxygène sous forme moléculaire (O_2), les algues océaniques ont lentement augmenté la quantité d'oxygène dans l'air, jusqu'à atteindre la proportion de 21 % existant aujourd'hui. Algues et végétaux ont produit l'oxygène que respirent aujourd'hui animaux et plantes terrestres.

Le pétrole s'est formé quand des végétaux morts et du plancton se sont trouvés emprisonnés sous une couche plus ou moins hermétique d'argile ou de sable puis, les sédiments s'accumulant et durcissant, sous une couche de roche. Les pressions et les températures assez élevées ont fait que progressivement, la matière organique s'est transformée en pétrole, selon un processus encore imparfaitement compris que l'on n'a d'ailleurs pas réussi à reproduire en laboratoire. En engendrant du pétrole, la nature a donc soustrait du carbone de la biosphère.

Le processus est facile à inverser. En présence d'oxygène, la combustion complète de matière organique (pétrole, charbon, bois) libère de l'eau, du gaz carbonique et de l'énergie. Par exemple, on peut décrire la combustion de l'hexane par l'équation suivante :

$$2C_6H_{14} + 19O_2 \Rightarrow 12CO_2 + 14H_2O + \text{énergie}$$

dans laquelle le nombre d'atomes de chaque élément (C, H ou O) est le même avant ou après la réaction (à gauche ou à droite de la flèche).

Expérience • Postcombustion

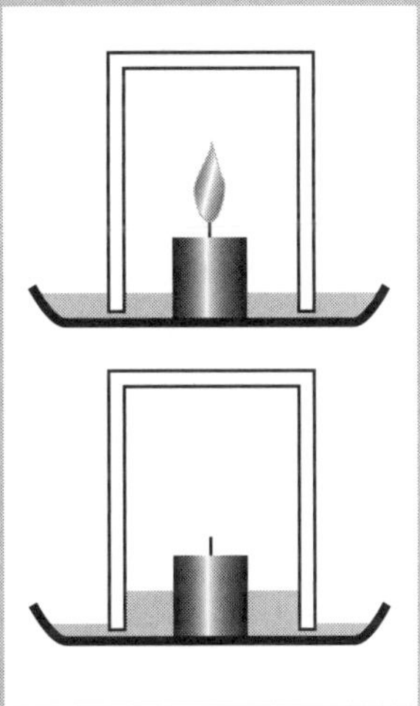

Voici une expérience classique. Installez une petite bougie ou un lampion allumé dans une assiette d'aluminium ou un large bol contenant environ un centimètre d'eau, puis renversez dessus un pot en verre (vide, évidemment). Que se passe-t-il ?

L'explication commune de cette expérience dit que :

1° la bougie s'éteint parce que la combustion consomme tout l'oxygène présent dans le pot ;

2° le niveau de l'eau s'élève d'environ un cinquième de la hauteur du pot parce que l'oxygène (qui constitue 21 % de l'air) est disparu.

Cette explication est incorrecte, ou à tout le moins incomplète. Les bougies sont faites d'un mélange de cires paraffines, des composés semblables à l'hexane, mais contenant une chaîne de 25 à 30 atomes de carbone (par exemple, la cire naturelle des pommes, qui limite l'évaporation de l'eau, comporte les composés $C_{27}H_{56}$ et $C_{29}H_{60}$). Considérons la combustion du composé $C_{25}H_{52}$:

$$C_{25}H_{52} + 38O_2 \Rightarrow 25CO_2 + 26H_2O$$

La vapeur d'eau formée se condense vite sur les parois froides du pot. Le nombre de molécules de gaz carbonique formées (25) est inférieur au nombre de molécules d'oxygène entrant dans la réaction (38). Le volume de gaz dans le pot, proportionnel au nombre total de molécules, doit donc diminuer (le volume moyen occupé par une molécule est à peu près le même pour tous les gaz). Si tout l'oxygène présent dans le pot réagissait, la diminution de volume des gaz atteindrait 7 %[10]. L'eau devrait ainsi occuper 7 % de l'espace initialement occupé par l'air. Or, on observe souvent une élévation du niveau de l'eau plus importante que ça[11] !

Des expériences ont montré qu'après extinction de la flamme, il reste de 15 à 19 % d'oxygène dans le pot ! Il semble que la flamme s'éteigne parce que la concentration de CO_2 augmente dans le pot et réduit l'arrivée d'oxygène à la flamme.

Comment expliquer l'élévation du niveau d'eau ? Quand on recouvre la bougie avec le pot, ce dernier piège les gaz chauds présents autour de la flamme. Quand la bougie s'éteint, ces gaz se refroidissent et leur pression diminue, ce qui permet à l'eau de monter dans le pot. Le fait que l'eau ne monte qu'après l'extinction de la bougie confirme cette interprétation. Vous pouvez aussi essayer l'expérience avec deux, trois ou quatre bougies au lieu d'une. L'air étant davantage chauffé, la pression diminue encore plus après l'extinction des bougies, et le niveau de l'eau monte davantage !

Aujourd'hui, la combustion d'hydrocarbures et de charbon (qui contient surtout du carbone) réinjecte le carbone, et en particulier le gaz carbonique, dans l'environnement. Résultat : la proportion de gaz carbonique augmente dans l'atmosphère. Or, le CO_2 est un gaz à effet de serre : ses molécules absorbent les rayons INFRAROUGES (la chaleur) émis par la surface terrestre, conservant la chaleur dans l'atmosphère. Le processus ressemble (de loin) à celui se produisant dans une serre, où les parois retiennent l'air chaud à l'intérieur.

Le problème, c'est que la concentration dans l'atmosphère de CO_2 augmente, tout comme celle d'autres gaz à effet de serre comme le méthane (CH_4), le protoxyde d'azote (N_2O) et l'ozone (O_3). Le méthane est le principal constituant du gaz naturel ; il est aussi produit naturellement par la décomposition de matière organique dans les milieux humides, comme les marais. Son augmentation dans l'atmosphère résulte en partie de l'utilisation de combustibles fossiles, mais aussi d'activités agricoles qui génèrent du méthane, comme la culture des rizières et l'élevage de bovins. Quant à l'ozone, sa

10. L'oxygène constitue 21 % de l'air initial, et la proportion de molécules d'O_2 perdues et non remplacées par des molécules de CO_2 vaut $\frac{38 - 25}{38} \times 21\,\%$, soit 7 %.

11. On suppose ici que le pot est de forme cylindrique.

concentration a augmenté près du sol, principalement parce qu'il est produit à la suite de combustions en présence d'air, comme dans les moteurs d'automobile. L'ozone présente l'inconvénient d'être très réactif : il irrite les yeux et les voies respiratoires des animaux et endommage les plantes et les matériaux. La concentration d'ozone a, au contraire, diminué en haute altitude (c'est le problème de la « couche » d'ozone), ce qui augmente l'intensité des rayons ultraviolets atteignant le sol et accroît le risque de cancer de la peau.

Ainsi, l'effet de serre s'accroît, et donc la température moyenne à la surface du globe fait de même. Au rythme actuel de consommation de carburants fossiles, on s'attend à ce que la température moyenne augmente de 2 à 6 °C au cours du 21e siècle. Ce réchauffement et les problèmes qui l'accompagneront sont surtout le legs des riches : les pays industrialisés émettent 75 % du gaz carbonique. Et partout, ce sont les gens à l'aise qui polluent le plus : utilisation à outrance de la voiture individuelle, chauffage de maisons exagérément grandes, etc. La situation commande pourtant que l'on diminue ces usages « frivoles » du pétrole.

D'autant plus que le pétrole sert à autre chose qu'à fournir de l'énergie et qu'il vaudrait mieux le préserver pour des usages plus essentiels ! Avec le gaz naturel, le pétrole constitue une matière première idéale pour l'industrie chimique. C'est en scindant, modifiant ou joignant ses molécules que l'on fabrique plastiques, caoutchouc synthétique, fibres textiles artificielles (nylon, polyester, acrylique, lycra, etc.), solvants, colorants, détergents, lubrifiants et antigels pour automobile, cires, peintures, engrais, etc. Moins de 10 % du pétrole consommé l'est par l'industrie chimique, mais quand le pétrole sera devenu rare et coûteux, il n'est pas certain qu'on trouvera facilement à le remplacer.

Verre, es-tu là ?

Antoine oubliera vite ses remords d'être associé à cette déplorable pollution : le voyage tire à sa fin. Pierre vire à gauche sur une route secondaire qui mène au village. Au bout d'un kilomètre dans la forêt, toute la famille pousse un « Aaah ».

La route plonge dans une longue côte raide et devant eux, plusieurs centaines de mètres plus bas, s'étend un panorama magnifique : la mer, parsemée de petites îles, avec le soleil couchant en arrière-plan. Heureusement que le pare-brise, transparent, leur permet d'admirer cette merveille. Le pare-brise est fait de verre laminé : c'est un « sandwich » de deux feuilles de verre réunies chimiquement à une pellicule de plastique (du polybutyral de vinyle, PVB selon son sigle anglais). Le verre laminé est sécuritaire : si le pare-brise casse lors d'un impact, les morceaux de verre restent collés au plastique. Le verre blindé (pare-balles) est d'ailleurs un « sandwich » de 4 à 10 couches de verre et de plastique. Chaque couche absorbe une partie de l'énergie d'une balle d'arme à feu jusqu'à ce que la balle s'arrête.

Les vitres latérales et arrière d'une automobile, elles, sont en verre trempé. Lors d'un choc, le verre trempé se casse en tout petits éclats : il risque moins de blesser. Pourquoi les couches de verre du pare-brise ne sont-elles pas en verre trempé ? Sous l'impact d'un simple caillou, les éclats resteraient collés à la pellicule de plastique et le conducteur n'y verrait plus rien. Pas commode pour maîtriser le véhicule !

Le verre trempé est plus résistant que le verre ordinaire. Lors de la trempe, le verre est chauffé jusqu'à 600 °C et se dilate, puis on le refroidit vite au moyen de jets d'air. La surface se fige dans une structure dilatée pendant que le cœur du verre se refroidit et se contracte plus lentement. Cette contraction met les surfaces en compression et l'intérieur en tension. C'est un peu comme si la partie centrale de la couche de verre était constituée de caoutchouc étiré : la tension dans le caoutchouc comprime les parties extérieures. Cette compression empêche la propagation de microfissures présentes en surface et rend le verre plus résistant, car pour casser le verre, il faut étirer (mettre en tension) sa surface. Toutefois, lors d'un gros choc ou d'une forte flexion, la tension interne dans le verre trempé engendre une grande quantité de fissures, ce qui crée les petits éclats.

Pourquoi le verre est-il transparent ? Ce n'est pas parce que la lumière traverse le verre comme s'il n'était pas là ! Quand un faisceau de lumière, composé de paquets d'énergie appelés PHOTONS, arrive sur un solide, la lumière interagit toujours avec les atomes.

La lumière peut être absorbée, transmise ou diffusée. L'absorption se produit quand l'énergie d'un photon frappant un atome ou une molécule est telle que l'atome ou la molécule peut accepter cette énergie supplémentaire. En effet, un atome ou une molécule ne peut avoir que certaines énergies précises et ne peut donc pas absorber n'importe quel photon.

Quand l'atome ou la molécule ne peut pas accepter l'énergie supplémentaire apportée par un photon, ce dernier n'est « absorbé » que temporairement. La lumière fait vibrer les électrons de l'atome, un processus qui mène à la réémission d'un photon identique au photon incident (photon initial). Les photons réémis continuent pour la plupart dans la direction initiale du faisceau lumineux, constituant la lumière transmise. Des inhomogénéités dans le verre peuvent faire dévier quelques photons, donnant naissance à la lumière diffusée. Le verre est dit transparent parce qu'il laisse passer la majeure partie de la lumière sans la diffuser ou l'absorber.

Le verre n'est pas transparent pour les photons de toutes les énergies. En effet, c'est l'énergie de leurs photons qui distingue les différents types de radiation électromagnétique. En ordre croissant d'énergie, on a les ondes radio, les micro-ondes, les rayons infrarouges, la lumière visible, les rayons ultraviolets, les rayons X, etc. C'est aussi l'énergie des photons qui distingue les différentes couleurs de la lumière visible :

les photons de lumière rouge ont moins d'énergie que les photons de lumière jaune, eux-mêmes ayant moins d'énergie que les photons de lumière verte, etc.

On peut aussi décrire la radiation électromagnétique en termes de longueur d'onde plutôt que d'énergie. La longueur d'onde est la distance entre deux crêtes consécutives d'une onde (rappelez-vous les vagues). Pour la lumière visible, c'est-à-dire celle que nos yeux peuvent détecter, la longueur d'onde se trouve entre 400 et 700 NANOMÈTRES, c'est-à-dire de 400 à 700 milliardièmes de mètre. Ça correspond à peu près au centième du diamètre d'un cheveu ! Les longueurs d'onde vont de 400 à 450 nanomètres pour la lumière violette, de 450 à 500 pour la lumière bleue, de 500 à 550 pour la verte, etc.

En dessous de 400 nanomètres, on parle de rayons ultraviolets (UV). Le verre transparent à la lumière visible ne l'est pas pour les ultraviolets. Une vitre ordinaire, épaisse de 3 millimètres, laisse passer 90 % des ultraviolets compris entre 360 et 400 nanomètres, 60 % des UV à 340 nanomètres et 10 % de ceux à 320 nanomètres. Elle bloque (absorbe) tous les rayons dont la longueur d'onde est inférieure à 310 nanomètres. Un pare-brise d'automobile, avec ses deux couches de verre et sa pellicule de plastique, arrête tous les ultraviolets en bas de 370 nanomètres.

Le bronzage, les coups de soleil et les cancers de la peau sont dus principalement aux UV-B, définis en dermatologie comme les ultraviolets se trouvant entre 280 et 320 nanomètres. Compte tenu des taux de transmission indiqués au paragraphe précédent, il est donc à peu près impossible de bronzer à travers un pare-brise. Même si Pierre et Sophie ont eu le soleil en face une bonne partie de la journée, ils devront attendre demain pour commencer à bronzer !

Les UV-A, entre 320 et 400 nanomètres, contribuent faiblement au bronzage, bien qu'eux aussi endommagent la peau. Une vitre transmet partiellement les UV-A, mais pas assez pour bronzer. Un pare-brise ou une fenêtre comportent généralement deux vitres, ce qui réduit davantage la quantité d'ultraviolets. De plus, la transmission des UV (et de la lumière) diminue si les rayons n'arrivent pas perpendiculairement à la vitre.

Transfert d'énergie

Nos vacanciers entament la descente de la côte. Celle-ci est abrupte et l'auto va plus vite parce que la force gravitationnelle exercée par la Terre accélère l'auto.

Une autre façon de décrire ce qui se passe lors de la descente est d'utiliser les concepts de travail et d'énergie. C'est d'ailleurs une bonne idée de parler d'énergie à ce stade dans ce livre, car on rencontrera à plusieurs reprises cette notion… même si elle n'est pas aussi évidente qu'on le pense. Bien sûr, Pierre et Sophie achètent de l'énergie (l'essence pour l'auto, l'électricité pour la maison, le gaz pour le chauffage) ou disent qu'ils ont « plus d'énergie » à certains moments qu'à d'autres. Pour Antoine, l'énergie c'est le « capital d'action » dont disposent les personnages des jeux vidéo. Mais qu'est-ce que l'énergie exactement ?

Selon le point de vue adopté en physique, la force gravitationnelle effectue un *travail* sur l'auto durant la descente. Ce travail entraîne un transfert d'énergie d'un type d'énergie en un autre. En effet, il existe différentes formes d'énergie. L'énergie associée au mouvement s'appelle l'énergie cinétique, du grec *kinêtikos*, « qui se meut ». C'est la forme d'énergie la plus évidente ; tout objet en mouvement, comme l'auto de nos voyageurs, en possède. Et plus l'auto va vite, plus son énergie cinétique est grande.

En haut de la côte, l'auto possédait un type d'énergie appelé énergie potentielle gravitationnelle ; celle-ci est d'autant plus élevée que la côte est haute. Au cours de la descente, la force gravitationnelle transforme progressivement en énergie cinétique l'énergie potentielle que l'auto possédait au sommet de la côte.

Il existe d'autres types d'énergie potentielle. Un élastique ou un ressort étirés possèdent de l'énergie potentielle élastique. Les noyaux atomiques possèdent de l'énergie potentielle nucléaire. Un nuage d'orage porte une forte charge électrique et possède (avec la Terre) de l'énergie potentielle électrique. L'essence pour automobile ou les aliments renferment de l'énergie potentielle chimique, qui peut être libérée lors de réactions chimiques, en particulier avec l'oxygène.

L'énergie potentielle chimique contenue dans le carburant de l'auto se transforme en énergie cinétique de l'auto et en énergie thermique. L'énergie thermique correspond à un mélange d'énergie cinétique et d'énergie potentielle *au niveau microscopique*. Dans la matière, les molécules et les atomes ne sont pas immobiles ; dans un gaz ou un liquide, ils se déplacent ou, dans un solide, ils oscillent autour d'une position moyenne. Au sein même d'une molécule, les atomes vibrent ou tournent. Dans une substance chaude, qui contient plus d'énergie thermique, tous ces mouvements sont amplifiés. La combustion de l'essence dans le moteur augmente l'énergie thermique des gaz présents et du métal constituant le moteur.

Une substance chaude transfère de l'énergie thermique à son environnement plus froid par le biais de collisions entre atomes ou par radiation (émission d'un rayonnement). Ce transfert d'énergie est appelé la chaleur. En physique, ce terme n'a donc pas du tout le même sens que dans le langage courant. Par exemple, on dit souvent qu'un corps chaud contient plus de chaleur… alors qu'en physique la chaleur ne correspond pas à de l'énergie emmagasinée, mais à un transfert d'énergie entre deux objets de températures différentes. Un objet libère ou absorbe de la chaleur, mais n'en contient pas[12].

La propriété essentielle de l'énergie, ce qui la caractérise le mieux, c'est qu'elle est conservée. Autrement dit, la somme de toutes les formes d'énergie est constante, bien que l'énergie puisse passer d'une forme à une autre. C'est la loi de la conservation de l'énergie, une des lois scientifiques les plus importantes.

Par exemple, au moment de commencer la descente, l'auto possède de l'énergie potentielle gravitationnelle et de l'énergie cinétique (elle roule, disons, à 90 kilomètres par heure). Supposons que Pierre coupe le moteur ; ainsi, on n'a pas à tenir compte des apports d'énergie potentielle chimique. Au fur et à mesure que l'auto descend, son énergie potentielle gravitationnelle se transforme en énergie cinétique, car l'auto va plus vite, mais aussi en énergie thermique présente dans l'air, dans les pneus, dans l'asphalte, etc. En effet, l'auto déplace les molécules de l'air et leur donne plus de vitesse. Après le passage de l'auto, l'air est plus chaud (mais n'essayez pas de mesurer le gain de température avec un thermomètre ordinaire, il est trop faible !). Selon la loi de conservation de l'énergie, la somme de l'énergie cinétique gagnée par l'auto, et de l'énergie thermique gagnée par l'air, le sol et l'auto, est égale à l'énergie potentielle perdue par l'auto.

Il est intéressant de débusquer tous les transferts d'énergie qui peuvent se produire dans diverses situations. Par exemple, Pierre a fait griller du pain avant de partir ce matin. Les tranches de pain ont chauffé (énergie thermique) grâce aux rayons infrarouges (énergie lumineuse) émis par les éléments INCANDESCENTS du grille-pain. Les éléments ont chauffé grâce à l'énergie électrique fournie par une centrale électrique, où l'énergie électrique a été produite à partir, disons, de l'énergie cinétique de l'eau tombant d'une chute. Cette eau provenait auparavant de nuages où elle possédait de l'énergie potentielle gravitationnelle. Et comment s'est-elle retrouvée dans le nuage ? Grâce au Soleil, qui a fourni de l'énergie lumineuse qui a été absorbée en partie par les molécules d'eau de la mer, augmentant suffisamment leur énergie cinétique pour qu'elles puissent s'évaporer. En fin de compte, c'est grâce au Soleil que Pierre a pu griller son pain !

12. Cette confusion est le legs d'une vieille théorie, celle du calorique, selon laquelle la chaleur était un fluide invisible. Un corps contenait plus de calorique quand il était chaud que quand il était froid, et le calorique pouvait être transféré à un objet voisin plus froid. Cette théorie semble raisonnable, mais elle était fausse ; par exemple, elle ne permettait pas d'expliquer la production de chaleur par frottement.

En analysant de la même façon tous les processus se produisant sur Terre, on se rend compte qu'il n'y a à la base que deux sources d'énergie : la radioactivité et, surtout, la fusion nucléaire au sein du Soleil. La radioactivité, phénomène par lequel certains noyaux atomiques se désintègrent en libérant de l'énergie thermique, contribue à garder chaud l'intérieur de la Terre ; c'est donc la source de l'énergie géothermique. La fusion nucléaire est le processus qui fait que le Soleil rayonne ; nous en reparlerons au chapitre 8.

Remarquez que jusqu'ici, on n'a pas donné une définition très claire de l'énergie. Comme on le disait au début de la section, ce n'est pas évident. Dans le glossaire de nombreux livres scientifiques, on retrouve les définitions de « énergie cinétique », « énergie potentielle », etc., mais on ne trouve pas le terme « énergie » tout court. C'est symptomatique ! Tentons tout de même une définition approximative : l'énergie, c'est la capacité de générer un mouvement et de transformer les objets.

S'il faut retenir une chose de tout ça, c'est que pour faire quoi que ce soit, pour nous déplacer, pour transformer la matière, il nous faut de l'énergie. Alors que sur notre planète la population et la consommation de biens augmentent, l'énergie reste en quantité limitée. C'est un enjeu majeur.

UNE SOIRÉE À LA CAMPAGNE

Une fois nos vacanciers descendus au niveau de la mer, ils traversent le village. Deux kilomètres plus loin, presque au bout de la route, les phares éclairent une petite pancarte blanche. L'écriteau indique : « Chalet d'oncle Yvon ». Hourra ! Le voyage est terminé !

Le chalet n'est pas grand mais comporte tout de même deux étages sous un toit en pignon. L'oncle Yvon a bien choisi l'emplacement. Autour du bâtiment s'étend un grand terrain descendant en pente douce vers la mer. Vers l'ouest, les vagues viennent lécher une plage qui couvre plusieurs kilomètres, au-delà du village. À l'est, la côte est plutôt rocheuse.

Heureux de se dégourdir les jambes, Antoine, Julie et Rachel se précipitent vers la plage. Pierre et Sophie les suivent en admirant le ciel. Bien que le soleil soit couché depuis plusieurs minutes, le ciel demeure clair, avec de belles teintes rosées à l'ouest.

Une fois couché, le Soleil est sous l'horizon, c'est-à-dire sous un plan tangent à la surface de la Terre au lieu d'observation. Sur la Lune, le ciel devient noir dès que le Soleil se trouve sous l'horizon. Ce n'est pas le cas sur Terre à cause de l'atmosphère.

La densité de l'air est faible en altitude et augmente en approchant du sol. Cette variation fait que la lumière venant du Soleil est réfractée (déviée) dans l'atmosphère. À l'horizon, le Soleil peut apparaître jusqu'à 0,6 degré au-dessus de sa position réelle. Quand on voit le Soleil se coucher, il se trouve géométriquement *sous* l'horizon depuis environ deux minutes !

Figure 2.1

Effet de la réfraction dans l'atmosphère lors du coucher du Soleil

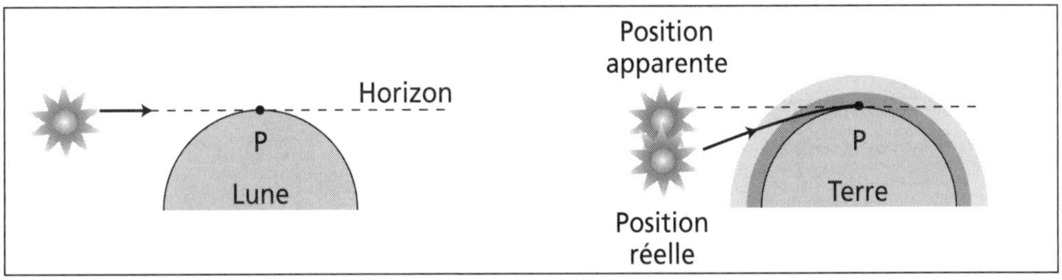

L'horizon pour l'observateur en P est représenté par la ligne pointillée. Sans atmosphère, le Soleil se couche quand son bord supérieur passe sous l'horizon (schéma de gauche). Avec l'atmosphère terrestre, le Soleil est géométriquement sous l'horizon depuis quelques minutes au moment où on le voit se coucher (schéma de droite). L'écart entre les deux positions du Soleil est exagéré pour mieux le mettre en évidence.

La RÉFRACTION a un léger effet, mais ce n'est pas ce phénomène qui explique que le crépuscule dure une bonne demi-heure. Le ciel reste clair à cause de la DIFFUSION de la lumière solaire sur les molécules de l'air. La diffusion, ce processus rencontré au chapitre 1 quand on a analysé l'interaction de la lumière avec le verre, renvoie dans toutes les directions, y compris vers le sol, une partie de la lumière passant dans les hautes couches de l'atmosphère.

Figure 2.2

Diffusion de la lumière dans l'atmosphère terrestre

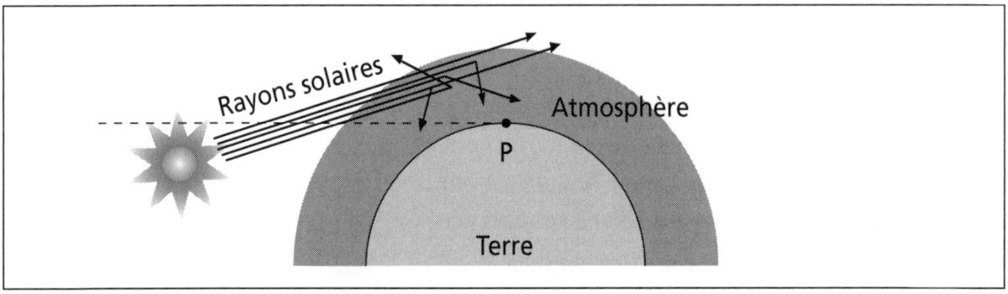

Les molécules de l'air diffusent une partie de la lumière solaire dans toutes les directions. Les rayons se propageant dans l'atmosphère sont ici représentés en ligne droite pour simplifier le schéma ; en réalité, ils sont légèrement réfractés.

Soleil rouge et ciel bleu

La lumière diffusée contient toutes les longueurs d'onde du visible. Cependant, l'intensité diffusée est plus grande pour les faibles longueurs d'onde. Ainsi, la lumière bleue, à 450 nanomètres, est diffusée environ quatre fois plus que la lumière rouge de 650 nanomètres. Quand le Soleil se trouve près de l'horizon, ses rayons traversent une couche d'air épaisse avant de parvenir à un observateur. Une grande partie de la lumière bleue est diffusée en cours de route, ce qui fait que la lumière transmise est appauvrie en bleu. C'est pourquoi le Soleil couchant apparaît rouge.

Durant la journée, le Soleil est plus haut dans le ciel. Si on regarde le ciel dans une direction autre que celle du Soleil, nos yeux reçoivent la lumière diffusée. Comme le violet et le bleu sont plus diffusés que le jaune et le rouge, on reçoit du ciel davantage de lumière violette et bleue que de lumière jaune et rouge : le ciel est bleu, mais d'un bleu qui n'est pas pur.

Puisque l'intensité diffusée augmente pour les faibles longueurs d'onde, la lumière violette, autour de 420 nanomètres, est davantage diffusée que le bleu. Pourquoi le ciel n'apparaît-il pas violet ? Il y a deux raisons. D'abord, le Soleil émet davantage de bleu que de violet. Ensuite, il y a une question de perception : nos yeux sont davantage sensibles au bleu qu'au violet.

Expérience • La diffusion dans votre cuisine

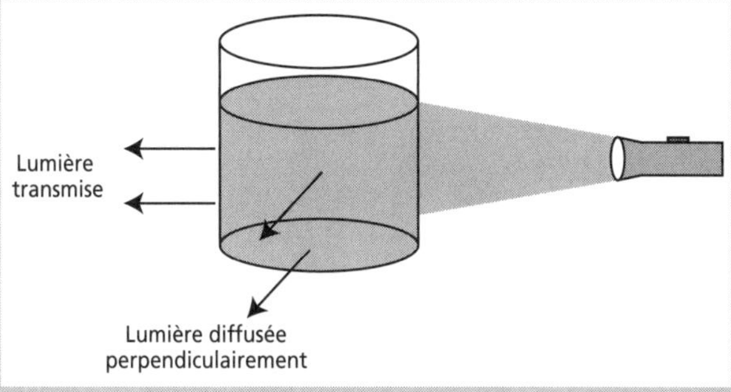

Vous pouvez vous concocter un minicoucher de soleil très facilement. Remplissez d'eau un pot transparent et éclairez-le de côté avec une lampe de poche. Ajoutez quelques gouttes de lait dans l'eau et mélangez ; les minuscules globules de gras présents dans le lait diffusent la lumière comme les molécules de l'air. Observez la lumière diffusée perpendiculairement au faisceau incident et aussi la lumière transmise à travers la solution. La lumière diffusée est légèrement bleutée et celle transmise possède une faible teinte orange ou rouge.

Dans l'expérience proposée ci-dessus, quand on ajoute progressivement des gouttes de lait, la lumière transmise passe au rouge avant d'être fortement atténuée, pendant que la lumière sortant *latéralement* devient blanche (donc contient toutes les couleurs). Pourquoi n'est-elle plus bleutée ? Autrement dit, pourquoi le lait « concentré » (normal) est-il blanc plutôt que bleu ? C'est que les globules en solution sont si nombreux qu'un photon lumineux subit plusieurs diffusions, dans différentes directions, avant d'émerger du liquide. L'ensemble des diffusions « mélange » les couleurs et la solution apparaît blanche. Le sel, le sucre, la neige, le verre pilé sont blancs parce que la lumière y subit également des diffusions multiples.

En plein jour, le ciel est très pâle, presque blanc, près de l'horizon, également à cause des diffusions multiples. En regardant dans cette direction, on reçoit un mélange de photons, diffusés plusieurs fois, de diverses longueurs d'onde, ce qui donne de la lumière blanche. D'ailleurs, si notre atmosphère était plus dense, le ciel apparaîtrait blanc partout. Le ciel est bleu vers le haut parce qu'avec la densité de l'air existante, les photons qui parviennent à nos yeux ne sont généralement diffusés qu'une fois.

Sésame, ouvre-toi !

Sophie et Pierre décident de rentrer les bagages avant qu'il ne fasse complètement noir. Sophie sort la clé que lui a fournie oncle Yvon et l'insère dans le trou de la serrure.

Que se passe-t-il quand Sophie tourne la clé ? Pour le comprendre, considérons le type de serrure le plus répandu, la serrure à goupilles (serrure Yale), mise au point au milieu du 19e siècle. Ces serrures s'ouvrent à l'aide de clés plates qui présentent un profil en dents de scie. La partie centrale de ces serrures est un cylindre, ou barillet, constitué de deux parties concentriques, le stator et le rotor. Le stator ne bouge pas ; le rotor, lui, peut pivoter si on insère la bonne clé et qu'on la tourne. Le pivotement du rotor fait tourner une came, une pièce de métal comportant une encoche, qui tire et ramène le pêne à l'intérieur de la porte.

Figure 2.3
Vue en coupe du barillet d'une serrure Yale

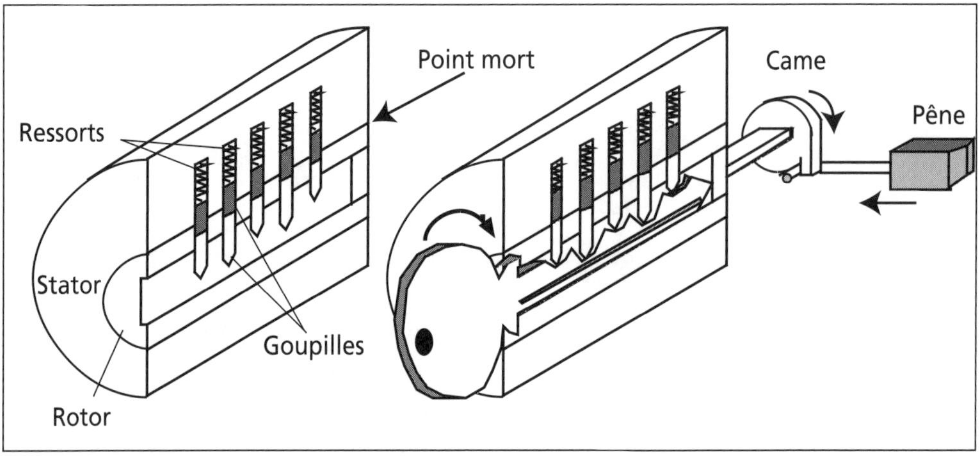

Quand la clé est absente, des goupilles empêchent le rotor de tourner et d'actionner le mécanisme retirant le pêne de la gâche. L'insertion de la clé élève les goupilles de façon à ce qu'elles ne bloquent plus le rotor.

Dans une serrure à goupilles, stator et rotor comportent des cavités cylindriques, généralement au nombre de cinq. Dans chaque cavité coulissent deux goupilles, une « goupille du haut » et une « goupille du bas », larges d'environ 2,5 millimètres. En l'absence de clé, un ressort interne repousse les goupilles, qui bloquent alors tout mouvement du rotor et empêchent l'ouverture de la porte. Les goupilles ne tombent pas au fond du trou de clé, car elles sont arrêtées par des rainures (non représentées sur la figure) correspondant à celles de la clé.

Quand Sophie insère la clé, celle-ci repousse les goupilles de façon à ce que dans une cavité, la jonction entre deux goupilles se trouve précisément vis-à-vis le point mort, la frontière entre le rotor et le stator. Le rotor peut alors tourner.

Tailler une clé revient à faire correspondre ses échancrures à la longueur des goupilles d'une serrure donnée. Si le fabricant de la serrure utilise des goupilles de 10 longueurs différentes, il peut exister 10^5 combinaisons de goupilles, donc 10^5 serrures différentes. Ce nombre est encore augmenté par la multitude de formes de clé existantes, qui diffèrent par la position et la forme de leurs rainures.

Transparents, les glaçons !

Après que Sophie a tourné la clé, la bobinette ne choit pas et aucun méchant loup n'attend les visiteurs au lit. L'intérieur du chalet sent un peu le renfermé et Sophie s'empêtre dans quelques toiles d'araignée, signe qu'oncle Yvon n'est pas venu à son chalet depuis un bon mois. Pierre et Sophie font rapidement le tour de la maison. La cuisine, la salle de bain et le salon se trouvent au rez-de-chaussée. Un escalier raide monte à l'étage où, sous le toit en pignon, se trouvent deux chambres exiguës. Ce n'est pas le grand luxe, mais c'est mieux que du camping !

Pierre bat le rappel des troupes pour rentrer les bagages. Les enfants explorent aussi le chalet. Antoine a l'œil pour repérer les détails importants.

– Quoi ? Il n'y a pas de télé, pas d'ordinateur et pas de jeux vidéo ici ?, s'insurge-t-il. On va passer une semaine dans ce trou ?

Eh oui ! Un autre enfant victime de mauvais traitements... Dans la cuisine, Pierre et Sophie sourient et rangent la nourriture. Pierre ouvre le réfrigérateur pour y mettre le contenu de la glacière, qui a été gardé froid par un sac de glaçons acheté au supermarché. Curieusement, les cubes de glace sont complètement transparents, alors que ceux faits maison sont transparents sur les bords mais blancs au centre.

Quand on fabrique des cubes de glace dans un congélateur domestique, on utilise de l'eau qui contient généralement un peu d'air dissous. L'eau gèle d'abord en surface et sur les bords des compartiments du moule à glaçons, les régions qui sont en contact avec l'environnement froid. Dans ces régions, les molécules d'eau se lient et se disposent de façon ordonnée, laissant peu de place aux impuretés comme l'air. En conséquence, l'air dissous dans l'eau se concentre dans la région centrale du cube de glace, où l'eau est encore liquide.

L'eau froide peut contenir jusqu'à 0,004 % d'air (proportion en masse). Quand la diminution du volume d'eau liquide fait que cette concentration en air est atteinte, une partie de l'air n'est plus soluble et forme des petites bulles. Ces bulles sont ensuite piégées dans l'eau qui gèle au centre du glaçon. Cette région apparaît blanche à cause des diffusions multiples qui se produisent sur les microbulles ; c'est le même phénomène que celui décrit à la fin de la section *Soleil rouge et ciel bleu.*

L'industrie fabrique des cubes de glace en faisant cascader de l'eau sur de grandes plaques refroidies à – 20 °C par un système de réfrigération à l'ammoniac. Une partie de l'eau gèle pendant que le reste coule en emportant l'air. La glace formée ne contient pas de bulles et est donc transparente. Après l'avoir décollée des plaques, on la scie et on l'emballe.

Les belles couleurs des moisissures

Dans le réfrigérateur, Pierre fait quelques découvertes. Oncle Yvon y a laissé des produits à longue durée de conservation, comme de la moutarde, du ketchup, du jus de citron, un saucisson sec… Mais il a aussi oublié trois oranges dans le compartiment à fruits. Celles-ci ont changé de couleur : elles sont maintenant bleues ! Beurk.

Ces oranges hébergent probablement des moisissures de l'espèce *Penicillium italicum*. La structure externe de ce type de moisissures a la forme d'un pinceau, d'où le nom *Penicillium* (« pinceau », en latin).

La « croûte fleurie » qui rend un camembert ou un brie si délicieux est d'ailleurs constituée de moisissures du genre *Penicillium*, de l'espèce *candidum*. Lors de la fabrication, une fois le fromage égoutté et démoulé, la moisissure est inoculée en surface. Certains fromagers en ajoutent aussi au lait avant d'y mélanger la présure (le mélange d'enzymes qui amène la coagulation du lait). Les moisissures décomposent les protéines du lait, ce qui change la saveur et rend progressivement le fromage plus mou. Au bout d'une douzaine de jours d'affinage, une couche de moisissures blanche recouvre le camembert. Cette croûte protège le fromage des moisissures indésirables.

Le bleu des fromages bleus est aussi constitué de moisissures (*Penicillium roqueforti*), ainsi que la couche blanche qui recouvre de nombreux saucissons (eh non, ce n'est pas de la farine !).

Expérience • Faux camembert, vraies moisissures

Dans un sac de plastique, mettez un morceau de camembert ou de brie et un morceau d'un autre fromage comme le cheddar ou le gouda. Observez le second fromage au bout de quelques jours.

Les moisissures se sont multipliées et recouvrent la surface du fromage, qui demeure toutefois comestible !

Présentes partout, les moisissures et leurs spores sont transportées par les courants d'air. Si elles trouvent un substrat où il y a un peu d'eau disponible, comme les oranges ou le pain, elles y élisent domicile et se multiplient. Dans des confitures moyennement sucrées, par exemple, les moisissures peuvent se développer, au contraire des bactéries : il y a assez d'eau pour les moisissures, mais pas assez pour les bactéries.

Champignons microscopiques, les moisissures colonisent de nouveaux habitats grâce aux spores qu'elles produisent. Ces spores sont des cellules minuscules entourées d'une membrane de polysaccharides (grosses molécules constituées de centaines ou de milliers de SUCRES simples), ce qui les rend très coriaces, beaucoup plus que les bactéries. Dans l'air ou sur une surface sèche, comme une table, la plupart des bactéries meurent vite, mais les spores résistent.

Quand une spore trouve un terrain accueillant, elle germe : elle forme des filaments (les hyphes) qui s'allongent et se ramifient à l'extérieur et à l'intérieur du substrat (orange, pain, ou autre), tout en puisant des nutriments chez son hôte. À l'extérieur du substrat, les hyphes sont dotées de structures qui fabriquent de nouvelles spores. Ce sont ces structures, souvent fort colorées, qui deviennent visibles quand les moisissures sont en grand nombre.

La plupart des moisissures ne sont pas dommageables pour la santé. On en mange d'ailleurs couramment. Par exemple, si on consomme du pain vieux de quelques jours, il est certain qu'il y a des moisissures en surface, et même à l'intérieur si le pain a été tranché à l'usine. On ne les voit pas parce que les petites intruses n'ont pas eu assez de temps pour se multiplier suffisamment et former des masses d'hyphes visibles.

On peut limiter l'implantation des moisissures dans un aliment transformé en y ajoutant un additif, comme le sorbate de potassium ($CH_3CH = CHCH = CHCOOK$) ou le propionate de calcium [$(CH_3CH_2COO)_2Ca$] ou de sodium (CH_3CH_2COONa). Une partie de la saveur de l'emmenthal vient de l'ACIDE propionique produit par les bactéries *Propioni bacterium* inoculées dans le lait au début de la fabrication du fromage (ces bactéries libèrent aussi beaucoup de gaz carbonique, responsable des trous de l'emmenthal). L'acide propionique contribue à la saveur et à la conservation de l'emmenthal.

Que faire avec un aliment moisi ? Il existe des milliers d'espèces de moisissures et on ne peut pas les identifier facilement. Certaines espèces produisent des toxines : il ne faut donc pas prendre de risques. Si un pain est moisi, il est préférable de le jeter. Avec un fromage à pâte ferme, on peut couper largement la partie moisie (laver le fromage ne suffit pas) et consommer le reste. Mais on ne fait pas la même chose avec un fromage à pâte molle, car les toxines peuvent migrer dans le fromage, comme dans tout milieu plus ou moins fluide. Si des confitures, une marinade ou une tartinade sont moisies en surface, il est préférable de jeter le produit. Ce geste altruiste permettra aux moisissures de continuer leur festin en paix.

Collation pour petits creux

Après avoir jeté les oranges moisies à la poubelle, Pierre nettoie le compartiment à fruits puis range les aliments périssables dans le réfrigérateur. À l'étage, Sophie et les enfants préparent les lits.

– Hé les enfants ! Ça vous tenterait de prendre une petite collation avant de vous préparer pour le coucher ?

Les enfants ne se le font pas dire deux fois et Pierre sort quelques fruits et un sac de croustilles. Ce sont ces dernières qui sont les plus en demande, évidemment. Antoine ne le réalise pas, mais le sac de chips qu'il ouvre avec empressement est une merveille technologique. Le sac est bombé parce que le fabricant le remplit de gaz avant de le sceller, afin de protéger les délicates chips de l'écrasement. Ce gaz n'est pas de l'air, car l'oxygène, qui constitue 21 % de l'air en volume, réagirait avec les lipides contenus dans les chips, ce qui ferait rancir les chips. Le gaz injecté dans le sac est généralement de l'azote ou, plus rarement, de l'argon.

Ces deux gaz sont aussi présents dans l'air : l'azote constitue 78 % de l'air et l'argon, près de 1 %. À part l'oxygène, tous les autres gaz présents dans l'air constituent à peine 1 % de l'atmosphère : vapeur d'eau (de 0,1 à 1 % selon le taux d'humidité), gaz carbonique (0,03 %), ozone (0,01 %), néon (0,002 %), hélium (0,0005 %), méthane (0,0002 %), hydrogène (0,00005 %), etc.

Dans l'air, l'azote se trouve sous forme de molécules (N_2) constituées de deux atomes d'azote. La liaison entre les deux atomes est triple (les atomes mettent en commun trois électrons chacun) et donc très solide, ce qui rend l'azote très peu réactif. Quand on respire, l'azote pénètre dans nos poumons et se dissout dans le sang qui passe dans les capillaires sanguins présents dans les parois des alvéoles pulmonaires. L'azote dissous voyage dans les artères et les veines et finit par repasser dans les poumons, où il est expiré sans avoir subi aucune réaction.

Le sac contenant les croustilles doit être résistant, non toxique, imperméable à l'eau ou à l'humidité (des chips mouillées, beurk !), à l'huile et aux graisses (achèteriez-vous un sac tout graisseux ?) ainsi qu'à l'oxygène et à la lumière afin de limiter le rancissement. De plus, on doit pouvoir imprimer le sac pour y indiquer logo, marque, ingrédients... Aucun matériel ne satisfait toutes ces conditions ; c'est pourquoi un sac de croustilles comporte plusieurs couches de matériaux différents. Le sac typique comprend une couche intérieure constituée d'un film de polypropylène bi-orienté : cette pellicule plastique est étirée dans deux directions lors de sa fabrication, ce qui aligne les molécules et rend la pellicule plus solide et moins perméable. Cependant, le polypropylène laisse passer l'oxygène ; pour éviter cette DIFFUSION, on vaporise sur la pellicule une couche d'aluminium très mince, ne faisant pas plus que 0,00005 millimètre d'épaisseur. La pellicule ainsi produite est collée à une pellicule centrale de polyéthylène à faible densité (LDPE, de l'anglais *low density polyethylene*), imperméable à l'humidité et flexible, et à une couche extérieure d'un autre plastique résistant à l'abrasion et acceptant bien l'encre.

Pour fabriquer des croustilles, on utilise des pommes de terre à faible teneur en glucides simples ; autrement, les chips brunissent lors de la cuisson. Les pommes de terre sont coupées en tranches d'environ un millimètre d'épaisseur et plongées trois minutes à 300 °C dans la friteuse. Les croustilles sont égouttées pour enlever l'excédent de gras, puis salées et assaisonnées. Durant la cuisson, l'eau présente dans les pommes de terre se vaporise et la graisse prend sa place, ce qui fait qu'une croustille contient 40 % de lipides en poids. Cent grammes de croustilles fournissent environ 2 500 kilojoules d'énergie, soit environ le quart de l'énergie absorbée et dépensée quotidiennement par un adulte !

Tous les polyéthylènes ne naissent pas égaux

Le polyéthylène est un polymère d'éthylène : de petites molécules d'éthylène ($CH_2{=}CH_2$) se lient bout à bout, sous l'effet d'un catalyseur, pour former une grande molécule ($\ldots{-}CH_2 - CH_2 - CH_2 - CH_2 - CH_2 -\ldots$).

Dans certaines conditions, la macromolécule peut comporter des chaînes latérales (on dit que le polyéthylène est ramifié), ce qui empêche les molécules de se rapprocher. Le polyéthylène formé (LDPE) a donc une densité faible, est plus mou et fond ou s'amollit à faible température.

Quand la polymérisation a lieu en présence d'autres catalyseurs, les macromolécules sont linéaires et s'empilent de façon plus serrée. Ce polyéthylène a donc une plus grande densité (*high density polyethylene*, HDPE), est plus rigide et fond à température plus élevée.

Le polyéthylène de faible densité est utilisé dans la fabrication des sacs de plastique et sert d'isolant pour les fils électriques. Le polyéthylène de grande densité entre dans la composition des bouteilles et des tuyaux de plastique, de plusieurs jouets, etc.

Expérience • L'un flotte, l'autre pas

Dans un verre ou un pot transparent, versez environ deux centimètres d'eau. Ajoutez dans le verre un petit morceau de HDPE provenant d'une bouteille solide, d'un contenant en plastique, etc. : confirmez la nature du plastique en repérant le symbole décrivant la composition du plastique pour le recyclage. Ajoutez aussi un morceau de LDPE provenant d'un contenant ou d'un sac de plastique.

Les deux morceaux devraient flotter. Ajoutez progressivement de l'alcool à friction (éthanol à 70 %) ; l'alcool diminue la densité moyenne du liquide. À un certain point, le morceau de HDPE va couler (sa densité est alors supérieure à celle du liquide) alors que celui de LDPE continue à flotter, ce qui met en évidence leurs densités différentes.

Si vous attendez un certain temps, le morceau de HDPE va flotter de nouveau. Pourquoi ? L'alcool s'évapore progressivement et la densité du liquide redevient supérieure à celui du HDPE.

Manger des chips est donc une activité à fort risque d'embonpoint. L'obésité est devenue en quelques décennies un problème de santé publique, résultat d'une absorption d'énergie (par les aliments) non compensée par une dépense d'énergie (par l'exercice) équivalente. On estime que l'adulte américain moyen engraisse de près de 0,5 kilogramme par année. Comme les tissus contiennent du carbone, une personne dont le poids augmente ainsi soustrait l'équivalent de 2 kilos de CO_2 par année de l'environnement… mais ce n'est sûrement pas le meilleur moyen de limiter l'effet de serre !

À la belle étoile

Pendant qu'Antoine et Julie se chamaillent pour savoir qui tiendra le sac de croustilles, la famille est sortie dehors. Le ciel est complètement noir, au contraire de celui, entaché par la pollution lumineuse, auquel sont habitués nos citadins. Une affaire de diffusion, encore ! En ville, la lumière émise par les lampadaires, les bâtiments et les véhicules diffuse sur les molécules d'air, les poussières et la vapeur d'eau. Résultat : une bonne partie de la lumière revient vers le sol, le ciel apparaît moins noir et seules les étoiles les plus brillantes sont visibles.

Ici, à la campagne, des centaines d'étoiles supplémentaires sont observables. On discerne aussi la Voie lactée, la zone blanchâtre qui correspond au plan de notre galaxie (qui a la forme d'un disque renflé en son centre). Dans cette région, les étoiles sont trop éloignées ou trop peu brillantes pour être distinguées à l'œil nu, mais elles sont assez nombreuses pour que le ciel apparaisse faiblement lumineux.

En dehors de la Voie lactée, le ciel est noir (entre les étoiles, bien sûr !). Pourquoi ? La question a longtemps préoccupé les astronomes. L'idée est la suivante : si l'Univers est infini et rempli d'étoiles distribuées à peu près uniformément, on devrait voir une étoile où que l'on regarde. La voûte céleste devrait ainsi apparaître aussi lumineuse que le Soleil. Évidemment, ce n'est pas le cas. Cette contradiction est appelée « paradoxe d'Olbers », du nom de l'astronome allemand qui en a proposé une solution (fausse) en 1823.

La raison de la noirceur du ciel est la vitesse finie de la lumière, qui se déplace à 300 000 kilomètres par seconde. Quand on observe des étoiles, on les voit telles qu'elles étaient au moment où elles ont émis la lumière qui nous parvient actuellement. En regardant très loin, on observe les régions lointaines de l'Univers telles qu'elles étaient avant que les étoiles ne commencent à y émettre de la lumière.

Des calculs montrent qu'il faudrait que les étoiles vivent au moins 10^{23} années (1 suivi de 23 zéros) pour que le ciel nocturne soit uniformément brillant ! Or, la durée de vie typique des étoiles est d'environ 10 milliards (10^{10}) d'années. La courte vie des étoiles limite la quantité de lumière qu'elles injectent dans l'Univers, et le ciel reste noir.

L'effet Doppler et les exoplanètes

Les yeux levés vers le ciel, Pierre et Sophie cherchent à repérer les constellations qu'ils connaissent : la Grande Ourse, Cassiopée, le Cygne… et à les montrer aux enfants. De temps en temps, une chauve-souris passe en rase-mottes, les évitant toujours grâce à son remarquable système d'écholocation.

– Dis, maman, demande Julie, y a-t-il des planètes et des gens autour de ces étoiles ?

Des gens, on ne sait pas, mais des planètes, on sait. C'est une des grandes avancées récentes de l'astronomie. Depuis 1995, on a découvert de nombreuses exoplanètes, des planètes tournant autour d'étoiles autres que le Soleil. Comment ? Grâce à l'effet Doppler dont on a parlé à propos des radars de police et des chauves-souris (chapitre 1).

La découverte d'exoplanètes est une tâche difficile. Au contraire des étoiles, les planètes n'émettent pas de lumière. Elles ne font que réfléchir la lumière de l'étoile autour de laquelle elles orbitent. Mais les planètes réfléchissent peu de lumière et cette lumière est de toute façon noyée dans celle, beaucoup plus intense, de leur étoile. Dans notre système solaire, par exemple, le Soleil émet environ un milliard de fois plus de lumière visible que Jupiter, la plus grosse planète, n'en réfléchit. Observer directement une planète extrasolaire est aussi difficile que de repérer une luciole volant près d'un lampadaire situé à… quelques milliers de kilomètres !

Si on a réussi à découvrir des exoplanètes, c'est donc indirectement… et grâce au fameux effet Doppler. Lorsqu'une planète orbitant autour d'une étoile passe d'un côté à l'autre de l'étoile, celle-ci oscille parce que planète et étoile sont liées par la force gravitationnelle. Au sens strict, la planète ne tourne pas autour du centre de l'étoile mais autour du centre de gravité de l'ensemble étoile-planète. L'étoile tourne aussi autour du centre de gravité… mais le rayon de son orbite est beaucoup plus petit que le rayon de l'orbite de la planète.

Figure 2.4
Mouvement d'une étoile autour de laquelle orbite une planète

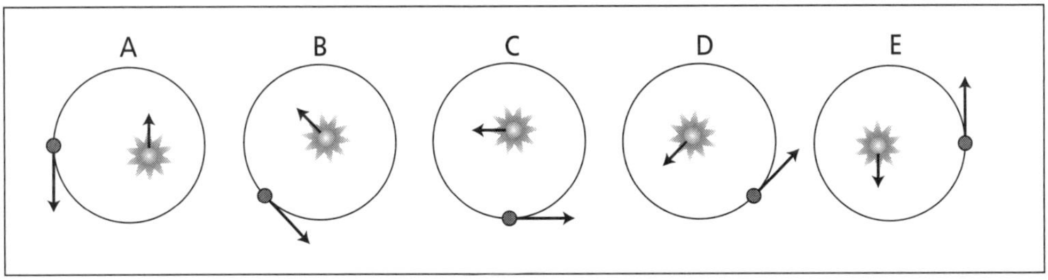

Exoplanète et son étoile lors de leur révolution commune autour du centre de gravité du système, à cinq instants différents durant une demi-révolution. Les vitesses des deux astres sont représentées par les flèches (en réalité, la vitesse de l'étoile est beaucoup plus faible que celle de l'exoplanète).

Vue de la Terre, l'étoile paraît osciller. Quand la planète s'éloigne de la Terre, l'étoile se rapproche (figure ci-dessus). À cause de l'effet Doppler, il se passe le même phénomène que dans le cas de l'automobile qui s'approche d'une personne située devant elle (chapitre 1). La fréquence de la lumière captée sur Terre (avec un télescope) augmente. Cette augmentation de fréquence permet de déterminer la vitesse de l'étoile à un instant donné.

Quand la planète s'approche de la Terre, l'étoile s'éloigne et la fréquence de la lumière diminue. En observant l'étoile sur une assez longue période (plusieurs mois ou plusieurs années), on peut obtenir un graphique de la vitesse de l'étoile en fonction du temps semblable à celui illustré ci-dessous.

Figure 2.5
Mouvement d'une étoile par rapport à la Terre

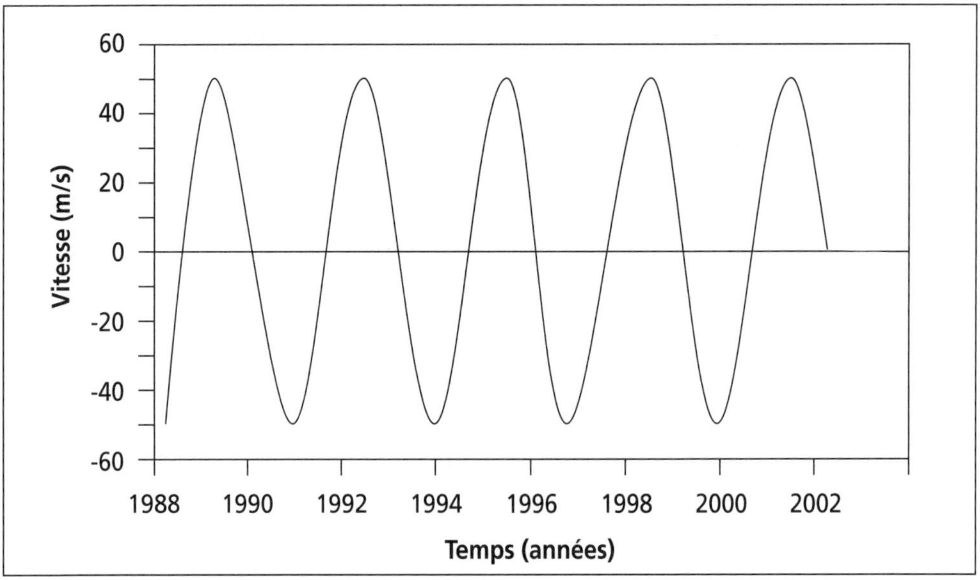

Quand la vitesse est positive, l'étoile vient vers nous ; quand la vitesse est négative, l'étoile s'éloigne. La planète dont l'étoile bouge selon cette courbe accomplit une révolution en trois ans environ ; on peut calculer qu'elle se trouve à environ deux fois la distance Terre-Soleil de son étoile et que sa masse vaut au moins deux fois et demie celle de Jupiter.

À partir d'un tel graphique, les astronomes déduisent par des principes physiques simples la période de révolution et la masse minimale de la planète. Ils peuvent aussi, si la planète est seule ou si elle est beaucoup plus grosse que les autres planètes présentes, déterminer le rayon moyen et l'ellipticité de l'orbite de la planète orbitant autour de l'étoile. Depuis 1995, les astronomes ont ainsi découvert de nombreuses exoplanètes orbitant autour d'étoiles situées à moins de 100 années-lumière de la Terre. En 2005, on en dénombrait déjà plus de 125, dont le tableau 2.1 offre un échantillon.

Tableau 2.1
Quelques exoplanètes gravitant autour d'étoiles semblables au Soleil

Nom de l'étoile centrale	Distance (années-lumière)	Masse minimale ($M_{Jupiter}$)	Période de révolution (jours)	Distance étoile-planète (UA)
51 Pegasi	50	0,46	3,5	0,05
47 Ursae Majoris	46	2,54	1 089	2,09
HD192263	65	0,75	24,3	0,15
HD28185	129	5,7	383	1,03
Tau Bootis	49	4,13	3,3	0,05

La masse de l'exoplanète (3e colonne) est donnée en fonction de la masse de Jupiter. La distance étoile-planète est donnée en unités astronomiques (UA) ; 1 UA correspond à la distance moyenne entre la Terre et le Soleil.

On remarque que la plupart des exoplanètes détectées sont massives, de masse semblable ou plus grande que celle de Jupiter, la plus grosse planète du système solaire ! Plusieurs sont très proches de leur étoile. Ces résultats sont une conséquence de la méthode de détection : plus une planète est massive et proche de son étoile, plus l'étoile oscille et plus la détection est facile. La méthode n'est pas encore assez précise pour détecter des exoplanètes petites et éloignées de leur étoile.

Les planètes détectées ne sont probablement pas propices à la vie. Avec leur grande masse, la gravité y est sûrement très élevée et, comme sur Jupiter, la présence d'hydrogène et une forte pression limitent les possibilités de vie. Les planètes proches de leur étoile doivent aussi être très chaudes, sinon en fusion.

EEG
STADE 2
Z

Le cérémonial du coucher

Pierre a mangé quelques croustilles, oh ! juste un peu, pour ne pas trop en enlever aux enfants… et surtout pour éviter toute remarque de Sophie sur son tour de taille. À l'intérieur, il va laver sa main droite graisseuse au lavabo de la cuisine. Il ouvre le robinet d'eau chaude, mais ne récolte… que de l'eau froide.

– On a oublié d'ouvrir le circuit électrique du chauffe-eau !

La vie est remplie de ces petits drames.

L'eau chaude

L'oncle Yvon coupe l'alimentation du chauffe-eau électrique quand il part, puisqu'il peut s'écouler plusieurs semaines avant qu'il revienne. En Amérique du Nord, beaucoup de chauffe-eau sont électriques. Comme ce mode de chauffage est moins rapide que le chauffage au gaz, les chauffe-eau ne fonctionnent pas à la demande ; ils sont plutôt dotés d'un réservoir isolé qui peut contenir 200 à 300 litres d'eau chaude prête à être utilisée.

Figure 3.1
Structure d'un chauffe-eau électrique à réservoir

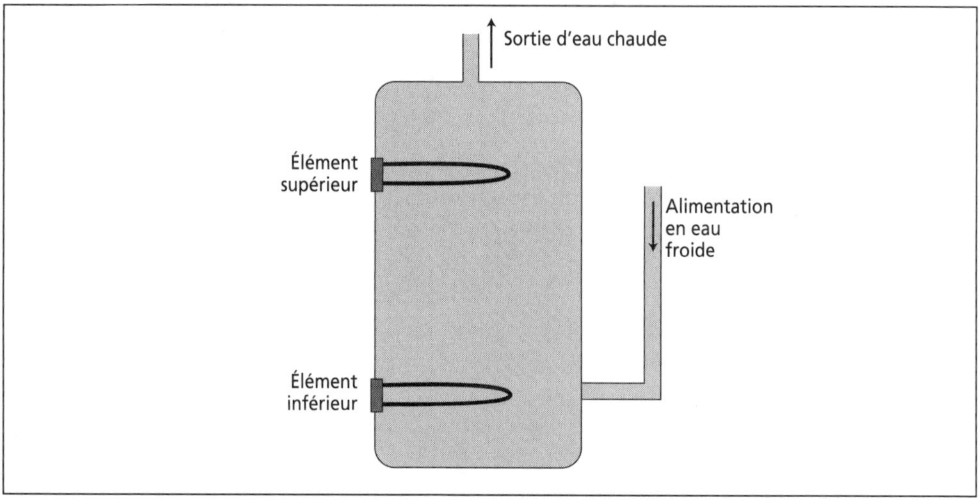

Les chauffe-eau électriques comportent généralement deux éléments chauffants, similaires à ceux utilisés dans le four des cuisinières. Chaque élément fonctionne sous une TENSION ÉLECTRIQUE de 240 volts et peut fournir une puissance typique de 4 500 watts, soit quatre fois celle d'un grille-pain. La puissance est liée à l'énergie : elle correspond à l'énergie consommée ou produite durant un intervalle de temps donné. Un élément de 4 500 watts peut fournir 4 500 joules par seconde.

Pierre se rend au panneau électrique du chalet et actionne le disjoncteur du chauffe-eau. Le disjoncteur est un interrupteur : dès qu'il est actionné, le courant passe dans un élément du chauffe-eau.

Un disjoncteur contient un dispositif, électroaimant ou lame bimétallique, qui coupe le courant si, à cause d'un dysfonctionnement, le courant augmente trop dans le circuit électrique du chauffe-eau. En effet, sous un courant élevé, les fils électriques surchauffent et risquent de mettre le feu aux matériaux qui les environnent. Dans le disjoncteur doté d'un ÉLECTROAIMANT, un courant élevé augmente le magnétisme de l'électroaimant : celui-ci attire alors un levier métallique qui actionne l'interrupteur. Une lame bimétallique, elle, comporte deux bandes faites de métaux différents, soudées ensemble. Quand la lame est parcourue par un courant trop élevé, les deux bandes s'échauffent et se dilatent, mais inégalement parce que les métaux sont différents. La lame s'incurve, ce qui coupe le courant.

Quand ils sont parcourus par un courant, les éléments du chauffe-eau s'échauffent aussi. Dans les éléments, des électrons en déplacement entrent en collision avec les atomes, ce qui fait vibrer ceux-ci davantage et augmente l'énergie thermique des éléments. Les atomes à la surface des éléments transfèrent cette énergie aux molécules d'eau, qui bougent davantage à leur tour : l'eau devient plus chaude.

Les deux éléments du chauffe-eau ne fonctionnent pas en même temps. Quand l'eau du réservoir est froide, comme en ce moment, c'est l'élément du haut, placé aux trois quarts de la hauteur, qui chauffe. L'eau chaude, moins dense que l'eau froide, demeure ainsi en haut du réservoir, prête à sortir par le tuyau d'eau chaude dont l'extrémité se trouve en haut.

Pourquoi l'eau chaude est-elle moins dense ? Des molécules d'eau chaude bougent plus vite. Les collisions entre molécules rapides ont pour effet de maintenir les molécules plus espacées que dans l'eau froide. À 70 °C, la température qu'atteindra l'eau dans le chauffe-eau, l'eau est environ 2 % moins dense qu'à 20 °C : sa masse volumique vaut 0,978 gramme par millilitre au lieu de 0,998 gramme par millilitre[1].

Dès que l'eau du quart supérieur du réservoir a atteint la température visée par le réglage du thermostat du haut, ce qui prend environ une heure, le système de contrôle du chauffe-eau coupe le courant dans l'élément du haut. Le courant est alors dirigé dans l'élément inférieur jusqu'à ce que l'eau dans le bas du réservoir atteigne aussi la température spécifiée par le thermostat du bas. Si quelqu'un utilise plus de 25 % de l'eau contenue dans le chauffe-eau, le courant est coupé dans l'élément du bas et reprend dans celui du haut, de façon à ce qu'il y ait de l'eau chaude prête à être utilisée le plus vite possible.

Pourquoi y a-t-il deux éléments plutôt qu'un seul ? C'est que la CONVECTION de l'eau, la montée de l'eau chaude due à sa densité plus faible, est très lente. Si l'eau n'était chauffée qu'en bas, il faudrait attendre près de quatre heures après le démarrage du chauffe-eau pour pouvoir prendre une douche (une douche chaude, s'entend). Aussi bien dire que Pierre et Sophie ne se laveraient pas ce soir, ou que la douche n'aurait rien de voluptueux !

Notre petite famille devra attendre un certain temps avant de disposer d'eau chaude. Il faut 4186 joules pour augmenter d'un degré Celsius la température d'un kilogramme d'eau : c'est ce qu'on appelle la chaleur spécifique de l'eau. Si le chauffe-eau contient, disons, 250 kilogrammes d'eau (la masse de 250 litres d'eau), et que la température de cette eau doit passer de 20 à 70 °C, les éléments devront fournir au moins 250 × 50 × 4186 joules, soit 52 millions de joules (« au moins » parce que pendant le chauffage de l'eau, une partie de la chaleur s'échappe dans l'air environnant le chauffe-eau). À 4500 joules par seconde, le chauffage nécessitera au moins 11 600 secondes, soit plus de trois heures ! Heureusement, puisque l'eau chauffée reste en haut du réservoir, Pierre et Sophie pourront disposer d'un peu d'eau relativement chaude après une demi-heure ou une heure de chauffage.

1. La presque totalité des liquides deviennent plus denses quand leur température diminue. C'est aussi le cas pour l'eau, mais seulement jusqu'à 4 °C. Si on refroidit l'eau encore plus, entre 4 et 0 °C, elle présente un comportement unique : elle devient moins dense.

   Dans un lac, au début de l'hiver, quand la température de l'eau approche 0 °C, l'eau la plus froide se trouve donc en surface alors que l'eau plus « chaude » (entre 0 et 4 °C) se trouve au fond. C'est pourquoi la glace se forme à la surface du lac. Si la densité de l'eau augmentait toujours sous l'effet d'une baisse de température, l'eau la plus froide serait au fond du lac. L'eau du fond gèlerait la première, ensuite ce serait la couche au-dessus, etc., et le lac gèlerait complètement ! Le fait que l'eau gèle en surface permet la survie des poissons. Le comportement particulier de l'eau résulte des propriétés des liaisons existant entre les molécules d'eau.

La chaleur spécifique de l'eau est une des plus élevées parmi celles connues. Par exemple, pour élever la température du fer d'un degré, il faut 10 fois moins d'énergie que pour l'eau ! Ceci résulte en partie de l'existence de « LIAISONS HYDROGÈNE » qui s'établissent entre les molécules d'eau. Pour augmenter la température de l'eau, et donc le mouvement des molécules d'eau, il faut réduire le nombre des liaisons hydrogène, ce qui demande de l'énergie. Si les molécules d'eau n'étaient pas liées les unes aux autres par ces liaisons, la chaleur spécifique de l'eau serait environ deux fois plus petite. Le chauffe-eau prendrait deux fois moins de temps pour réchauffer l'eau… mais l'eau d'un bain ou d'une tasse de café se refroidirait aussi deux fois plus vite !

La force d'Archimède

Avant de quitter l'intérieur douillet du chauffe-eau, une question subsiste. Pourquoi l'eau moins dense flotte-t-elle sur l'eau plus dense ? De façon analogue, pourquoi l'air chaud s'élève-t-il ? On explique ces phénomènes par l'effet de la force d'Archimède (*buoyancy*, en anglais), une force liée à l'existence de la gravité. Sans gravité, l'eau chaude ne resterait pas en haut du chauffe-eau et l'air chaud ne monterait pas.

À cause de la gravité, la pression dans un fluide est plus grande près du sol que plus haut. Considérons donc un « bloc d'eau chaude », moins dense, dans un environnement d'eau froide, plus dense.

Figure 3.2
Force d'Archimède

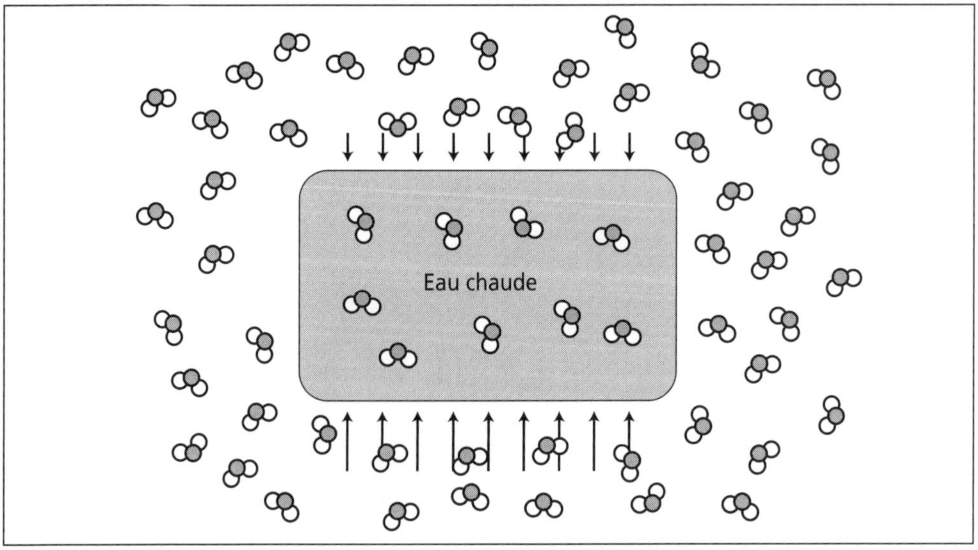

Un « bloc » d'eau chaude, dans lequel les molécules sont plus espacées, se trouve ici dans de l'eau plus dense. Les flèches représentent la pression s'exerçant sur les faces supérieure et inférieure du bloc.

Le bloc est soumis sur sa face inférieure à une pression plus élevée (représentée par la longueur des flèches sur la figure 3.2) que celle s'exerçant sur sa face supérieure. La force résultante, qui est égale à la différence entre les forces exercées vers le haut et vers le bas, est dirigée vers le haut et correspond à ce qu'on appelle la force d'Archimède. Celle-ci est plus grande que le POIDS (dirigé vers le bas) du bloc d'eau chaude et donc cette eau chaude s'élève.

Fontaine, je boirai de ton eau

Même s'ils sont fatigués, les enfants sont ravis que la soirée se prolonge. Pendant que l'eau chauffe, nos vacanciers tuent le temps en jouant aux cartes quelques minutes, en lisant, en accomplissant leurs ablutions rituelles, brossage de dents et de cheveux.

L'eau qui est en train de chauffer et qui servira bientôt aux douches de nos héros est tirée d'un puits, le village voisin ne disposant pas d'un réseau de distribution d'eau. Contrairement à ce que l'on croit souvent, l'eau d'un puits ne provient généralement pas d'un cours d'eau ou d'un lac souterrains. Elle se trouve dans les pores des sols meubles (constitués de gravier ou de sable) ou dans les espaces présents dans les roches. Dans les graviers ou le sable, l'ensemble des espaces poreux peut atteindre 20 % du volume total.

L'eau souterraine ne constitue qu'une faible proportion de l'eau présente sur Terre. Alors que les océans contiennent actuellement environ 1,35 milliard de kilomètres cubes d'eau, le sous-sol contient moins de 1 % de ce total[2]. L'eau souterraine provient des précipitations. L'eau fournie par la pluie, ou par la neige lors de sa fonte, peut ruisseler à la surface et, de ruisseaux en rivières, se rendre à l'océan en quelques jours. Mais elle peut aussi s'infiltrer dans le sol, s'écoulant à travers les interstices jusqu'à une zone où tous les espaces disponibles sont remplis d'eau : la zone saturée. Si la zone saturée contient une quantité d'eau assez importante pour être exploitable, on parle souvent de nappe phréatique (du grec *phrear, atos*, « puits »). Dans la zone située au-dessus, appelée zone non saturée, l'eau est présente sans remplir tous les interstices ; cette zone peut même presque s'assécher entre des précipitations espacées.

Pour creuser un puits « de surface » (ou puits-citerne), il faut donc forer au moins jusqu'à la frontière entre la zone non saturée et la zone saturée ; cette frontière est appelée la surface libre de l'eau. La surface libre n'est pas à la même hauteur partout ; généralement, elle est inclinée en direction du plan d'eau le plus proche, ce qui explique que les puits n'ont pas tous la même profondeur, même si le sol est horizontal. Le niveau d'eau de la zone saturée fluctue en fonction des précipitations. Si celles-ci se font moins fréquentes, la surface libre descend dans le sol et un puits insuffisamment profond peut s'assécher.

2. Et les lacs et cours d'eau contiennent 40 fois moins d'eau que le sous-sol !

Figure 3.3
Puits et eau souterraine

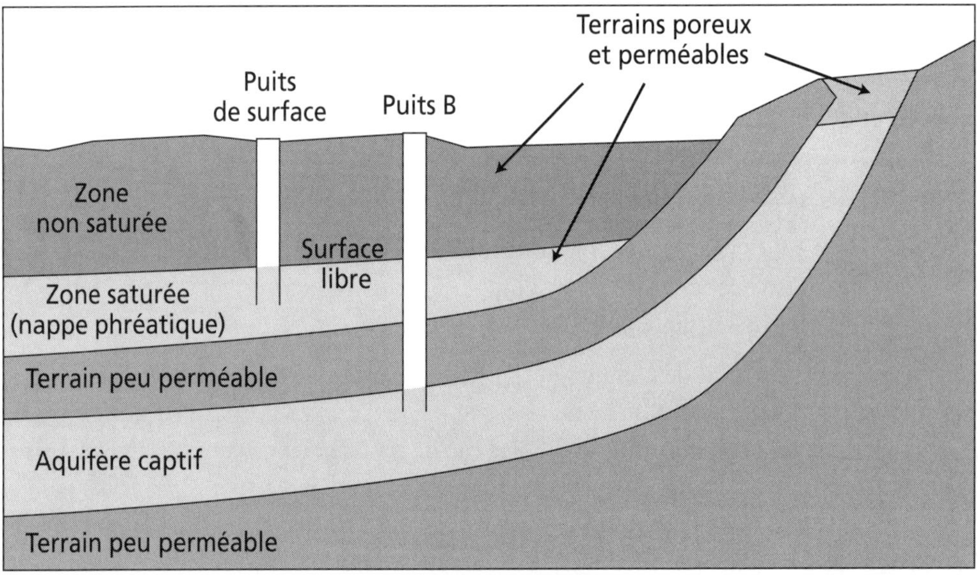

Une nappe phréatique est une zone saturée en eau se trouvant sous la zone non saturée ; un puits de surface y puise son eau. La surface libre de l'eau est ici inclinée vers la gauche, direction dans laquelle se trouve un cours d'eau. Un aquifère captif se trouve entre deux couches peu perméables. Le puits B peut être ordinaire ou, si la pression d'eau à son extrémité inférieure est suffisante, artésien.

Il arrive aussi que l'eau se trouve entre deux couches (argile, roches) peu ou pas perméables. Dans un tel aquifère captif, la pression de l'eau peut être suffisante pour que l'eau jaillisse sans qu'on n'ait à la pomper. Le puits est artésien, du nom d'Artois, une ville française appelée Artesium par les Romains, où ce type de puits a d'abord été étudié. La pression de l'eau résulte du poids de l'eau présente dans les régions supérieures de l'aquifère captif[3].

En grande pompe

Sauf dans les cas où le puits est artésien jaillissant, il faut pomper l'eau. Dans une pompe, une action mécanique génère une différence de pression et amène un fluide à se déplacer. Par exemple, si le bas de la colonne d'eau présente dans un puits est exposé à une pression plus élevée que la pression régnant au sommet de la colonne, la colonne d'eau est poussée vers le haut. Elle monte si la force générée par la différence de pression est plus grande que le poids de l'eau.

3. Au Québec, contrairement à l'usage français et anglais, tout puits tirant l'eau d'un aquifère captif est qualifié d'artésien, même si l'eau ne jaillit pas naturellement.

Figure 3.4
Fonctionnement d'une pompe aspirante manuelle

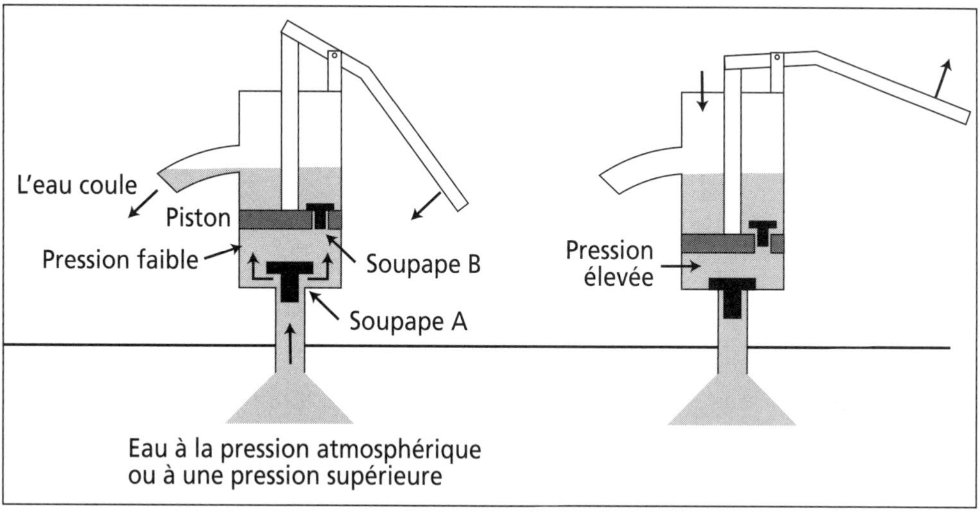

À gauche, on abaisse le levier de la pompe : le piston monte et l'eau située au-dessus du piston coule par le déversoir. Simultanément, la pression diminue sous le piston et l'eau s'élève dans le tuyau du puits. À droite, on remonte le levier. Le piston descend, la pression augmente sous le piston, la soupape A se ferme, la soupape B s'ouvre et l'eau présente sous le piston monte au-dessus du piston.

Comment fonctionne la classique pompe aspirante manuelle ? Quand on abaisse le levier de la pompe, le piston monte, engendrant une baisse subite de pression dans le cylindre sous le piston. Les forces de part et d'autre des soupapes n'étant plus équilibrées, la soupape B se ferme et la soupape A s'ouvre (figure ci-dessus, à gauche). Or, l'eau de la nappe phréatique se trouve à une pression égale ou supérieure à la pression atmosphérique (la pression augmente avec le poids de l'eau ou de l'air situés au-dessus). Si on considère la colonne d'eau dans le puits, la pression est donc plus élevée au bas de la colonne d'eau qu'en haut, et l'eau monte. Simultanément, l'eau située au-dessus du piston coule par le déversoir.

Quand le levier est remonté, le piston descend, ce qui a pour effet d'augmenter la pression dans le cylindre sous le piston. La soupape A se ferme, la soupape B s'ouvre et l'eau présente dans le cylindre monte au-dessus du piston, prête à couler au début du prochain cycle.

Le fonctionnement de la pompe aspirante repose sur le fait que l'eau à pomper, en bas du tuyau, se trouve à une pression égale ou supérieure à la pression atmosphérique et qu'on peut diminuer la pression en haut de la colonne d'eau. Si l'eau à l'extrémité inférieure du tuyau se trouve à la pression atmosphérique, une telle pompe ne peut pomper l'eau que d'une profondeur d'environ sept mètres au maximum. Si la colonne d'eau est plus longue, son poids sera trop élevé pour que la différence de pression engendrée par la pompe arrive à faire monter l'eau.

La plupart du temps, l'extraction d'eau des puits se fait maintenant au moyen de pompes rotatives électriques. Ces pompes comportent des roues à pignons ou un genre de roue à aubes qui, entraînées par un moteur électrique, expulsent le fluide sous pression. Ce type de pompe fournit un débit constant plutôt qu'un débit intermittent comme les pompes aspirantes. La pompe peut être installée au niveau du sol ou au fond du puits, et exercer une pression suffisante pour élever l'eau sur une hauteur de plusieurs dizaines de mètres.

Entretien capillaire

Il y a enfin assez d'eau chaude pour que Rachel puisse prendre sa douche avec sa maman. Sophie règle la température de l'eau puis entre dans la douche avec sa fille. Les deux entreprennent de se laver les cheveux. Tâche essentielle : ces pauvres poils reçoivent toute la saleté qui leur tombe sur la tête, sans compter qu'ils sont envahis de sébum, la sécrétion huileuse des glandes sébacées, et de débris de peau. Bref, ils sont gras, ternes, et personne n'a plus envie de les caresser. SOS shampooing !

Comme le shampooing doit nettoyer, son ingrédient principal est… l'eau. Tous les shampooings en contiennent entre 70 et 90 %. Ensuite vient le DÉTERGENT, qui a pour rôle d'éliminer la saleté. Deux des détergents les plus courants sont le laurylsulfate de sodium et le laurylsulfate d'ammonium. Dissoutes dans l'eau, les molécules se séparent en deux parties : un ion sodium ou un ion ammonium portant une charge positive, et un ion négatif, le laurylsulfate, qui constitue la portion active du détergent.

L'ion négatif du détergent comporte deux sections. Une extrémité de l'ion est chargée et POLAIRE, c'est-à-dire que la répartition de la charge électrique n'y est pas uniforme. Cette section polaire est attirée par des molécules également polaires, comme celles de l'eau ; on dit que cette extrémité de l'ion est hydrophile. L'autre extrémité de l'ion laurylsulfate est non polaire et hydrophobe : elle ne se lie pas à l'eau mais, par contre, se lie bien aux graisses… comme celles qui sont présentes sur les cheveux. L'ion laurylsulfate peut donc se lier aux graisses *et* à l'eau, et ainsi mettre les graisses en solution sous forme de micelles, des petites sphères constituées de molécules de détergent en surface et de graisses au centre.

Une faible concentration de détergent suffirait à nettoyer les cheveux, mais alors le shampooing ne mousserait pas beaucoup. Puisque les consommateurs, comme Sophie et Pierre, préfèrent les mousses abondantes, les fabricants s'efforcent de les satisfaire : les shampooings contiennent de 10 à 20 % de détergent, plus qu'il n'est nécessaire. Les shampooings pour cheveux gras contiennent plus de détergent qu'un shampooing ordinaire.

Figure 3.5
Deux détergents courants

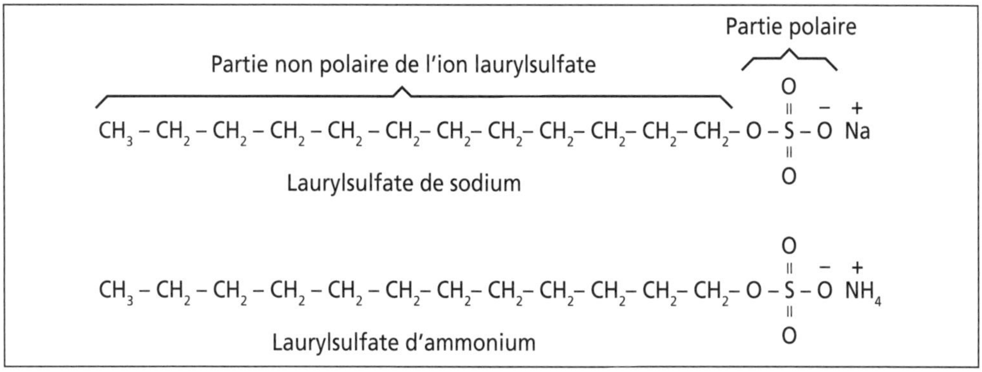

Dissous dans l'eau, les deux détergents se séparent en deux ions. L'ion laurylsulfate porte une charge électrique négative (le terme « lauryl » désigne la chaîne de 12 atomes de carbone et un sulfate est un groupement SO_4). L'ion positif est un ion sodium (Na^+) ou ammonium (NH_4^+). Notez qu'on n'indique pas de tiret entre l'ion laurylsulfate et l'ion positif : ils ne sont pas liés par une liaison covalente mais par une liaison ionique, qui découle de l'attraction entre charges électriques de signes opposés.

Ironiquement, avec tout ce détergent, les cheveux peuvent devenir *trop* propres : ils perdent trop d'huiles naturelles, ce qui les rend difficiles à peigner. Il faut alors compenser par des revitalisants, qui ont pour rôle de déposer diverses substances grasses à la surface ou au sein des cheveux. Ces substances, malgré la présence de détergents, se lient (plus ou moins) aux cheveux, résistent au rinçage subséquent, facilitent le passage du peigne et augmentent le lustre des cheveux.

Il existe des centaines d'agents revitalisants. Les substances les plus utilisées sont les polypeptides dérivés de protéines animales. Mais on retrouve aussi la lanoline et ses dérivés, des silicones, la lécithine (un ÉMULSIFIANT utilisé dans les aliments), la gélatine, les huiles de germe de blé, de maïs, etc.

Ces dérivés de protéines constituant un mets de choix pour les bactéries, il faut ajouter au shampooing des agents de conservation. Un shampooing standard contient aussi un agent épaississant afin d'augmenter la viscosité de la solution aqueuse : chlorure de sodium (du sel de table), dérivés de CELLULOSE, etc. Il faut ajouter à tout ça un stabilisateur de mousse, un agent opacifiant, un ajusteur de pH[4] (acide citrique, par exemple) et enfin des ANTIOXYDANTS (BHT, BHA) pour empêcher le rancissement des huiles contenues dans le shampooing. La touche finale est apportée par des colorants et un parfum qui attire le consommateur, genre camomille ou extrait d'herbe. Avec tout ça, se laver les cheveux devient une fête. Poils à la tête !

4. Le pH est une mesure de la concentration des ions hydrogène H^+, donc de l'acidité. Le pH varie généralement entre 0 et 14. Une solution est acide si son pH est inférieur à 7 ; plus le chiffre est petit, plus le liquide est acide. La solution est basique (ou alcaline) si le pH dépasse 7.

Ces poils sur la tête

Justement, que sont-ils, ces cheveux ? Ces longs poils dont la fonction ornementale est si importante sont constitués d'une partie externe, la tige, et d'une partie interne, la racine, qui se trouve à l'intérieur du follicule pileux. Le follicule s'enfonce d'environ quatre millimètres dans la peau. C'est un organe très autonome : extrait du cuir chevelu et cultivé *in vitro*, un follicule continue de produire un cheveu durant plusieurs semaines !

Au fond du follicule, les cellules se multiplient. Poussées par les nouvelles cellules, les cellules déjà présentes migrent vers l'extérieur du follicule tout en se transformant : elles s'allongent, se rigidifient et se lient solidement ensemble, constituant le cheveu. Les cellules perdent leur NOYAU, qui porte leur matériel génétique, et meurent. Certaines cellules, les mélanocytes, sécrètent un pigment, la mélanine, qui donne leur coloration aux cheveux. Ce processus de formation explique pourquoi les cheveux sont de bons indicateurs toxicologiques. De nombreuses substances absorbées par le corps, comme les métaux lourds (plomb, mercure, etc.), migrent dans le sang jusqu'aux follicules pileux, où elles sont intégrées dans les cellules constituant les cheveux.

Un cheveu croît de 0,3 à 0,5 millimètre par jour, soit environ un centimètre par mois. L'extrémité d'un cheveu long de 30 centimètres est donc sortie du follicule au moins deux ans plus tôt ! Et avec plus de 100 000 cheveux (en moyenne), le cuir chevelu produit plus de 30 mètres de cheveux par jour !

Un follicule pileux présente une activité cyclique. Le stade anagène, celui de la production du cheveu, dure de trois mois à sept ans ; certains cheveux peuvent ainsi atteindre plus d'un mètre de long. Au stade catagène, qui dure environ trois semaines, les cellules arrêtent de se diviser, la production de pigment cesse et le follicule rétrécit. Le stade télogène est une phase de repos : le cheveu, d'abord ancré dans le follicule, finit par tomber. Le follicule pileux reprend son activité quelques mois plus tard. Environ 90 % des follicules pileux sont au stade anagène, 1 % au stade catagène et 9 % au stade télogène.

Un cheveu comporte trois couches concentriques : de l'extérieur vers l'intérieur, ce sont la cuticule, le cortex et la moelle. Le cortex fait environ 90 % de la masse totale d'un cheveu. Ses cellules contiennent des protéines filamenteuses, les kératines, qu'on retrouve aussi dans la peau et les ongles. Les kératines contiennent environ 15 % de cystine, un acide aminé comportant des atomes de soufre ; c'est ce soufre qui contribue à la puanteur dégagée par des cheveux qui brûlent.

Avec d'autres protéines, les kératines forment un réseau de microfibrilles et de macrofibrilles, un peu comme un câble formé de torons tressés. Le résultat est assez résistant, puisqu'un seul cheveu peut supporter un poids de 10 à 20 grammes. Les kératines constituent de 85 à 90 % de la masse des cheveux, l'eau, de 10 à 13 % ; le reste comprend des lipides, de la mélanine et quelques éléments à l'état de trace.

C'est la cuticule qui protège le cheveu et le rend imperméable. Cette couche extérieure est constituée de cellules aplaties, disposées à la manière de bardeaux sur un toit ou d'écailles de poisson, et aussi cimentées entre elles. Le sébum contribue à garder les écailles plates à la surface du cheveu. La plupart des shampooings sont légèrement acides, avec un pH entre 4 et 6, afin de conserver la cuticule en bon état. Dans un environnement basique (pH plus grand que 7), certaines liaisons chimiques entre protéines se brisent[5] et les écailles de la cuticule tendent à se gonfler et à se hérisser. Si on se lavait les cheveux avec un shampooing basique, la diffusion de la lumière sur les écailles écartées ferait paraître les cheveux ternes.

Expérience • Acide ou base ?

Hachez environ 100 millilitres de chou rouge et ajoutez-le dans la même quantité d'eau bouillante. Laisser infuser dans l'eau bouillante durant deux ou trois minutes, ce qui suffit à extraire le pigment qui donne au chou sa couleur. Laissez refroidir puis versez le liquide bleu-violet obtenu dans deux ou trois verres ou pots transparents (des pots de médicaments font bien l'affaire).

Versez environ 50 millilitres d'alcool à friction dans un petit pot ou verre et ajoutez environ 10 millilitres (2 cuillerées) de curcuma, une épice en vente à l'épicerie. Laissez reposer quelques minutes, le temps que le colorant contenu dans le curcuma se dissolve dans l'alcool. ATTENTION à ne pas renverser le pot : le colorant peut tacher. Après dissolution, versez la solution obtenue, sans la poudre restée au fond, dans deux autres petits pots.

Dans un autre contenant, mettez un peu d'eau et ajoutez une cuillerée de bicarbonate de sodium (la « petite vache ») avec une autre cuillère. Laissez dissoudre. Enfin, procurez-vous du vinaigre blanc.

Versez un peu de vinaigre dans un pot d'extrait de chou, puis dans un pot d'extrait de curcuma. Que se passe-t-il ? Versez maintenant de la solution de bicarbonate de sodium dans un autre pot d'extrait de chou et dans un autre pot d'extrait de curcuma.

De nombreux végétaux, comme le chou rouge et le curcuma, contiennent des pigments (colorants) dont la structure moléculaire change en fonction du caractère acide ou basique de la solution. Quand la structure du pigment se modifie, la couleur change aussi. Ces pigments peuvent ainsi jouer le rôle « d'indicateurs ». L'extrait de chou devient ainsi rouge en présence du vinaigre, révélant un acide, et bleu avec le bicarbonate de sodium, indiquant une base. L'extrait de curcuma devient d'un beau rouge profond en solution basique. Ajoutez-y du vinaigre, et le rouge disparaît. ATTENTION : faites cette dernière opération dans un lavabo ou au-dessus d'une assiette. Le vinaigre réagit avec le bicarbonate de sodium, produisant du gaz carbonique, et le liquide devient effervescent et peut déborder.

Avec les indicateurs que vous avez préparés, vous pouvez maintenant déterminer le caractère acide ou basique de divers produits courants, comme l'ammoniaque (un nettoyant), le détergent pour lave-vaisselle, un shampooing, etc.

Vous pouvez aussi simplifier les manipulations et tester davantage de produits en préparant des bandes de papier indicatrices. Coupez des bandes de papier larges d'environ un centimètre et longues de 10 à 15 centimètres (du papier de filtre à café fait très bien l'affaire), plongez-les dans les extraits de chou rouge et de curcuma non utilisés, puis laissez sécher les bandes. Vous n'aurez plus qu'à les immerger dans une solution pour déterminer si celle-ci est acide ou basique.

5. Dans une solution très basique, à un pH de 12, les liaisons chimiques entre protéines se brisent et les cheveux se dissolvent. Les produits dépilatoires comme Neet® contiennent des bases fortes.

Le diamètre des cheveux varie de 60 à 100 micromètres, soit de 0,06 à 0,10 millimètre. Il augmente lors de la croissance (les cheveux de Sophie sont plus épais que ceux de Rachel), mais il diminue chez les personnes âgées. La forme du cheveu, qui dépend de celle du follicule, est ovale pour les gens d'origine caucasienne (de race blanche), ronde pour les Asiatiques et aplatie pour les personnes à peau noire.

Le nombre de cheveux diminue aussi avec l'âge, même si le porteur ne souffre pas de calvitie. Un jeune adulte possède de 100000 à 150000 cheveux, à raison de 200 à 300 cheveux par centimètre carré de cuir chevelu. Ce n'est rien à côté du nombre total de poils sur le corps : près de cinq millions ! Les poils du duvet sont toutefois plus discrets que les cheveux, avec leur diamètre de 30 micromètres et leur longueur inférieure à un centimètre.

Après avoir lavé leurs cheveux, Sophie et Rachel se savonnent le corps puis se rincent soigneusement. En sortant de la douche, Sophie essuie Rachel, profitant au passage de l'attraction des molécules d'eau envers la cellulose du coton de la serviette. La cellulose comporte des groupements hydroxyles (OH), polaires, auxquels l'eau se lie facilement. Il ne reste plus à Sophie qu'à peigner les cheveux de Rachel.

Expérience • Le peigne et le miroir

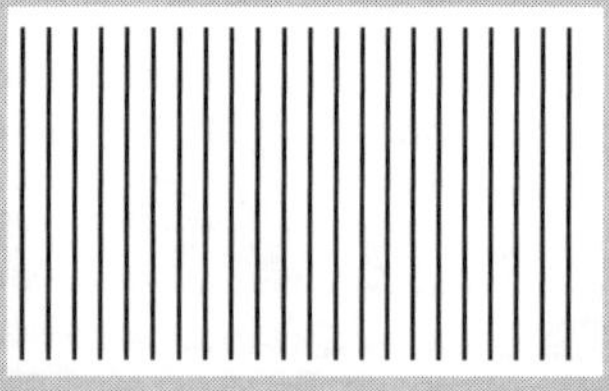

Prenez un peigne de couleur noire ou foncée et tenez-le, avec les dents à la verticale, entre vos yeux et un miroir. Approchez le peigne du miroir en regardant continuellement à travers. Qu'observez-vous quand le peigne est proche du miroir ? Si vous ne disposez pas d'un miroir, vous pouvez faire la même expérience en plaçant votre peigne à l'horizontale devant la grille illustrée ci-contre.

Ce type d'effet est une figure de moiré. On peut l'observer quand deux réseaux de zones opaques et transparentes, régulièrement alternées, se superposent devant un arrière-plan clair. On voit aussi des figures de moiré quand on regarde, en superposition, deux couches de tissu diaphane à trame espacée, deux clôtures constituées de barreaux verticaux, deux moustiquaires, etc.

La figure de moiré est constituée par les intersections des lignes des deux réseaux. Si des réseaux de lignes parallèles, également espacées, se trouvent un peu inclinés l'un par rapport à l'autre, l'œil voit les points correspondant aux intersections sous forme de lignes ou de bandes également parallèles (dans la figure ci-contre, ces lignes sont légèrement inclinées).

Dans le cas de l'expérience avec le peigne, les lignes sont parallèles. Les dents du peigne constituent le premier réseau, l'image du peigne vue dans le miroir, le second. Les dents de l'image présentent le même espacement que les dents du peigne, mais comme l'image se trouve « derrière » le miroir, on la voit sous un angle plus petit. Les lignes des deux réseaux n'apparaissent donc pas également espacées.

Dans cette situation, une dent du peigne peut se superposer à une dent de l'image à certains endroits; les espaces de part et d'autre apparaissent clairs. Un peu plus loin, une dent de l'image apparaît entre deux dents du peigne : cette zone apparaît sombre. Ces motifs d'ombre et de lumière, qui ressemblent aux dents du peigne, se répètent régulièrement et forment la figure de moiré.

Plus on approche le peigne du miroir, plus l'écart apparent entre les dents de l'image s'approche de l'écart entre les dents du peigne. Dans ce cas, les motifs s'éloignent les uns des autres et il nous semble voir un peigne agrandi.

Observez aussi ce qui se passe quand vous inclinez les dents du peigne vers le miroir. Essayez aussi de déplacer le peigne parallèlement à la grille imprimée dans le sens de la longueur du peigne, ou de tourner le peigne autour d'un axe perpendiculaire à la grille imprimée.

Dans les bras de Morphée

Julie, Antoine et Pierre succèdent à Rachel et Sophie sous la douche, puis nos vacanciers s'apprêtent à profiter de leur première nuit à la campagne. Ici, ils vont pouvoir dormir les fenêtres ouvertes sans entendre des bruits de moteurs ! Pierre borde Rachel dans son lit et lui fredonne une petite chanson censée l'endormir. Pendant ce temps, Julie et Antoine parlementent longuement pour déterminer qui va dormir sur la couchette supérieure des lits superposés. Cette délicate question étant réglée, les trois enfants bavardent plusieurs minutes avant de s'endormir. Dans la chambre contiguë, Pierre et Sophie éteignent la lumière et se mettent aussi au lit. Fourbus, ils se souhaitent une bonne nuit.

Pierre ferme les yeux et se détend. Son cerveau, qui a été en alerte toute la journée, commence à relaxer lui aussi. On pourrait déceler ce changement si on plaçait des ÉLECTRODES sur le cuir chevelu de Pierre pour enregistrer son électroencéphalogramme (EEG), un diagramme reflétant l'activité électrique des neurones. À l'état d'éveil, le tracé EEG est constitué d'ondes « rapides » et variables. Dès qu'on ferme les yeux, un tracé régulier et plus lent, le rythme alpha, apparaît.

Figure 3.6
Tracés EEG de divers stades du sommeil

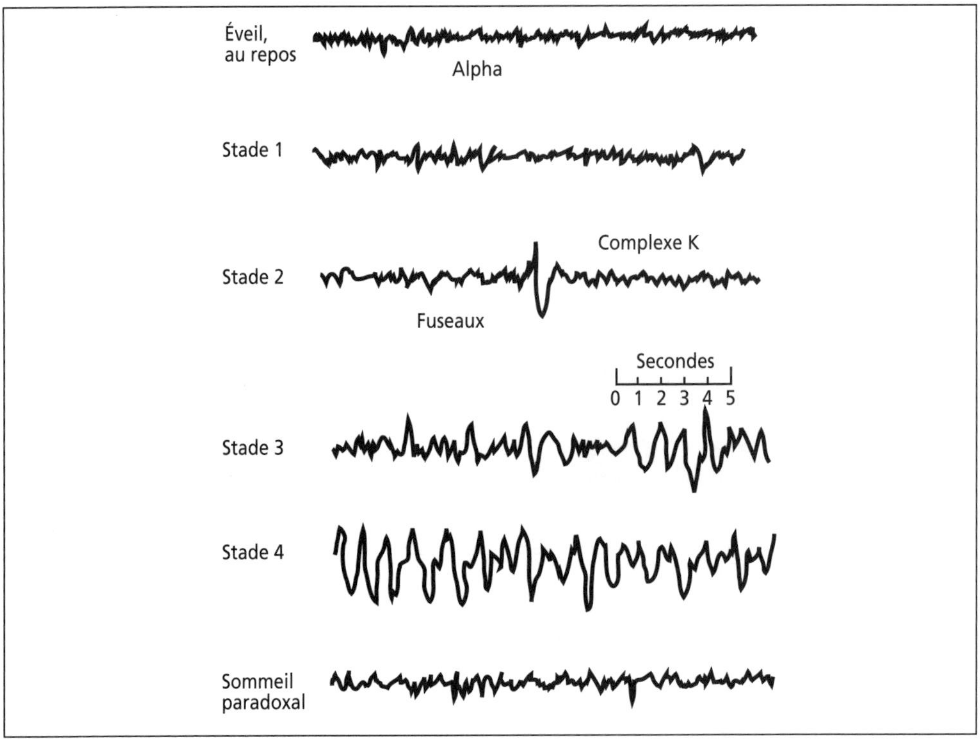

Pierre commence sa nuit par une période de sommeil « lent », ce terme faisant référence à son tracé EEG. La respiration de Pierre devient régulière et plus profonde, ses muscles encore plus détendus, sa pression artérielle et son rythme cardiaque diminuent. Au fur et à mesure que le temps s'écoule, le sommeil lent passe par les stades 1, 2, 3 et 4 qui se différencient aussi par leurs tracés. Les stades 1 et 2 constituent le sommeil « lent léger », les 3 et 4, le sommeil « lent profond » qui est caractérisé par des ondes lentes de grande amplitude. Si le téléphone réveillait Pierre alors qu'il est en sommeil léger, Pierre aurait l'esprit clair tout de suite. En sommeil profond, par contre, Pierre serait confus et il lui faudrait un peu de temps pour retrouver ses esprits.

Après les quatre stades du sommeil lent, Pierre aborde une autre phase du sommeil : le tracé EEG montre des ondes rapides comme celles existant lors de l'éveil. L'activité cérébrale de Pierre est intense, ses yeux bougent rapidement sous ses paupières closes. Pourtant il est difficile de réveiller Pierre (quand un enfant pleure ou est malade la nuit, Pierre est toujours dans cette phase de sommeil, comme par hasard). Malgré cette activité cérébrale intense, la plupart de ses muscles sont « paralysés », d'où le nom de « sommeil paradoxal » donné à cette phase. L'activité musculaire diminue parce que la production de neurotransmetteurs activant les neurones de la moelle épinière décroît durant ce stade du sommeil.

C'est surtout durant le sommeil paradoxal que Pierre rêve. Le sommeil paradoxal se caractérise aussi par l'érection du pénis ou, chez Sophie, par la vasodilatation du clitoris et de la vulve. La cause de ce comportement est encore inconnue. Si Pierre se réveille avec le pénis en érection, ce n'est pas nécessairement parce qu'il faisait un rêve érotique, mais parce qu'il rêvait tout court !

L'ensemble des quatre stades de sommeil lent et du sommeil paradoxal constitue un cycle de sommeil. À la fin d'un cycle, Pierre peut se réveiller quelques instants, mais il n'en garde pas le souvenir. Puis il recommence un nouveau cycle. Sa nuit de huit heures sera ainsi constituée de quatre ou cinq cycles d'environ 100 minutes, le sommeil paradoxal occupant au total 15 à 25 % du temps.

Le premier sommeil paradoxal ne dure que quelques minutes, mais au fur et à mesure que la nuit progresse, le sommeil paradoxal prend de plus en plus d'importance. C'est au petit matin que Pierre rêvera le plus. Par contre, c'est au début de sa nuit que le sommeil profond, qui assure sa récupération physique, dure le plus longtemps.

Bizarrement, on ne sait pas exactement pourquoi on dort. Une théorie propose que le sommeil permettrait la réparation de lésions cellulaires dans le cerveau. Une autre, que le sommeil assurerait le fonctionnement optimal des récepteurs neuronaux. Quoi qu'il en soit, des expériences de privation de sommeil ont montré que dormir est un besoin vital. Nos vacanciers endormis dans le chalet silencieux approuveraient sûrement.

DRRRRRRING
GARGOGLOUO
CHTONK

SONNEZ, LES MATINES !

Le Soleil apparaît tôt en juillet. Avant même son lever, les oiseaux se mettent à chanter, ce qui trouble le sommeil de Pierre et de Sophie, peu habitués à ce « bruit ». Mais ils ont encore une ou deux heures de sommeil en réserve, jusqu'à ce que Rachel, qui s'est réveillée la première, secoue Julie couchée sur le lit du bas. Les deux filles sonnent le branle-bas dans le chalet. Pauvres Pierre et Sophie ! Ce n'est jamais durant la première nuit de vacances qu'on récupère de tous les préparatifs !

La lumière matinale incite toute la famille à sortir saluer le Soleil, sauf Antoine qui, l'adolescence l'excusant, paresse encore au lit. Le temps est magnifique et l'herbe douce aux pieds tendres de nos citadins. Julie et Rachel courent vers le rivage.

– Regarde, papa ! L'eau n'est pas à la même place qu'hier !

D'une marée à l'autre

Eh oui ! Alors que la veille, la mer était haute en milieu de soirée, ce matin, tôt, la mer est plus basse. Nos deux jeunes filles sont confrontées pour la première fois aux marées : au bord de l'océan, le niveau de l'eau monte et descend généralement deux fois par jour.

À titre d'exemple, le tableau ci-dessous fournit les heures et hauteurs des marées pour le village du Bic, dans l'estuaire du fleuve Saint-Laurent, au Québec, du 25 au 27 juillet 2005.

Tableau 4.1

Les marées au Bic (du 25 au 27 juillet 2005)

Date	Heure	Hauteur (m)	Date	Heure	Hauteur (m)	Date	Heure	Hauteur (m)
25	5h38	4,6	26	0h18	0,6	27	1h14	0,7
	12h07	0,4		6h26	4,2		7h17	3,8
	18h12	4,0		12h49	0,6		13h35	0,8
				19h00	4,0		19h52	3,9

Source : Pêches et Océans Canada, www.lau.chs-shc.dfo-mpo.gc.ca/marees/cgi-bin/tide-shc.tcl

La hauteur de l'eau est donnée par rapport au zéro des cartes marines, qui est le niveau par rapport auquel est indiquée la profondeur de l'eau sur les cartes[1].

1. En un point, la profondeur par rapport au fond de la mer est égale à la hauteur indiquée dans le tableau plus la profondeur indiquée sur la carte. Par exemple, si la carte indique une profondeur de 4,0 mètres à un endroit et que la hauteur de la marée basse vaut 0,4 mètre selon le tableau, la surface de l'eau est à 4,4 mètres du fond lors de la marée basse.

On remarque que les hauteurs des marées fluctuent. De plus, les heures des marées hautes et basses changent d'environ 50 minutes tous les jours. Ainsi, la marée est haute à 18h12 le 25 juillet, à 19h00 le 26 juillet et à 19h52 le 27 juillet.

Ce décalage a mis la puce à l'oreille des scientifiques. L'astronome Kepler, au 16e siècle, avait remarqué que l'eau montait dans les régions de la Terre situées face à la Lune. En 1631, Galilée se moqua de cette idée de Kepler... mais c'est lui qui fut plus tard désavoué à ce sujet.

Figure 4.1
Lune et marées

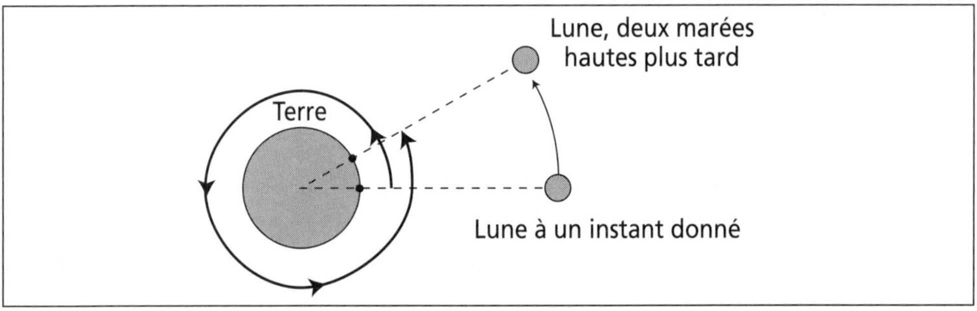

Positions de la Lune et d'un point à la surface de la Terre lors de deux marées hautes séparées d'un peu plus d'une journée. Le système Terre-Lune est vu d'un point situé plus ou moins au-dessus du pôle Nord.

Le décalage entre les marées semble avoir un lien avec la révolution de la Lune. En effet, un point de la Terre revient vis-à-vis la Lune, après une rotation de plus de 360° (figure ci-dessus), au bout de 24 heures et 50 minutes[2]. On retrouve le décalage de 50 minutes.

Les marées résultent de la force gravitationnelle exercée par la Lune, et plus précisément du fait que cette force varie avec la distance. Si l'attraction lunaire était identique en tout point de la Terre, il n'y aurait pas de marées.

La Lune exerce une force sur toutes les parties de la Terre, ce qui implique que la force gravitationnelle s'exerce à travers la matière (ou, comme l'a dit joliment un enfant, que « la force passe à travers la Terre »). Mais cette force est plus grande sur les

2. Pour les amateurs de mathématiques, voici comment on arrive à ce résultat. Un point de la Terre revient vis-à-vis la Lune, après une rotation de plus de 360° ayant pris une durée T, quand l'angle décrit par ce point est égal à l'angle décrit par la Lune plus 360°. La Terre accomplit une rotation en 23 heures 56 minutes (23,93 heures) et la Lune fait une révolution autour de la Terre en 27,322 jours, soit 655,7 heures. Durant le temps T, l'angle couvert par la Lune sur son orbite est donc (T/655,7 h) × 360° et l'angle couvert par un point à la surface de la Terre est (T/23,93 h) × 360°. Le temps T nécessaire pour que le point considéré revienne vis-à-vis la Lune est donc donné par (T/23,95 h) × 360° = (T/655,7 h) × 360° + 360°.

La solution de cette petite équation donne un temps T de 24,84 heures, soit 24 heures 50 minutes.

parties de la Terre les plus proches de la Lune. Sur la figure ci-dessous, la force en A est plus grande que la force au centre C. L'eau proche de la Lune est attirée davantage que la moyenne de la Terre. Par rapport au centre de la Terre, la matière en A (l'eau, et aussi la croûte terrestre) est « soulevée » vers la Lune: il y a donc une marée haute au point A.

Figure 4.2
Forces de gravitation exercées par la Lune

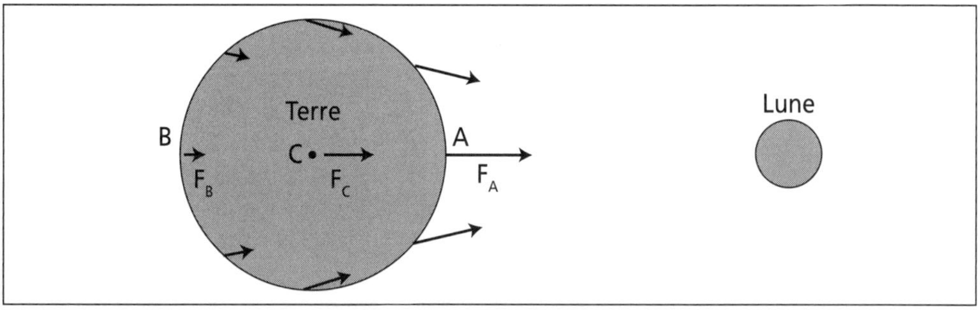

Forces de gravitation, représentées par des flèches, exercées par la Lune en différents points de la Terre. La longueur des flèches représente la grandeur de la force de gravitation. Le schéma n'est pas à l'échelle.

Mais notre explication n'est pas encore complète. Il y a aussi une marée haute en B, de l'autre côté de la Terre! C'est que la force en B est plus faible que la force en C: l'eau éloignée de la Lune est attirée moins que la moyenne de la Terre. La Terre, attirée davantage par la Lune, « tombe » vers la Lune davantage que l'eau située en B, créant un bourrelet d'eau en B.

La différence de force d'un côté à l'autre de la Terre engendre donc un « allongement » des océans[3], et aussi de la Terre. La croûte terrestre, n'étant pas parfaitement rigide, se déforme également. L'amplitude des « marées solides » peut atteindre 30 centimètres à l'équateur.

Si la croûte terrestre et l'eau des océans avaient la même viscosité, elles se déformeraient de la même façon et même au bord d'un océan, on ne remarquerait pas que l'eau monte. Mais l'eau est plus fluide que le sol. La couche d'eau s'allonge donc

3. Une autre explication équivalente de l'existence de deux marées hautes opposées repose sur le concept de force centrifuge, une force fictive utilisée dans ce cas pour décrire les conséquences du mouvement de la Terre autour du centre de gravité du système Terre-Lune. Comme ce centre de gravité se trouve à l'intérieur de la Terre, environ aux trois quarts du rayon terrestre, la matière en A et en B tend à s'écarter du centre de la Terre.

La gravité de la Lune compense exactement la force centrifuge au centre de la Terre. Diminuant avec la distance, elle ne suffit pas à compenser la force centrifuge en B, ce qui engendre une marée haute en ce point. Au point A, gravité de la Lune et force centrifuge sont dans le même sens, produisant aussi une marée haute.

davantage que la croûte terrestre, tel qu'illustré sur la figure ci-dessous. Cette déformation produit des bourrelets en A et en B: les marées hautes. Comme elles sont symétriques, la rotation de la Terre fait qu'un point donné de la surface subit une marée haute à environ toutes les 12 heures (12 heures 25 minutes en tenant compte de la révolution de la Lune, comme on l'a vu).

Figure 4.3
Marées hautes et basses

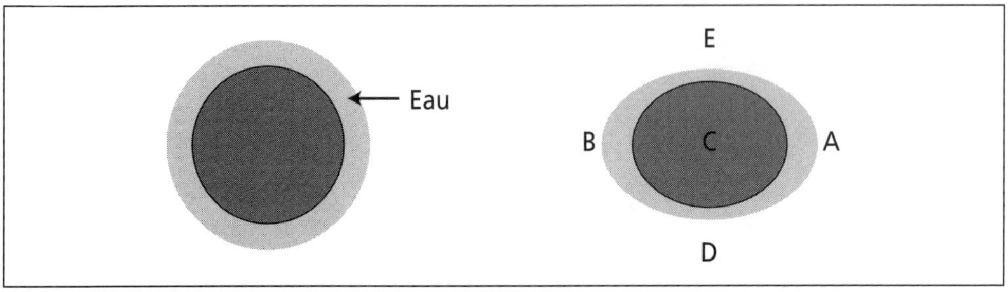

À gauche: sans Lune ni Soleil et si la Terre ne tournait pas sur elle-même ni n'orbitait autour du Soleil, la croûte terrestre et la couche d'eau des océans seraient sphériques (on simplifie le schéma en considérant l'eau uniformément répartie). À droite: la différence de force gravitationnelle déforme la croûte terrestre mais surtout la couche d'eau, plus fluide. On observe des marées hautes en A et B et des marées basses en D et E.

La Terre est ici vue d'un point situé plus ou moins au-dessus du pôle Nord (plus exactement, ce point est vis-à-vis le centre de la Terre, sur une ligne perpendiculaire au plan du système Terre-Lune). Comme la Terre tourne, un point donné passe en A et en B et subit des marées hautes deux fois par jour.

La description complète des marées est plus complexe que la « simple » analyse vue jusqu'ici. Par exemple, les marées hautes ne se produisent pas exactement vis-à-vis la Lune pour deux raisons: le déplacement de l'eau n'est pas instantané et la Terre tourne. À cause de sa masse et des obstacles (îles, continents), l'eau mise en branle par la Lune prend du temps à se déplacer. En un point de la Terre, elle atteint donc son niveau le plus haut une fois que la rotation de la Terre a entraîné le point en question au-delà de la position de la Lune. Les bourrelets des marées sont donc décalés par rapport à la ligne Terre-Lune.

De plus, le Soleil exerce aussi une force de gravitation sur la Terre et contribue donc aux marées. Le Soleil étant loin, sa contribution aux marées vaut environ la moitié de celle exercée par la Lune.

Figure 4.4
Position des marées hautes

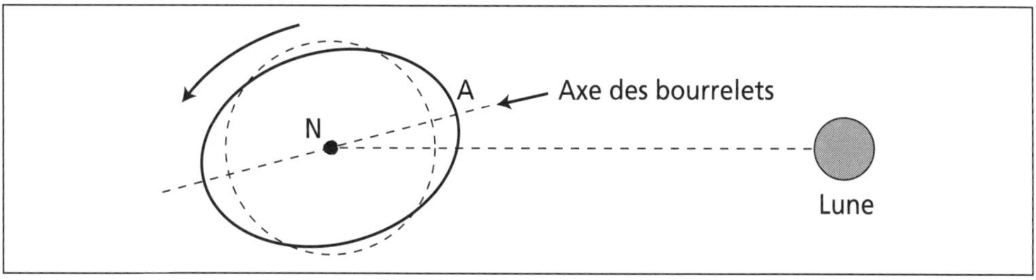

Terre en rotation, vue d'un point situé plus ou moins au-dessus du pôle Nord. À cause du temps pris par l'eau pour se déplacer, le bourrelet (marée haute) en A se produit après que ce point soit passé vis-à-vis de la Lune.

L'ampleur de la marée résultante dépend de l'emplacement respectif de la Lune et du Soleil ; c'est ce qui explique que la hauteur de la marée varie de jour en jour. Quand le Soleil, la Lune et la Terre se trouvent à peu près alignés, lors de la nouvelle lune ou de la pleine lune (figure 4.5), les effets de marée de la Lune et du Soleil se superposent et les marées sont très hautes. Elles sont appelées « marées de vives-eaux ».

Figure 4.5
Marées et positions du Soleil et de la Lune

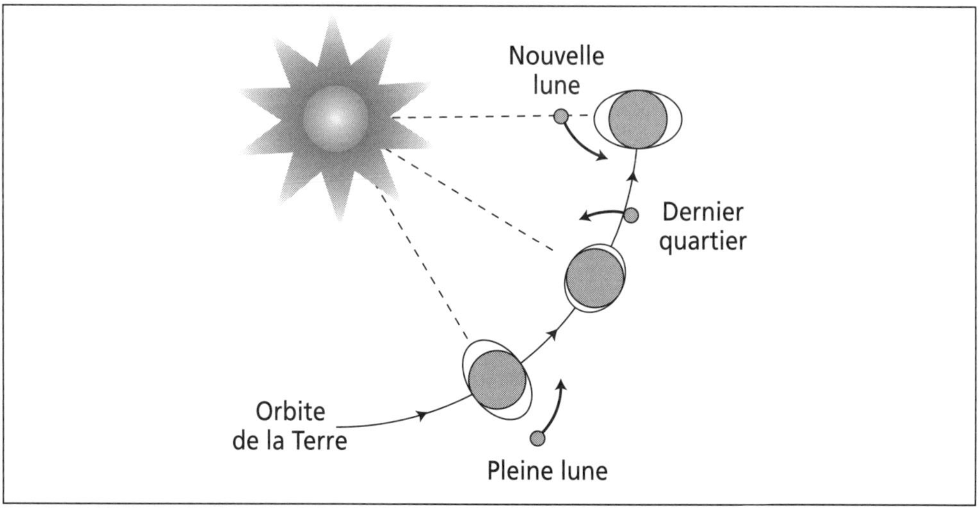

Le Soleil, la Lune et la Terre, avec les bourrelets des marées hautes, sont représentés sur une période de deux semaines, entre une pleine lune et une nouvelle lune. Quand la Lune, la Terre et le Soleil se trouvent sur la même ligne, lors de la pleine lune et de la nouvelle lune, les marées ont une plus grande amplitude. Notons qu'en réalité, la Terre ne couvre pas une si grande portion de son orbite en deux semaines, mais ce tracé était nécessaire pour que le schéma soit intelligible.

Quand la Lune est au premier ou au dernier quartier, les effets de marée de la Lune et du Soleil se contrarient : la Lune et le Soleil tendent à créer des bourrelets dans des directions opposées. Les marées résultantes sont plus faibles ; on les appelle « marées de mortes-eaux ».

L'amplitude des marées varie en fonction de nombreux autres facteurs : hauteurs de la Lune et du Soleil dans le ciel, latitude à laquelle on se trouve, rotation de la Terre, obstacles ralentissant le mouvement de l'eau, profondeur et forme du fond marin et des côtes, etc. Il en résulte, par exemple, que les marées de vive-eau se produisent environ un jour et demi après la pleine ou la nouvelle lune. De plus, le « retard » des marées d'un jour à l'autre varie selon la période du mois : il peut passer d'environ 40 minutes, autour de la nouvelle ou de la pleine lune, à autour de 70 minutes au moment des premier et dernier quartiers ! Complexe, disions-nous ?

En plein océan, l'amplitude des marées est inférieure à un mètre. L'eau ne monte pas indéfiniment, car l'écoulement de l'eau dû aux forces de marée finit par être contrebalancé par l'inclinaison de la surface de l'eau. La forme des renflements de marée résulte d'un équilibre entre la gravité terrestre, qui tend à égaliser le niveau d'eau, et les forces de marée.

L'amplitude des marées augmente près des côtes et peut dépasser les 10 mètres si elle est favorisée par une géographie particulière (baie en entonnoir), comme dans la Manche, entre la France et l'Angleterre, ou comme dans la baie de Fundy, au Canada. Cette amplitude peut aussi être très faible : en Méditerranée, elle est inférieure à 30 centimètres. Les mouvements de l'eau dans l'Atlantique tendent à « remplir » ou à « vider » la Méditerranée, mais le détroit de Gibraltar ne laisse pas passer assez d'eau pour que se produisent des marées importantes. Dans le même ordre d'idées, les lacs, même les plus grands, ne présentent pas de marées.

Vue sur la mer

Julie et Rachel s'empressent de se mettre les pieds à l'eau.

– Oups ! Elle est froide !, crie Julie.

Les deux filles s'amusent de voir les vagues monter à l'assaut de leurs jambes. Pierre les accompagne dans l'eau alors que Sophie, un peu frileuse, se contente de contempler la mer.

Pourquoi la mer, ou un lac, apparaissent-ils bleus alors que l'eau est (presque) transparente ? Observer la même étendue d'eau par temps couvert fournit un élément de réponse : l'eau prend une couleur grisâtre. On en conclut que la réflexion, à la surface de l'eau, de la lumière bleue venant du ciel entre sûrement en ligne de compte dans la couleur bleue de la mer.

L'explication complète est plus complexe. La couleur de la surface dépend de l'endroit observé, de la profondeur de l'eau et de la nature du fond, de la présence de particules en suspension, de la hauteur des vagues, du point d'observation…

Figure 4.6

Lumière provenant de l'eau

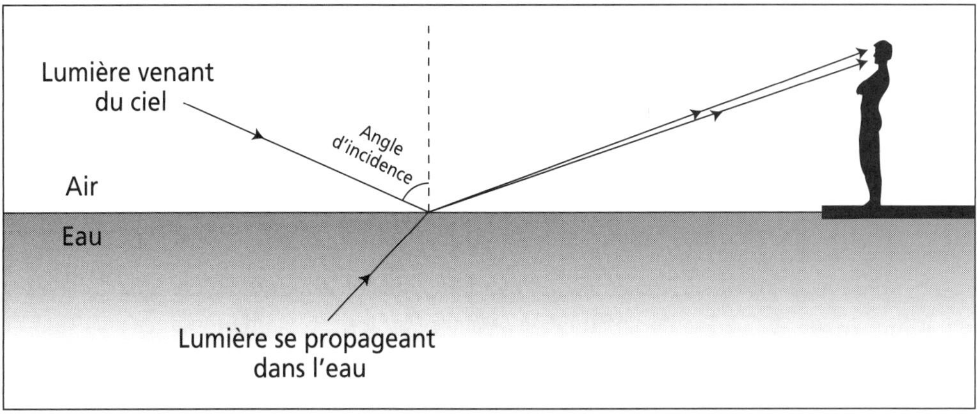

Une personne regardant l'eau reçoit de la lumière provenant du ciel et réfléchie sur l'eau et de la lumière émergeant de l'eau.

La lumière qui arrive aux yeux d'une personne qui regarde l'eau comporte deux composantes: la lumière réfléchie par la surface de l'eau et la lumière émergeant de l'eau (figure ci-dessus). Plus l'angle d'incidence (l'angle entre le rayon lumineux incident et la perpendiculaire à la surface) est grand, plus la lumière réfléchie est intense. Ainsi, un rayon arrivant en rasant l'eau (angle d'incidence de 90°) est réfléchi presque à 100% alors qu'un rayon arrivant perpendiculairement (0°) n'est réfléchi qu'à 2% (figure ci-dessous).

Figure 4.7

Influence de l'angle d'incidence sur la réflexion de la lumière

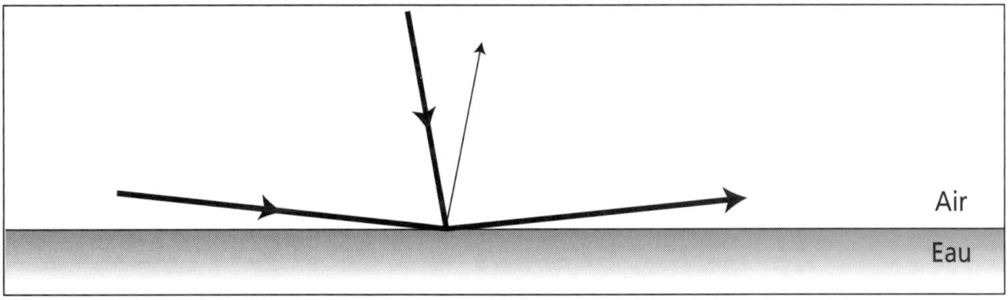

Un rayon arrivant du ciel et proche de la verticale se réfléchit très peu sur l'eau, au contraire d'un rayon arrivant presque à l'horizontale. L'épaisseur des rayons reflète leur intensité.

La lumière provenant de l'eau est enrichie en bleu-vert par absorption sélective (la lumière rouge est plus absorbée que la bleue dans l'eau) et par diffusion dans l'eau. C'est d'ailleurs pourquoi tout apparaît teinté bleu-vert quand on plonge quelques mètres sous la surface.

Quand Julie, Rachel et Pierre regardent de l'eau peu profonde, tout près d'eux, les rayons parvenant à leurs yeux sont proches de la verticale et la quantité de lumière provenant du ciel et réfléchie par l'eau est négligeable. C'est la couleur du fond qui domine, assortie par absorption sélective d'une teinte verdâtre très faible parce que la couche d'eau est peu épaisse.

Quand Sophie regarde au loin, la lumière lui parvient selon une direction s'approchant davantage de l'horizontale. Ses yeux reçoivent plus de lumière provenant du ciel et l'eau apparaît plus bleue.

Sophie remarque aussi l'existence de bandes claires et sombres à la surface de l'eau et le fait que la surface de la mer apparaît plus sombre au loin. Ces phénomènes résultent de la présence de vagues. Celles-ci modifient l'angle d'incidence de la lumière sur l'eau.

La lumière qui se réfléchit sur le côté d'une vague faisant face à Sophie, et parvenant aux yeux de celle-ci, provient d'un point haut dans le ciel (figure 4.8, rayons A et B). L'angle d'incidence est faible et la lumière est peu réfléchie. Ce côté de la vague apparaît donc sombre. En regardant loin, on ne perçoit que les faces sombres des vagues et la mer apparaît sombre.

Figure 4.8

Réflexion sur les vagues de rayons provenant du ciel

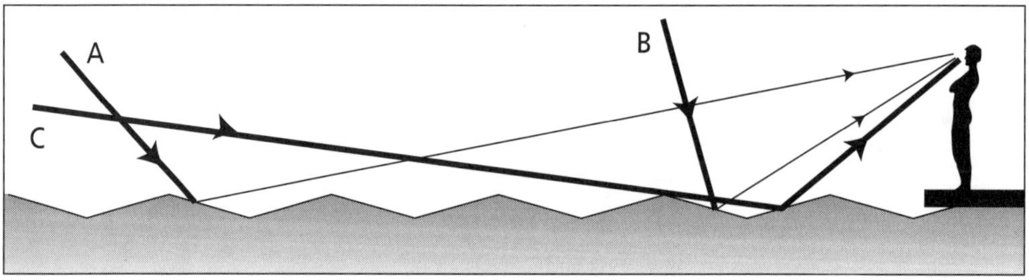

Pour les rayons A et B, l'angle d'incidence est relativement faible et les rayons réfléchis sont peu intenses (en trait fin). Les faces des vagues sur lesquelles ces rayons se sont réfléchis apparaissent sombres. Pour le rayon C, l'angle d'incidence est plus grand, le rayon réfléchi est plus intense, et la face de la vague semble plus brillante.

Pour les vagues proches, Sophie reçoit aussi de la lumière provenant du côté opposé de la vague. Cette lumière (rayon C) provient d'un point situé près de l'horizon et, avec un grand angle d'incidence, est réfléchie en forte proportion. Ces côtés de vagues sont donc plus brillants. Près d'elle, Sophie observe ainsi une alternance de bandes sombres et brillantes.

Dans la région de l'océan qui se trouve en direction du soleil, l'eau semble miroiter. Ce miroitement est constitué d'une multitude de reflets, chaque reflet se produisant sur une portion de vague dont la position et l'inclinaison sont juste ce qu'il faut pour réfléchir la lumière du soleil directement vers les yeux de Sophie.

Tour d'horizon

Le regard tourné vers le large, Sophie, dont l'esprit semble déjà très éveillé, se demande à quelle distance se trouve l'horizon. Poétiquement, l'horizon est la ligne où le ciel rencontre la Terre. Plus précisément, on l'a vu au chapitre 2 à propos du coucher de Soleil, l'horizon est constitué des points où notre ligne de visée est tangente à la surface de la Terre. À cause de la courbure de la Terre, on ne voit rien au-delà, à moins que l'objet soit lui-même à une certaine hauteur au-dessus du niveau de la mer.

Figure 4.9
Géométrie de l'horizon

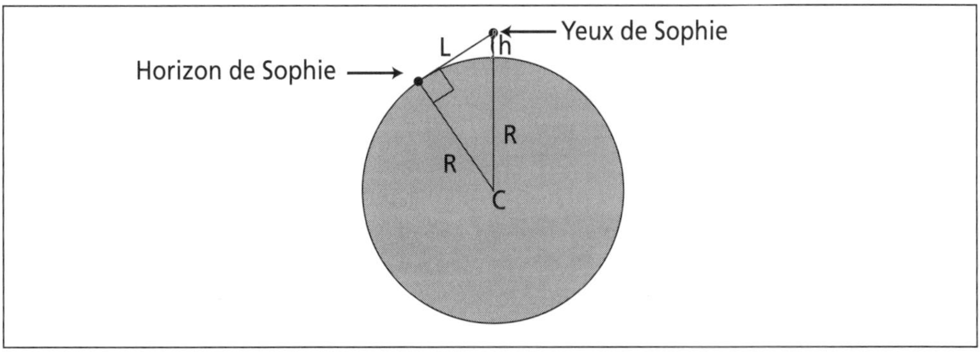

Les yeux de Sophie se trouvent à une hauteur h au-dessus du sol, l'horizon se trouve à une distance L, R est le rayon de la Terre.

Pour Sophie, heureuse bipède, l'horizon se trouve à plusieurs kilomètres. La distance de son horizon se détermine en utilisant le théorème de Pythagore et le schéma ci-dessus (dans lequel on considère la Terre sphérique, ce qui n'est pas tout à fait exact). Comme la hauteur h des yeux de Sophie est beaucoup plus faible que le rayon terrestre R, on obtient pour la distance[4] de l'horizon $L = \sqrt{2Rh}$ si on néglige la réfraction dans l'atmosphère, c'est-à-dire si on suppose que la lumière s'y propage en ligne droite. Avec des yeux à 1,70 mètre au-dessus du sol, l'horizon de Sophie est à moins de 5 kilomètres (le rayon terrestre moyen vaut 6370 kilomètres). Si, durant les vacances, Sophie grimpe au sommet d'une montagne de 500 mètres, son horizon passera à 80 kilomètres. La réfraction dans l'atmosphère augmente ces distances d'environ 10 %.

4. Pour le triangle illustré, le théorème de Pythagore donne $R^2 + L^2 = (R + h)^2 = R^2 + 2Rh + h^2$ d'où il découle que $L^2 = 2Rh + h^2$. Puisque h^2 est un terme beaucoup plus petit que 2Rh, on le néglige et il reste $L^2 = 2Rh$ et donc $L = \sqrt{2Rh}$.

Coup d'œil

Ce sont des organes fabuleux, les yeux, qui, couplés à son cerveau, permettent à Sophie d'admirer la mer ainsi que ses filles et son amoureux qui pataugent encore dans l'eau.

Le globe oculaire ressemble vraiment à une boule; son diamètre est d'environ 2,4 centimètres chez un adulte comme Sophie. Large d'environ un centimètre, la partie antérieure de l'œil, la cornée, est plus bombée que le reste de l'œil. Grâce à cette forme, c'est elle qui contribue le plus à la réfraction (déviation) des rayons lumineux et à la formation d'images nettes par l'œil.

Figure 4.10
Structures de l'œil

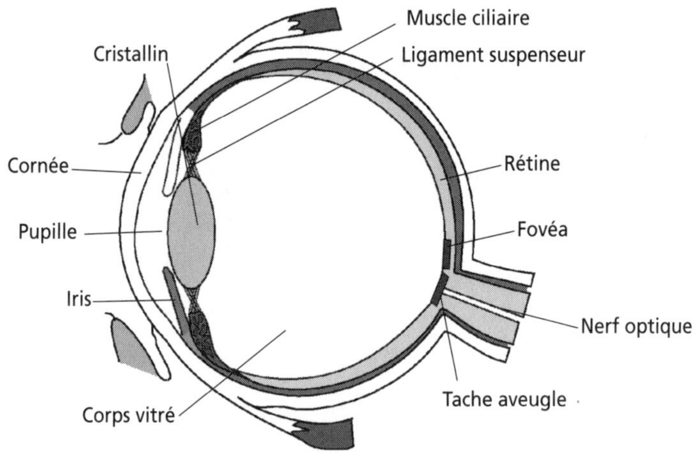

La lumière pénètre dans l'œil par la cornée, traverse un milieu aqueux, puis le cristallin, et enfin le corps vitré, avant d'arriver à la rétine.

Quand Sophie arrête de regarder la mer pour jeter un coup d'œil aux jambes musclées de Pierre, situé à sa droite, elle tourne un peu la tête, mais ses yeux bougent aussi dans leurs orbites. Les muscles oculaires sont efficaces: même dans le milieu visqueux où il est enfermé, le globe oculaire peut tourner à une vitesse allant jusqu'à 800 degrés – plus de deux tours complets – par seconde. Évidemment, ça ne veut pas dire qu'il peut faire deux tours complets sur lui-même!

On compare souvent l'œil à un appareil photo. Dans ce dernier, la lumière entre au centre du diaphragme, une ouverture réglée pour laisser passer la quantité de lumière adaptée au film. Dans l'œil, la lumière passe par la pupille, le « trou » noir au centre de l'œil. L'iris, le cercle coloré de l'œil de Sophie, comprend un muscle (un sphincter), contrôlé par le système nerveux, qui ajuste le diamètre de la pupille à l'éclairage ambiant. Sous un éclairage intense, comme en ce beau matin, le diamètre n'est que de deux ou trois millimètres ; dans cette situation, environ un million de milliards de photons lumineux pénètrent dans l'œil en une seconde. Au clair de lune, le diamètre de la pupille peut passer à sept millimètres afin d'augmenter la quantité de lumière entrant dans l'œil ; malgré cela, moins d'un milliard de photons pénètrent dans l'œil à chaque seconde.

Dans l'appareil photo, l'objectif, formé d'un ensemble de lentilles, dévie les rayons lumineux de façon à ce qu'ils soient focalisés sur le film. Pour que l'image soit nette, le photographe ou l'automatisme avancent ou reculent l'objectif. C'est aussi comme ça que fonctionnent les yeux de certains poissons, dont la « lentille » interne, le cristallin, s'éloigne ou se rapproche de la rétine, la couche de cellules nerveuses qui détectent la lumière.

Pour les yeux des vertébrés terrestres, comme Sophie, il est plus facile que pour les poissons de faire converger la lumière, car la lumière est déjà réfractée lors du passage de l'air au milieu aqueux qu'est l'œil. La cornée agit ainsi comme une puissante lentille. Chez les humains, jusqu'aux deux tiers de la réfraction se fait au passage de la cornée.

Le cristallin assure le reste de la déviation nécessaire à la formation d'images nettes. Cette lentille gélatineuse est constituée de cellules spéciales, transparentes, qui ne contiennent pas de noyau ni d'autres structures. Alors que de nombreuses cellules du corps ne vivent que de quelques jours à quelques mois, celles du cristallin ont une durée de vie allant jusqu'à une centaine d'années !

Expérience • Une lentille liquide très temporaire

Au fond d'un gobelet de carton ou de polystyrène, ou de tout autre contenant facile à percer, faites un trou de deux à trois millimètres de diamètre. Placez le contenant à la surface d'un grand bol d'eau puis enfoncez-le doucement tout en observant le trou. Que se passe-t-il ?

Bien sûr, l'eau pénètre dans le contenant (pourquoi[5] ?), mais on remarque que simultanément, le trou apparaît agrandi. C'est parce que l'eau qui pénètre forme un renflement convexe à la surface de l'eau. Ce renflement a le même effet qu'une loupe. Quand des rayons de lumière traversent cette surface bombée, ils sont déviés d'une façon telle que le trou semble agrandi.

Essayez de varier la pression exercée. En appuyant plus fort sur le contenant, la courbure de la surface s'accroît et le grossissement augmente. Jusqu'à un certain point : si vous appuyez trop fort, la turbulence de l'eau pénétrant dans le contenant crée une image floue.

5. Parce que dès que le bas du contenant est en dessous du niveau de l'eau, l'eau présente sous le trou se trouve à une pression supérieure à la pression atmosphérique. La goutte d'eau présente dans le trou est donc poussée vers le haut.

Le cristallin est large d'environ un centimètre chez les humains et sa face antérieure se trouve environ trois millimètres derrière la cornée. Au lieu de se déplacer comme celui des poissons, le cristallin de Sophie change de forme (figure 4.11). Par exemple, quand Sophie regardait la mer, son cristallin était sous tension et relativement plat. Quand elle fixe un objet proche, comme ses filles ou Pierre, les muscles entourant le cristallin se contractent et le cristallin prend une forme plus bombée, ce qui fait converger davantage les rayons.

Figure 4.11
Changement de forme du cristallin

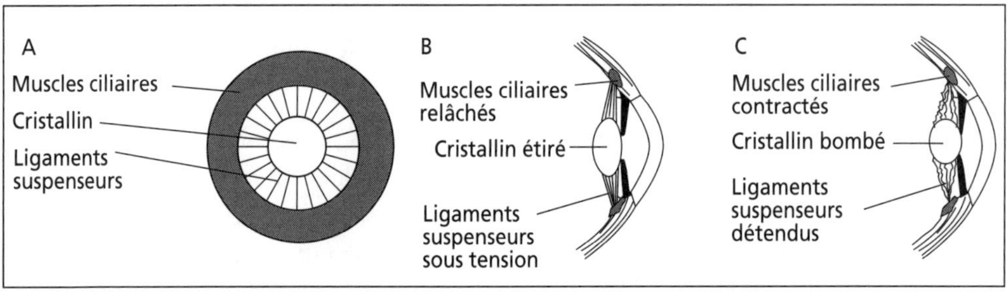

A. Des ligaments suspenseurs relient le cristallin aux muscles ciliaires (qui forment un anneau autour du cristallin). *B.* Quand les muscles ciliaires sont relâchés, leur circonférence est grande, les ligaments suspenseurs sont sous tension et le cristallin, étiré, prend une forme aplatie. *C.* Lorsque l'œil observe un objet proche, les muscles ciliaires se contractent. L'anneau musculaire devient plus petit, ce qui diminue la tension dans les ligaments suspenseurs et permet au cristallin de prendre sa forme naturelle, plus bombée.

Après avoir franchi le cristallin, les rayons lumineux continuent en ligne droite à travers le milieu aqueux de l'œil. Bien que la cornée et le cristallin soient en bonne partie constitués de cellules, celles-ci sont transparentes, petites et empilées de façon régulière, ce qui fait qu'elles ne diffusent et n'absorbent pas trop la lumière. La transparence de l'œil est relative : plus de 50 % des photons, réfléchis, absorbés ou déviés, ne parviennent pas à la rétine, la « pellicule photo » de l'œil.

La rétine comporte plusieurs types de cellules nerveuses. Bizarrement, la lumière traverse des couches translucides de cellules nerveuses, qui absorbent encore un bon 80 % des photons, *avant* d'atteindre enfin les cellules photoréceptrices, celles qui détectent la lumière (*phôtos* signifie « lumière », en grec). Cette disposition contraire au bon sens est un résultat des aléas de l'évolution, qui n'avance pas toujours de façon « logique ». L'œil humain (et celui des autres vertébrés, qui est semblable) illustre le fait que l'évolution progresse à partir de ce qui existe déjà, et qu'elle ne donne pas obligatoirement ce qu'il y a de mieux.

Les cellules photoréceptrices sont plus de cent millions. Dans ces cellules, un photon est absorbé par une molécule de PIGMENT. L'absorption déclenche une série de réactions chimiques. Le résultat final de ces réactions est de modifier les caractéristiques électriques de la MEMBRANE CELLULAIRE, donc d'engendrer un signal nerveux.

Il existe deux types de cellules photoréceptrices, les cônes et les bâtonnets, nommés d'après leur forme. Les cônes, responsables de la vision des couleurs, sont concentrés dans la partie centrale de la rétine, la fovéa. La lumière d'un objet que l'on regarde directement arrive sur la fovéa.

Sous l'influence de la lumière, un cône envoie un signal à une cellule nerveuse. Les AXONES (prolongements) des cellules nerveuses se combinent pour former le nerf optique qui part en arrière de l'œil, vers le cerveau. Comme les fibres nerveuses du nerf optique ne contiennent pas de cellules réceptrices, l'endroit où elles se concentrent dans le fond de l'œil ne peut pas détecter la lumière : on appelle cet endroit la tache aveugle.

Expérience • La tache aveugle

Approchez cette page de vos yeux, bouchez votre œil gauche et fixez de votre œil droit le X du schéma. Éloignez lentement la page. À une certaine distance (environ 20 centimètres pour l'écart entre le X et le cercle utilisé ici), qu'arrive-t-il au cercle ?

Il disparaît : son image arrive sur la tache aveugle. L'optique de l'œil fait que l'image sur la rétine est inversée par rapport à l'objet. Puisque le cercle se trouve *à droite* du X, la tache aveugle se trouve donc *à gauche* de la fovéa dans l'œil droit. On pourrait croire que l'inversion de l'image est un désavantage. Mais le cerveau s'est développé en accord avec l'œil et il a appris à coordonner l'image avec ce que les autres sens ou la mémoire déterminent comme étant en haut ou en bas, ou à gauche ou à droite.

En dehors de la fovéa, il y a moins de cônes et davantage de bâtonnets. Ceux-ci sont plus sensibles que les cônes à la lumière. Ils permettent de voir dans des conditions de faible luminosité, mais ils ne discriminent pas les couleurs. C'est pourquoi dans la pénombre, « tous les chats sont gris ». De même, quand on regarde le ciel la nuit, à peu près toutes les étoiles apparaissent blanchâtres, bien que plusieurs soient rouges (les plus froides) ou bleutées (les plus chaudes). Mais la lumière qui nous en parvient n'est généralement pas assez intense pour exciter les cônes, ce qui fait qu'on ne distingue pas les couleurs des étoiles sans jumelles ou télescope.

Les yeux des chats

À l'arrière de la rétine, les yeux des chats et de plusieurs autres espèces animales comportent une structure réfléchissante appelée tapetum; c'est pourquoi les yeux des chats apparaissent brillants à côté d'un fond sombre.

Le tapetum est constitué d'une série de couches minces de cellules ou de tissus. L'épaisseur des couches est telle que les ondes lumineuses réfléchies par les différentes couches s'additionnent. Résultat: une bonne proportion de la lumière est réfléchie. La présence d'un tapetum permet à la lumière qui n'a pas été absorbée lors de son arrivée sur les cellules photoréceptrices d'y passer de nouveau. Cette seconde traversée de la rétine accroît la possibilité d'absorption et donc la sensibilité de l'œil. Une telle structure est surtout présente chez les animaux nocturnes.

Bouche bête

Après cet agréable avant-goût des plaisirs que distillera cette semaine de vacances, Sophie, Pierre et les enfants rentrent au chalet. Antoine s'est enfin levé et répond aimablement au salut de ses parents. Ceux-ci répriment un mouvement de recul en sentant l'haleine de leur fils. Sophie, fine psychologue, s'abstient de commenter et offre rapidement à Antoine un verre de jus d'orange.

La « bouche bête » du matin est souvent le symptôme d'une mauvaise hygiène dentaire, comportement fréquent chez les ados doutant des conseils de leurs parents. Une dent bien nettoyée, avec brosse et soie dentaire, héberge de quelques milliers à quelques centaines de milliers de bactéries. Sans nettoyage, ce nombre peut atteindre un milliard!

D'autres bactéries résident sur la langue ou l'intérieur des joues. La bouche d'Antoine en héberge plus de 400 espèces: un vrai jardin zoologique! Avec sa température douillette, son humidité presque constante et un approvisionnement régulier en nutriments, c'est le havre rêvé pour ces charmantes petites compagnes. Chacune de ces bactéries absorbe des nutriments à même notre nourriture et rejette des déchets, dont certains sont odorants. Par exemple, les bactéries anaérobiques vivant dans les crevasses de la langue ou entre les dents et les gencives produisent du sulfure d'hydrogène (H_2S), un gaz nauséabond à l'origine des pires cas de mauvaise haleine.

Les premières bactéries observées étaient d'ailleurs des bactéries buccales. En 1683, le Néerlandais Antonie Van Leeuwenhoek, un pionnier de la microscopie, a examiné des débris de nourriture prélevés entre des dents et a décelé la présence de minuscules « bâtonnets ». Il fut le premier à parler de « flore buccale ».

La salive contient des agents antibactériens qui tuent une certaine proportion de bactéries, ainsi que des substances qui nuisent à l'adhésion des bactéries sur les dents. Durant la nuit, la sécrétion de salive diminue et les bactéries se multiplient à cœur joie. Si Antoine n'a pas nettoyé minutieusement ses dents la veille au soir, ces bactéries risquent de générer assez de sulfure d'hydrogène, d'ammoniac ou de thiols (composés soufrés nauséabonds) pour que sa prochaine expiration enlève toute envie de l'embrasser, même à sa propre mère !

Une bonne solution à ce problème est de boire et de manger, puisque le flux de liquide et l'abrasion provoquée par le frottement des aliments sur les dents détachent des millions de bactéries de leurs habitats buccaux et les envoient périr dans les flots acides de l'estomac. Ça tombe bien : c'est l'heure du déjeuner.

De la bouillie pour les gars

Pierre fait chauffer de l'eau afin de préparer du gruau d'avoine, ou porridge. En effet, des céréales non cuites ne sont ni ragoûtantes ni digestibles. L'eau chaude, ajoutée à des flocons d'avoine, amollit les parois des cellules et les granules d'amidon présents dans le grain d'avoine. L'amidon, un polymère du glucose, sert de réserve d'énergie pour l'embryon (le « germe ») qui donnerait naissance à une nouvelle plante si le grain d'avoine était semé.

Au contact de l'eau chaude, les granules d'amidon se dilatent. Les liens entre les molécules d'amidon se défont et ces dernières se dissolvent partiellement dans l'eau, ce qui rend l'amidon plus digestible.

Les premières bouillies d'avoine étaient préparées à partir de grains broyés grossièrement. Aujourd'hui, on a raffiné le processus. Les grains sont broyés finement et la farine obtenue est exposée à la vapeur jusqu'à ce qu'une partie de l'amidon soit gélifiée ; cette précuisson réduit le temps de préparation ultérieur. La farine est ensuite compactée par des rouleaux. La « galette » obtenue est brisée en flocons qui sont ensuite déshydratés.

Après avoir ajouté les flocons d'avoine à l'eau bouillante, Pierre remue la bouillie puis s'en sert un bol et en remplit un autre pour Antoine. Pour améliorer le goût, ils ajoutent du sucre. La molécule de sucre de table, aussi appelé saccharose ou sucrose, $C_{12}H_{22}O_{11}$ (figure 4.12), contient de nombreux groupements hydroxyles (OH), qui sont polaires.

L'eau, qui est elle-même polaire, se lie facilement au sucre par des liaisons hydrogène et le dissout. C'est cette facilité à former des liaisons qui rend si collante une solution sucrée, comme du jus de fruits, répandue sur la table ou par terre. Le sucre brun, fabriqué en mélangeant du sucre blanc et de la mélasse, contient davantage d'eau en surface que le sucre blanc : les cristaux se lient facilement et le sucre durcit.

Figure 4.12
Structure chimique du sucrose

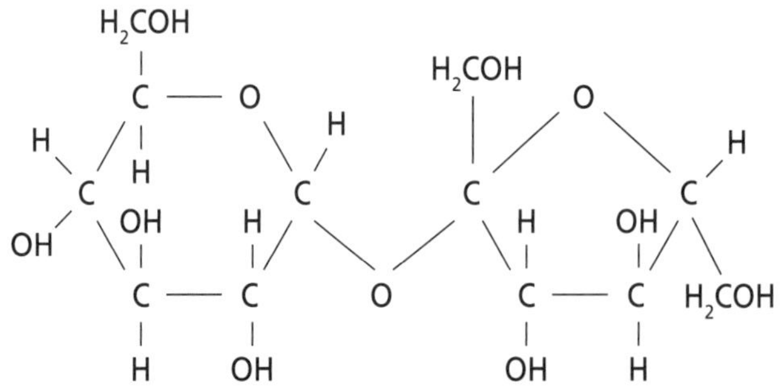

Pendant qu'Antoine et Pierre engouffrent leur gruau, Sophie fait griller des tranches de pain pour Rachel, Julie et elle-même… et pour les deux goinfres qui auront encore faim après le gruau. Sous l'effet de la chaleur dégagée par les éléments du grille-pain, les glucides contenus dans le pain réagissent avec les protéines pour former de nouvelles molécules qui donnent leur couleur brune aux rôties.

Du beurre dur sur des toasts brûlés

Les convives choisissent de tartiner leurs rôties de confitures, de beurre ou de miel. Le beurre est fabriqué à partir de crème 40 % qu'on agite (baratte) jusqu'à ce que les molécules de gras forment des agrégats et se séparent du liquide restant, appelé petit-lait.

La crème est constituée de gouttelettes de gras dispersées dans une solution aqueuse de SELS minéraux et de lactose. Les gouttelettes de gras font environ 5 micromètres de diamètre. Elles sont entourées d'une fine membrane, épaisse de 0,01 micromètre, constituée de protéines et de phospholipides (lipides liés à un groupement phosphate, PO_4^-). Ces membranes proviennent des cellules des glandes mammaires qui ont produit les globules de gras. Elles maintiennent les gouttelettes de gras en suspension dans l'eau, un peu comme un détergent ou un savon garde les saletés en solution sous forme de micelles (voir le chapitre 3).

Expérience • Fabriquer du beurre

Battez de la crème épaisse, de préférence au fouet électrique, plus longtemps que le temps nécessaire pour qu'elle devienne ferme.

Après une dizaine de minutes de battage, la crème jaunit et ça commence à sentir le beurre. En battant une ou deux minutes de plus, un liquide (le petit-lait) se sépare du gras, qui devient ferme. Ajoutez un peu de sel et tartinez !

Lors du barattage, les membranes des gouttelettes de gras se brisent et les graisses peuvent entrer en contact et se lier. Une fois le processus terminé, le beurre est constitué d'un réseau de graisses, faisant environ 80% du poids total. Au sein de ce réseau sont réparties des gouttelettes d'eau (environ 20% du poids).

Les matières grasses du beurre sont constituées surtout de triglycérides. Un glycéride se forme lorsque du glycérol (ou glycérine), un ALCOOL, voit ses groupements OH réagir avec les groupements COOH de molécules d'ACIDES GRAS (figure 4.13). La réaction d'un seul des groupements OH avec un acide gras forme un monoglycéride. Quand les trois OH réagissent, on obtient un triglycéride.

Figure 4.13
Formation d'un triglycéride

$CH_2 - OH$		$CH_3 - (CH_2)_{12} - COOH$ ou $R - COOH$ (acide myristique)		$CH_2 - OOC - R$		
|				|		
$CH - OH$	+	$CH_3 - (CH_2)_{14} - COOH$ ou $R' - COOH$ (acide palmitique)	⟶	$CH - OOC - R'$	+	$3H_2O$
|				|		
$CH_2 - OH$		$CH_3 - (CH_2)_7 - CH = CH - (CH_2)_7 - COOH$ (acide oléique)		$CH_2 - OOC - R''$		
Glycérol		Exemples d'acides gras (R – COOH)		Triglycéride		

Les acides gras sont constitués d'une chaîne d'atomes de carbone et d'hydrogène, appelée radical (R, R', R"), associée à un groupement COOH. Quand trois acides gras réagissent chacun avec un groupement OH du glycérol, un triglycéride et trois molécules d'eau (H_2O) se forment.

Dans le beurre, l'acide palmitique et l'acide oléique constituent chacun plus de 25 % de tous les acides gras, et l'acide myristique 11 %. Les acides myristique et palmitique ne contiennent que des liaisons simples et sont dits saturés, alors que l'acide oléique contient une liaison double (entre les atomes de carbone « centraux ») et est dit insaturé.

La chaîne d'atomes de carbone et d'hydrogène liée au groupe COOH d'un acide gras se nomme « radical » et est symbolisée par R (ou R', R"). Un triglycéride contient généralement plus d'un type de radical. Le beurre contient une vaste gamme de triglycérides différents, ce qui fait qu'il s'amollit graduellement plutôt que de fondre à une température précise.

À 4 °C, la température du réfrigérateur, le beurre est dur, car une faible partie du gras du beurre se trouve sous forme liquide. Cette proportion augmente avec la température. Les molécules avec acides gras saturés, ceux ne comportant que des liaisons simples (comme les acides myristique et palmitique), fondent en dernier. Les chaînes des acides gras saturés sont droites et les triglycérides se disposent alors régulièrement, de façon compacte, ce qui permet l'existence de nombreuses liaisons intermoléculaires. La présence de ces liaisons rend plus difficile la fusion, qui se fait donc à une température plus élevée.

Quand les triglycérides contiennent des acides gras avec liaisons doubles (acides gras insaturés), la situation change. La géométrie de la liaison double introduit une déviation dans la chaîne carbonée et limite l'association ordonnée des molécules. Comme il y a moins de liaisons intermoléculaires, les triglycérides fondent à plus basse température. C'est pourquoi l'huile d'olive, dont l'acide oléique constitue environ 80 % des acides gras, reste liquide à température ambiante, au contraire du beurre. Si on met l'huile au réfrigérateur, elle fige parce que la température (4 °C) est inférieure au point de fusion des triglycérides constitués d'acide oléique.

Et pourquoi le beurre est-il jaune alors que la crème est blanche ? Dans la crème, les gouttelettes de gras diffusent la lumière blanche plusieurs fois dans toutes les directions et la crème apparaît blanche, comme on l'a vu au chapitre 2 pour le lait. Lors du barattage, quand les gouttelettes sont brisées et laissent échapper leur contenu, le carotène, un pigment jaune présent dans la membrane des gouttelettes, apparaît et donne sa couleur au beurre.

Les *cis* et les *trans*

Depuis quelques années, les gras *trans* ont une mauvaise réputation. Ce type de gras se retrouve dans les huiles partiellement hydrogénées, utilisées pour la fabrication de la plupart des margarines et des shortenings. Selon les recherches récentes, il semble que la consommation d'acides gras *trans* augmente la concentration de lipoprotéines[6] de faible densité (*low density lipoproteins*, LDL), ou « mauvais cholestérol », dans le sang. L'ingestion de gras *trans* diminue aussi la concentration de « bon cholestérol » (*high density lipoproteins*, HDL). Les gras *trans* seraient autant sinon plus nocifs que les gras saturés. Plusieurs pays ont récemment limité l'utilisation de gras *trans* dans les aliments transformés, ou s'apprêtent à le faire.

Le terme *trans* fait référence à la configuration des molécules possédant une ou plusieurs liaisons doubles. La plupart des acides gras naturels sont, comme l'acide oléique, de configuration *cis* : les atomes d'hydrogène situés de part et d'autre de la liaison double sont du même côté de la chaîne carbonée. Cette configuration fait que la molécule est coudée. Dans une liaison double *trans*, les atomes d'hydrogène sont opposés de part et d'autre de la chaîne carbonée, et cette dernière est alors à peu près droite, comme pour un acide gras saturé.

6. Une lipoprotéine est formée par la liaison d'une protéine à du cholestérol et à des triglycérides.

Les gras *cis* et *trans*

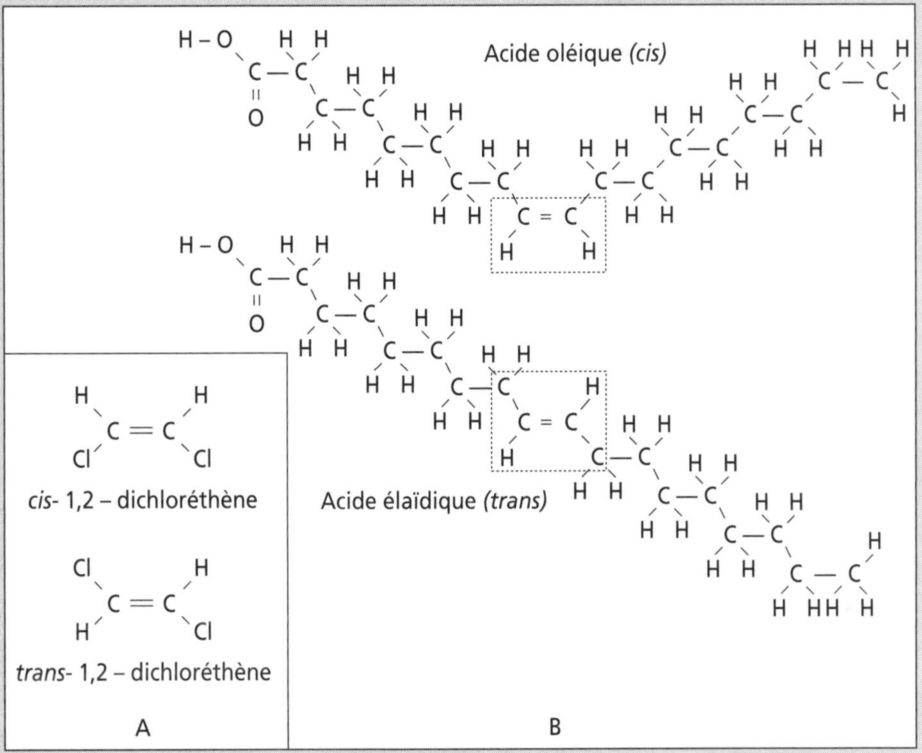

A. Formes *cis* et *trans* d'une molécule simple, le 1,2-dichloroéthène. *B.* Structure de deux acides gras à 18 atomes de carbone, un *cis*, l'acide oléique, et l'équivalent *trans*, l'acide élaïdique. La position des atomes d'hydrogène de part et d'autre de la liaison double (dans le rectangle en tirets) n'est pas la même.

Dans la production des gras hydrogénés, on expose à de l'hydrogène des lipides contenant des acides gras insaturés, en présence d'un catalyseur (généralement du nickel) et sous une pression et une température élevées. Une partie des liaisons doubles devient des liaisons simples. À ces endroits, un atome d'hydrogène se lie à chacun des carbones voisins de l'ancienne liaison double et la saturation de la chaîne carbonée augmente. Cependant, d'autres liaisons doubles passent de la configuration *cis* à la configuration *trans*. C'est ce qui explique que la margarine, généralement constituée d'huiles végétales hydrogénées, contient de 10 à 50 % d'acides gras *trans*. De nombreux aliments frits dans des huiles hydrogénées, comme les beignets, les frites, les croustilles, certaines pâtisseries, etc., renferment aussi une bonne proportion de gras *trans*.

Le miel, du nectar régurgité

Alors que le beurre est surtout constitué de lipides, le miel contient principalement des glucides. Comme chacun sait, ce sont les abeilles qui fabriquent les bébés et le miel. Ce livre pouvant tomber entre les mains des enfants, il restera discret au sujet des bébés. Quant au miel, les abeilles le fabriquent à partir du nectar qu'elles butinent de fleur en fleur. Le nectar, qui sert à attirer les insectes pollinisateurs, contient de 10 à 80 % de sucres selon les espèces végétales qui en produisent. Ces sucres sont généralement du sucrose (sucre de table), du glucose et du fructose. Le glucose et le fructose ont la même composition chimique ($C_6H_{12}O_6$) mais une structure différente.

L'abeille aspire le nectar d'une fleur au moyen d'une longue trompe. Le liquide passe dans son œsophage et s'accumule dans son jabot, une cavité située juste avant… l'intestin. Pendant le vol de retour vers la ruche, certaines glandes sécrètent des enzymes qui dégradent le sucrose en glucose et fructose. De plus, la salive de l'abeille dilue un peu le nectar.

Une fois à la ruche, l'abeille régurgite le nectar. L'objectif est ensuite de concentrer le nectar avant de le stocker, afin que son contenu en eau soit si faible que des microbes ne puissent pas s'y développer. Les abeilles effectuent cette tâche en réavalant et en régurgitant successivement le nectar, puis en étendant le nectar dans les alvéoles de la ruche sans les remplir, de façon à ce que le nectar reste exposé à l'air. Les ouvrières brassent l'air de la ruche en battant des ailes afin d'éloigner l'air saturé d'humidité, ce qui accélère l'évaporation de l'eau contenue dans le nectar.

Au bout de deux à trois semaines, la proportion d'eau a baissé à moins de 20 %. Durant ce temps, le miel mûrit : les enzymes des abeilles convertissent presque entièrement le sucrose en glucose et fructose, un mélange aussi appelé sucre inverti. Une enzyme particulière transforme une partie du glucose en acide gluconique et en peroxyde d'hydrogène, ce qui contribue aussi à empêcher la prolifération des microorganismes. À la fin de la maturation, le miel, avec un pH d'environ 4, est aussi acide qu'une tomate. Il contient typiquement 17 % d'eau, 38 % de fructose, 31 % de glucose, 13 % d'autres glucides et moins de 1 % de protéines, de vitamines, de minéraux et de « parfums » venant des fleurs butinées par les abeilles. Sur le plan diététique, le miel, c'est du sucre avec un peu d'eau !

À la maison, le miel doit être conservé dans un contenant hermétique, car les sucres, avec leurs groupements OH, sont très hygroscopiques et absorbent l'humidité de l'air. Si la proportion d'eau dans le miel augmentait trop, les microbes se multiplieraient et altéreraient le miel.

Avec le temps, les sucres présents dans le miel liquide finissent par cristalliser. À mesure que les sucres se solidifient ainsi, la proportion d'eau dans le reste du miel augmente et le miel devient plus vulnérable aux micro-organismes et risque de se gâter. La solution à ce problème est de placer le pot dans l'eau chaude. Sous l'effet de la chaleur, les liens intermoléculaires se brisent : la solubilité des sucres, comme celle de la plupart des substances, augmente avec la température. Le miel se reliquéfie ainsi complètement.

Le miel existe aussi sous forme presque solide. Pour en fabriquer, le miel liquide est « ensemencé » de miel solide moulu en fines particules. Les molécules de sucres s'attachent aux particules et cristallisent sous forme de tout petits cristaux : cette cristallisation contrôlée empêche le développement d'un gros cristal unique. Bien qu'il semble presque solide, 85 % du miel reste sous forme liquide, dispersé parmi les petits cristaux de sucres.

Régime de bananes

Un bon petit-déjeuner ne serait pas complet sans une banane. Les bananes de la variété Cavendish, celles consommées dans les pays importateurs, arrivent vertes des pays producteurs, car le transport dans des contenants réfrigérés ralentit leur maturation. Quand les bananes sont vertes, les glucides des fruits se trouvent presque exclusivement sous forme d'amidon ; c'est pourquoi une banane immature semble farineuse et ne goûte pas bon.

Pour déclencher la maturation finale, avant la mise en vente, on fait passer les bananes par des chambres de mûrissement, dans lesquelles on ajoute de l'éthylène ($H_2C = CH_2$) à l'atmosphère. Les bananes, comme de nombreux fruits, produisent naturellement de l'éthylène à la fin de leur développement. Cette HORMONE végétale déclenche la sénescence (le vieillissement) des fruits, qui mûrissent et s'amollissent. Toutefois, laisser aller la nature ferait que dans la même caisse, certaines bananes deviendraient jaunes, alors que d'autres seraient encore vertes. La présence contrôlée d'éthylène permet de synchroniser le mûrissement de toutes les bananes. À la fin du mûrissement, l'amidon s'est transformé en sucre, qui constitue près de 20 % du poids de la banane Cavendish !

Les bananes mûres, comme la plupart des fruits tropicaux, résistent mal au froid parce que la composition lipidique de leurs membranes cellulaires est différente de celle des fruits des régions tempérées. À basse température, la fluidité des membranes de ces fruits et légumes diminue. Ceci altère les propriétés des membranes ainsi que des protéines, enzymes et récepteurs situés au sein des membranes, avec pour résultat que le produit se dégrade plus vite. Idéalement, on ne devrait pas garder les bananes, avocats, mangues et même les tomates au réfrigérateur, mais plutôt entre 10 et 15 °C.

La pelure d'une banane placée au réfrigérateur noircit en quelques heures, bien que l'intérieur du fruit reste tout à fait comestible. Quand les membranes cellulaires se dégradent, elles laissent échapper leur contenu. Des enzymes appelées polyphénoloxydases, normalement contenues dans des compartiments des cellules de la pelure, se retrouvent dans le milieu cellulaire. En présence d'oxygène, donc en surface de la banane, ces enzymes réagissent avec des composés (des phénols) et forment de nouvelles substances de couleur foncée. C'est le même phénomène qui fait brunir ou noircir les pommes ou les avocats coupés. L'ajout de jus de citron aux fruits coupés limite le problème, car le jus de citron contient de la vitamine C, ou acide ascorbique, qui accapare l'oxygène diffusant dans la chair des fruits et empêche les réactions de brunissement[7].

Pause-café

Pendant que les enfants retournent dehors, Pierre et Sophie terminent leur déjeuner en savourant une tasse de café. Pour préparer ce café, Pierre a utilisé une cafetière filtre, dans laquelle l'eau chaude passe à travers la mouture tout en extrayant les composés solubles du café. Puisque l'eau ne passe qu'une fois à travers le café, contrairement à ce qui se passe dans un percolateur, la mouture utilisée doit être fine pour augmenter la surface de contact.

Environ 25 % de la masse du café solide se dissout dans l'eau. Une tasse de café contient entre 0,5 et 2 % de matières en solution. Le café comporte plus de 800 composés chimiques différents : glucides, acides organiques (par exemple, acides acétique et citrique), aldéhydes, cétones, esters, phénols, sels minéraux... La caféine constitue environ 1 % du café solide et se dissout presque toute dans l'eau chaude.

La tasse de café filtre de Pierre contient environ 100 milligrammes de caféine (pour une tasse de 250 millilitres). Le café n'est pas la seule boisson comportant de la caféine : les colas en contiennent environ 40 milligrammes par canette et on en retrouve aussi dans le lait au chocolat : de 5 à 10 milligrammes pour un verre de 250 millilitres. Les feuilles de thé vert contiennent plus de caféine (entre 3 et 5 %) que le café, mais l'infusion en extrait moins : une tasse de thé contient typiquement 40 milligrammes de caféine. À titre de comparaison, le Wake-Up^MD^, un médicament vendu pour la prévention de la somnolence, contient 100 milligrammes de caféine par comprimé. On trouve aussi de la caféine (de 15 à 30 milligrammes par comprimé) dans certains analgésiques, comme le Tylenol N° 1^MD^, l'Anacin^MD^ et le 222^MD^. Il semble que la dose d'analgésique nécessaire pour obtenir un effet donné est moins grande quand de la caféine est administrée simultanément, mais la question est encore controversée.

7. Pour plus de détails, voir du même auteur *Au-delà des apparences*, Éditions MultiMondes, 2001, p. 104-106.

L'effet du café que boivent Pierre et Sophie se fait vite sentir. La caféine apparaît dans les fluides corporels et dans le cerveau moins de cinq minutes après l'ingestion. La concentration atteint son maximum après 20 à 30 minutes.

Le mécanisme d'action de la caféine n'est pas déterminé hors de tout doute. On croit que la caféine se fixe sur les RÉCEPTEURS neuronaux de l'adénosine, une substance qui agit sur le système nerveux. Ce faisant, la caféine augmente l'excitabilité des neurones. À des doses se situant entre 50 et 200 milligrammes, la caféine augmente la vigilance, la fréquence cardiaque et la sécrétion d'acide gastrique, dilate les bronches et diminue la fatigue musculaire. Elle fait se dilater les vaisseaux sanguins dans les reins : le débit du sang augmente, accroissant la production d'urine. La demi-vie de la caféine est de 3 à 6 heures selon les personnes, ce qui signifie que le foie prend de 3 à 6 heures pour dégrader la moitié de la caféine absorbée à un moment donné.

Pierre ajoute un cube de sucre dans son café. En usine, les cubes sont fabriqués en mélangeant du sucre granulé avec une faible quantité de sirop (solution d'eau et de sucre). Enrobés par un mince film de sirop, les grains de sucre prennent en pain lors du séchage, comme du sucre qu'on laisse exposé à l'humidité. Il ne reste plus qu'à couper en cubes les pains de sucre.

Pourquoi le sucre durcit-il ? Comme on l'a vu, les molécules d'eau, qui sont polaires, se lient facilement aux molécules de sucrose, qui contiennent des groupements OH polaires. L'enrobage par le sirop produit une dissolution partielle du sucre en surface des grains. En séchant, le sucre recristallise en surface, formant alors un pont solide entre les cristaux.

Le café de Pierre se refroidit parce qu'il cède de la chaleur à l'air par CONDUCTION et parce qu'il émet un rayonnement infrarouge, comme tous les corps se trouvant dans notre environnement. Plus le café est chaud, plus le rythme de refroidissement est rapide. Autrement dit, une tasse de café à 80 °C perd plus de chaleur en une minute qu'une tasse de café à 60 °C. Il en résulte que la température du café chute exponentiellement… tout comme la hauteur de la mousse dans un verre de bière (on en reparlera au chapitre 9).

Un autre processus contribue à faire baisser la température : une partie de l'eau s'évapore (moins de 2 % pendant que Pierre boit son café). Ce sont les molécules d'eau ayant le plus d'énergie qui fuient dans l'air. La température du café diminue, car elle reflète l'énergie cinétique moyenne des molécules restant dans la tasse. Si Pierre souffle au-dessus de la tasse, il écarte de l'espace situé au-dessus du café des molécules d'eau qui pourraient retourner dans le café. Il accélère ainsi l'évaporation du café (et donc son refroidissement), tout comme les abeilles battant des ailes dans la ruche accéléraient l'évaporation de l'eau présente dans le nectar.

L'ajout de lait froid au café diminue aussi la température. La température résultante dépend des températures, des masses et des chaleurs spécifiques des deux liquides[8]. Par exemple, si Pierre mêle 20 millilitres de lait à 4 °C à 180 millilitres de café à 80 °C, la température du mélange chute immédiatement à 73,6 °C.

En versant le café dans les tasses, Pierre en a échappé par mégarde sur le comptoir de la cuisine. S'il oublie de nettoyer, il pourra observer dans quelques heures une particularité intéressante des taches de café : l'anneau sombre sur leurs bords.

Figure 4.14
Tache de café vue du dessus

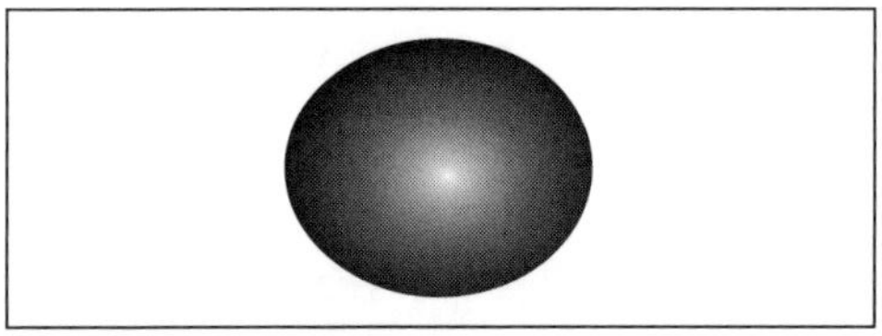

Figure 4.15
Forme d'une goutte, vue de côté

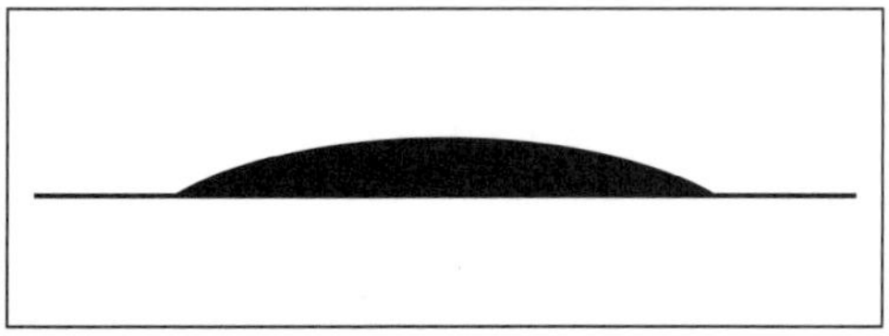

Sidney Nagel, un physicien américain, s'est interrogé sur ce drôle de phénomène en… 1995, comme quoi la science n'a pas encore élucidé tous les phénomènes « simples » ! Une goutte de liquide étalée sur une surface dure est plus épaisse en son centre qu'aux bords, s'est-il dit. Quand elle sèche, les matières solubles du café devraient donc se déposer surtout au centre de la goutte, et la tache devrait être plus foncée au centre que sur les bords. Or, on observe le contraire ! Les taches formées par d'autres liquides, par exemple le jus de raisin ou l'eau salée apportée par nos bottes en hiver, présentent le même anneau foncé que les taches de café.

Pour qu'un anneau foncé se forme, il faut que le bord de la goutte ne bouge pas durant l'évaporation. C'est effectivement ce qui se produit, à cause d'une propriété spéciale des gouttes. Sur le bord d'une goutte, l'angle entre la surface du liquide et la surface inférieure (le comptoir, par exemple) prend une valeur bien définie qui dépend de la nature du liquide et de la surface. Cet angle résulte des interactions entre les molécules du liquide elles-mêmes et des interactions entre les molécules du liquide et celles de la surface sous-jacente.

Si la surface était parfaitement plane, la goutte devrait se contracter durant son évaporation afin que soit maintenu sur ses bords l'angle préférentiel. Mais au niveau microscopique, toutes les surfaces sont un peu rugueuses. Quand une section du bord de la goutte perd un peu d'eau par évaporation, elle n'a qu'à retraiter un tout petit peu avant de retrouver localement, sur une aspérité de la surface, l'angle préférentiel. La contraction de la goutte est donc bloquée et le bord ne bouge à peu près pas.

8. La chaleur spécifique du lait vaut 3 770 joules par kilogramme et par degré Celsius ; celle du café est similaire à celle de l'eau, 4 186 joules par kilogramme et par degré Celsius.

L'eau s'évapore partout à la surface de la goutte, mais elle s'évapore plus vite près des bords, dans la région où la surface est la plus courbe. Les molécules ayant quitté le liquide dans cette région ont plus de chances de diffuser dans l'air et de ne pas retourner au liquide que les molécules s'étant évaporées du centre de la goutte, à peu près plat.

Puisque la dimension de la goutte ne change pas, c'est que du liquide part du centre et migre vers les bords de la goutte, afin de compenser l'eau évaporée près des bords. Ce liquide en mouvement radial entraîne des particules de café. Celles-ci se concentrent donc près des bords et s'y déposent, donnant lieu à un anneau foncé une fois l'évaporation terminée.

$T = \frac{1}{2} Cx\, d\, S\, v^2$

Roulons, la route est belle

– Hé ! les enfants ! Que diriez-vous d'aller faire un tour de vélo ?

– On n'a pas envie, papa, on aime mieux rester ici, répondent Antoine, Julie et Rachel. Depuis qu'ils ont trois enfants, Pierre et Sophie ont découvert ce qu'est l'inertie : la difficulté à faire bouger quelque chose… ou quelqu'un. La loi de l'inertie, aussi appelée Première loi de Newton, dit qu'un corps au repos tend à rester au repos, à moins qu'il ne soit soumis à une force extérieure.

– Écoutez, je vous propose quelque chose, dit Pierre. On va rouler quelques kilomètres sur la route le long de la mer et en revenant, on s'arrêtera au village. Comme ça, on pourra aller au terrain de jeu (ceci afin de convaincre Julie et Rachel) et à la boulangerie (cet appât est destiné à Antoine, qui est un peu gourmand).

– Bon, ça va…

Courants d'air

Avant de partir, Pierre installe un siège pour enfants sur son porte-bagages, pour pouvoir emmener Rachel, et attache le semi-vélo[1] de Julie au vélo de Sophie. Celle-ci vérifie la pression des pneus avec un manomètre de format stylo.

Quand Sophie presse la tête du manomètre sur la valve du pneu, la goupille centrale enfonce la soupape de la valve, ce qui fait pénétrer l'air du pneu dans le cylindre du manomètre. L'air pousse un piston, dont la course est limitée par un ressort (figure 5.1). Plus la pression dans le pneu est élevée, plus le piston pousse sur le ressort.

À l'intérieur du ressort coulisse une tige graduée, celle qui sort au bout du manomètre. La tige est poussée par le piston sans y être attachée. Quand on retire le manomètre de la valve, le ressort repousse le piston sans déplacer la tige, ce qui permet de lire la pression même après avoir retiré le manomètre de la valve.

1. Vélo sans roue avant dont le cadre allongé permet de l'accrocher, par une attache articulée, à la tige de selle d'un vélo d'adulte. L'enfant assis sur le semi-vélo se laisse tirer ou pédale, participant alors à la propulsion de l'ensemble.

Figure 5.1
Manomètre vu en coupe

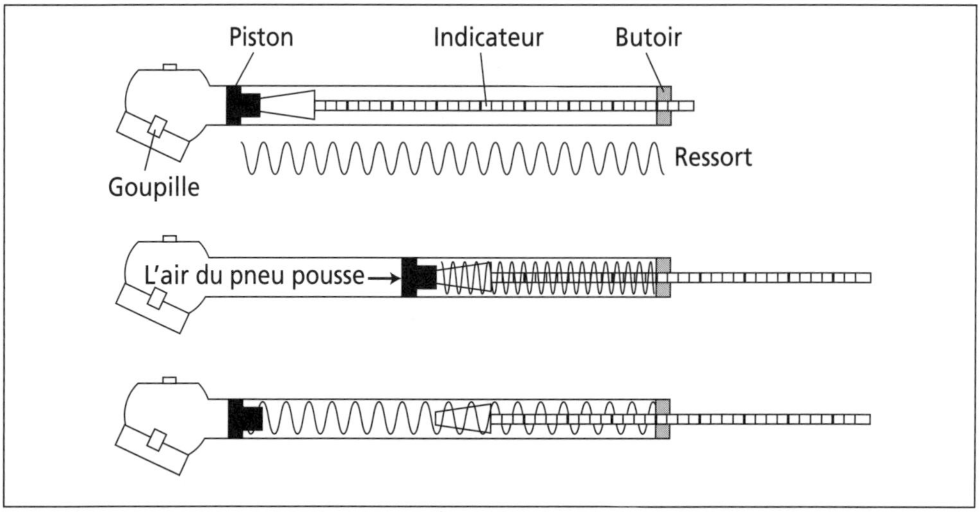

Le schéma du haut illustre les différentes parties du manomètre ; normalement, l'indicateur se trouve au centre du ressort. Quand l'air du pneu pénètre dans le manomètre (schéma du centre), il pousse sur le piston, qui s'enfonce jusqu'à ce que la force exercée par l'air soit compensée par la force exercée par le ressort comprimé. Une fois le manomètre retiré (schéma du bas), le ressort repousse le piston, mais l'indicateur demeure à sa position, permettant une lecture facile.

Les pneus de son vélo étant insuffisamment gonflés, Sophie sort une pompe à vélo de type « haute pression ». En quoi diffère-t-elle d'une pompe à vélo ordinaire ? Simple : le tube d'une pompe haute pression est plus étroit. Comme la pression est égale à la force divisée par la surface,

$$\text{Pression} = \frac{\text{Force}}{\text{Surface}}$$

si la surface du piston est plus petite, avec une force égale on arrive à comprimer l'air à une pression plus grande.

Typiquement, la surface du piston vaut 2 centimètres carrés. Pour gonfler un pneu de vélo à 700 kilopascals (100 livres par pouce carré, en unités anglaises), il faut exercer lors des derniers coups de pompe une force d'au moins 140 newtons[2]. Une telle force équivaut à soulever une masse de 14 kilos… d'un bras ! Mais Sophie a de bons biceps.

Après avoir fini de gonfler les pneus, Sophie remarque que l'embout de la pompe est chaud. En poussant sur le piston, elle a effectué un travail, au sens de la physique, et elle a communiqué de l'énergie cinétique à l'air dans la pompe. Les molécules d'air

2. Une pression de 700 kilopascals correspond à 700 000 pascals, ou 700 000 newtons par mètre carré. Une surface de 2 centimètres carrés vaut 0,0002 mètre carré. La force en newtons est égale au produit de la pression par la surface, soit 700 000 × 0,0002.

se sont mises à se déplacer plus vite, ce qui s'est traduit par une augmentation de la température de l'air. Les collisions des molécules de l'air sur les parois de la pompe ont aussi augmenté la température de la pompe.

Pousse, mais pousse égal

Nos cyclistes sont maintenant prêts à partir. Antoine, fringant, démarre le premier, en poussant sur ses pédales. Mais il pousse surtout verticalement. Comment cela le fait-il avancer horizontalement ?

Figure 5.2
Forces impliquées dans la propulsion d'un vélo

À gauche, forces internes au système cycliste-vélo. Le cycliste exerce une force F_1 sur la pédale. La force transmise à la chaîne est F_2, et cette force est égale à la force F_3 transmise au pignon de la roue arrière si on néglige les frottements dans la chaîne. La force F_4 est la force exercée sur le sol par le pneu. *À droite,* force externe propulsant le vélo. En réaction à la force F_4, le sol pousse sur le pneu avec une force F_5, ce qui fait que le vélo avance.

Ce sont les roues et les engrenages, constitués par le plateau du pédalier et le pignon de la roue arrière, qui font que le vélo va se déplacer. Suivons l'enchaînement des forces grâce auxquelles Antoine va avancer et accélérer. Antoine pousse sur une pédale (avec la force F_1, sur la figure ci-dessus) et cette force fait tourner le pédalier. Celui-ci est en fait un LEVIER : parce que la chaîne se trouve plus proche de l'axe que la pédale, la force F_2 transmise à la chaîne est plus grande que la force exercée sur la pédale.

Flexible, la chaîne permet de modifier la direction de la force. La chaîne transmet la force au pignon fixé à la roue arrière : le pignon est soumis à une force F_3, qui est à peu près égale à F_2 si on néglige les pertes dues aux frottements dans la chaîne. Le pignon et la roue arrière constituent un autre levier : cette fois-ci, parce que le pneu est plus éloigné de l'axe que la chaîne, la force transmise au pneu (F_4) est plus faible que celle exercée par la chaîne sur le pignon (F_3).

Le pneu pousse sur quelque chose. Sur quoi ? Une seule possibilité : le sol, avec lequel le pneu est en contact. Le pneu pousse le sol vers l'arrière ; en pédalant, Antoine modifie donc, très très très légèrement, le mouvement de la Terre ! Simultanément, d'après la Troisième loi de Newton (la loi « action-réaction »), le sol pousse la roue, et donc le vélo attaché à la roue, avec une force F_5 vers l'avant.

Tout ceci n'est possible que parce qu'il y a du FROTTEMENT entre le pneu et la route : sans frottement, le pneu glisserait et ne pourrait pousser le sol, et le sol ne pourrait pousser le pneu. Sur une route verglacée, il est difficile d'accélérer en vélo (ou en auto, ou à pied…). C'est tout de même possible parce que le frottement, quoique faible, n'est pas nul.

Figure 5.3
Force propulsive

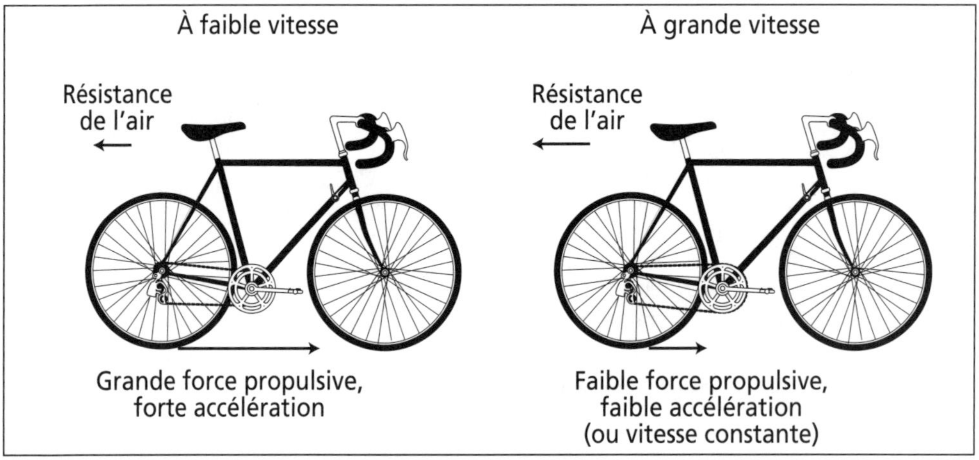

L'accélération au démarrage requiert l'utilisation d'un grand pignon (à gauche). Avec un petit pignon, la force propulsive est plus faible (à droite). Pour que le vélo roule à vitesse constante, il suffit que la force propulsive compense la résistance de l'air.

Pour démarrer, Antoine a mis la chaîne sur le petit plateau du pédalier et sur le grand pignon de la roue arrière. Ce faisant, il a profité le plus possible des effets de levier du pédalier et du pignon. La force propulsive exercée sur le pneu arrière était maximale. Quand on démarre, c'est ce qu'il faut, car on veut accélérer le plus possible. Cependant, l'utilisation d'un grand pignon fait qu'Antoine parcourt une faible distance pour chaque tour de pédalier.

À mesure que sa vitesse s'accroît, Antoine doit déplacer sa chaîne sur de petits pignons et sur un grand plateau pour éviter d'avoir à pédaler trop vite. L'effet levier est ainsi moins marqué et la force propulsive diminue, ce qui est correct, car plus Antoine va vite, moins il a besoin d'accélérer.

Expérience • Un tour de pédalier peut mener loin

Tracez une ligne, par exemple à la craie, sur le sol. Placez un vélo doté de dérailleurs de façon à ce que la roue avant se trouve au-dessus de ce repère.

Avec la chaîne du vélo sur le petit plateau et le grand pignon, faites avancer le vélo en faisant tourner le pédalier d'un tour complet tout en tenant le vélo. Une fois ce tour complété, inscrivez au sol une marque vis-à-vis le point de contact entre la roue avant et le sol. Refaites l'expérience après avoir mis la chaîne sur le grand plateau et le petit pignon. Comparez les distances parcourues dans les deux cas.

Un cycliste ne peut augmenter la fréquence de rotation du pédalier au-delà d'une certaine limite, autour de 100 révolutions par minute. Quand il roule très vite, comme lors d'une descente, il doit parcourir une plus grande distance pour chaque tour de pédalier, ce qui se fait en utilisant un plateau assez grand et un pignon assez petit.

La résistance de l'air, comme on l'a vu au chapitre 1, augmente avec la vitesse. Quand la résistance de l'air a la même grandeur que la force propulsive, la vitesse d'Antoine devient constante.

Les frottements dans les roulements et dans la chaîne dissipent jusqu'à 10 % de l'énergie dépensée par Antoine. De l'énergie est aussi perdue à cause de la déformation des pneus au contact de la chaussée : la déformation dégage de la chaleur. Ces pertes sont réduites quand les pneus sont gonflés au maximum de la pression recommandée, car alors les déformations sont réduites.

La résistance de roulement est aussi plus élevée pour de petites roues, car avec un faible rayon, le pneu se déforme davantage[3]. Quand Antoine roule avec ses parents, il doit donc fournir un effort plus grand. De plus, la résistance de l'air a aussi davantage d'effet sur Antoine que sur ses parents, la surface d'Antoine par rapport à son poids étant plus grande. Heureusement, Pierre et Sophie traînent Rachel et Julie, ce qui les ralentit un peu. De toute façon, ils ne roulent pas trop vite, car ils ne veulent surtout pas dégoûter Antoine du vélo !

Ces pertes d'énergie ne doivent pas décourager Antoine : le vélo reste le moyen de transport le plus efficace qui soit. Il faut trois fois plus d'énergie à une personne pour marcher un kilomètre que pour parcourir la même distance en vélo. Le marcheur dépense de l'énergie uniquement pour se tenir debout, alors que le cycliste est assis. De plus, les accélérations et décélérations des jambes à chaque pas et les heurts des

3. Pour un poids égal, et avec une pression égale dans le pneu, les pneus d'une grande ou d'une petite roue présentent la même surface en contact avec la chaussée. Pour arriver à cela, le petit pneu devra « s'écraser » davantage que le grand pneu.

pieds avec le sol font perdre beaucoup d'énergie au piéton. Le vélo bat aussi l'auto à plate couture, puisque rouler un kilomètre en auto nécessite typiquement 50 fois l'énergie requise pour parcourir la même distance en vélo. Même une auto à faible consommation d'essence reste beaucoup moins efficace que le vélo.

Réinventer la roue

L'efficacité du vélo repose sur l'utilisation de la roue, un élément essentiel de nombreux moyens de transport depuis des millénaires. En mai 2001, un Australien qui voulait mettre en relief l'aspect futile d'un nouveau type de brevet disponible dans son pays a réussi à obtenir un brevet concernant la roue. Le titre du brevet : « Un dispositif circulaire pour faciliter le transport ».

Dans la langue impayable des brevets, le texte[4] décrit le dispositif comme comportant « une jante circulaire, un palier dans lequel une tige cylindrique [l'axe] peut tourner à l'intérieur d'un élément cylindrique creux [le moyeu], et un ensemble d'éléments [les rayons] connectant la jante circulaire à l'élément cylindrique creux afin de maintenir la jante circulaire en relation fixe avec l'élément cylindrique circulaire, alors que la tige se trouve dans une direction perpendiculaire au plan de la jante circulaire, au centre de la jante circulaire ». Ce dispositif permet de « faciliter le transport des personnes et des biens », ces personnes et ces biens « étant maintenus au-dessus d'une surface et simultanément déplacés à peu près parallèlement au-dessus de cette surface ».

L'aspect vaudevillesque de ce brevet ne doit tout de même pas occulter une question fondamentale : comment cette invention extraordinaire, la roue, fonctionne-t-elle ? Si Antoine se laisse aller en roue libre sur le plat alors qu'il roule à 20 kilomètres par heure, il peut parcourir plusieurs dizaines de mètres avant de s'arrêter. Pourtant, s'il tombe alors qu'il roule à la même vitesse (on ne le lui souhaite pas), lui et son vélo s'arrêteront au bout d'un glissement de quelques mètres sur la chaussée. D'où vient la différence ?

C'est une question de frottement et de l'endroit où s'exerce ce frottement. Si Antoine tombe et glisse sur la chaussée, c'est le frottement exercé sur Antoine par la chaussée qui ralentit et arrête notre jeune ami. Ce frottement « Antoine-chaussée » transforme l'énergie cinétique d'Antoine en énergie thermique, avec pour conséquence que la peau d'Antoine (ouille !) et la chaussée se réchauffent.

Quand Antoine se trouve sur son vélo, le frottement existant entre les pneus et le sol ne fait pas perdre d'énergie au vélo, car il n'y a pas glissement des pneus sur le sol.

4. Traduction de l'auteur. Le brevet entier se trouve à l'adresse www.ipmenu.com/archive/AUI_2001100012.pdf

C'est le frottement entre l'axe et le moyeu de chacune des roues qui ralentit le vélo (si on ne tient pas compte de la résistance de l'air). Ce second frottement a nettement moins d'effet que le frottement Antoine-chaussée.

Évidemment, le moyeu comporte un roulement à billes qui réduit le frottement. Sans roulement, le frottement axe-moyeu pourrait être aussi élevé que le frottement Antoine-chaussée. Mais même si c'était le cas, la roue serait quand même avantageuse, comme on le constate avec les tricycles pour enfants dont les moyeux ne comportent pas de roulement à billes. C'est que le frottement axe-moyeu s'exerce sur une distance beaucoup plus petite que la distance parcourue par le vélo. Pendant que la roue fait un tour, le vélo avance d'une distance égale à la circonférence de la roue, mais le frottement axe-moyeu ne s'exerce que sur la circonférence du moyeu, beaucoup plus petite. À cause de cela, la perte d'énergie due au frottement est nettement réduite.

Figure 5.4
Roue de charrette et roue de vélo

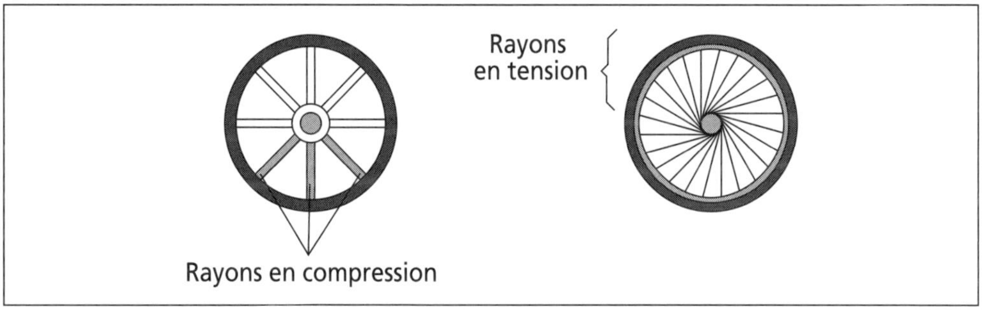

Pour une roue de charrette, le poids est supporté par les rayons du bas, qui sont en compression. Pour une roue de vélo, les rayons sont trop minces pour supporter un poids important sans fléchir : ce sont les rayons du haut qui supportent le poids, et ils sont donc en tension.

Il existe une différence fondamentale entre une roue de charrette et une roue de vélo. Pour une charrette, le poids du véhicule est supporté par les rayons de la roue placés sous les moyeux. Dans le cas du vélo, ce sont les rayons supérieurs qui soutiennent le poids : le vélo est « suspendu » à ces rayons. En effet, une mince tige de métal peut soutenir une grande force de traction, mais fléchit quand elle est soumise à une compression.

À la sueur de leur front

Après avoir ahané durant un bon kilomètre, Pierre et Sophie parviennent enfin à rattraper leur fils parti en trombe. Pierre, moins en forme qu'il ne le voudrait, a la trogne rubiconde et sue déjà à grosses gouttes.

Chez un adulte au repos, les réactions chimiques de l'organisme génèrent de l'énergie thermique à une puissance d'environ 100 watts (le corps produit 100 joules de chaleur par seconde) : c'est ce qu'on appelle le métabolisme basal. Une activité physique modérée exige la consommation d'énergie chimique pour, par exemple, assurer la contraction des muscles ; la puissance associée vaut typiquement 300 watts. Environ 80 % de l'énergie consommée se transforme en énergie thermique. Enfin, une activité physique intense et prolongée, comme celle d'un coureur de fond, peut libérer jusqu'à 800 watts de chaleur. Si l'activité se déroule en plein soleil, le corps peut aussi absorber jusqu'à 150 watts de plus.

Pour garder sa température stable, autour de 37 °C, le corps humain doit évacuer autant d'énergie thermique qu'il en génère et en absorbe. S'il n'y arrive pas, sa température s'élève, comme chez Pierre en ce moment. Si la température corporelle dépasse 40 °C, certaines protéines se déforment (se « dénaturent », selon le terme scientifique) et leur comportement chimique change. À plus de 42 °, il se produit des dommages irréversibles au cerveau, aux reins et à d'autres organes : c'est le coup de chaleur. Selon une hypothèse, c'est d'un coup de chaleur que serait mort, à son arrivée, le coureur grec qui, en 490 avant Jésus-Christ, aurait couru de la plaine de Marathon jusqu'à Athènes porter la nouvelle de la victoire des Grecs sur les Perses. L'effort n'est pas toujours bien récompensé.

Quand la température du corps augmente au-dessus de la normale, tout un processus de protection se met en branle. L'hypothalamus, situé au centre du cerveau, détecte la hausse de température grâce au sang qui y circule, ainsi que par des signaux nerveux provenant des différentes parties du corps. Tel un thermostat réglé à 37 °C, l'hypothalamus déclenche la « climatisation » quand la température dépasse cette valeur. Cette climatisation repose sur l'augmentation de la température de la peau, qui va ainsi céder plus de chaleur à l'environnement afin de diminuer la température corporelle. Si ça ne suffit pas, l'hypothalamus recourt à la sudation.

Dans un premier temps, le système nerveux augmente donc la circulation sanguine périphérique, près de la surface de la peau. Le sang agit comme un fluide caloporteur et transporte la chaleur de l'intérieur du corps, plus chaud, vers la peau. Celle-ci est plus froide de quelques degrés, car elle est en contact avec un environnement généralement moins chaud que le corps. Alors qu'au repos, le débit[5] du sang circulant dans l'ensemble des capillaires de la peau vaut environ 250 millilitres par minute, lors d'un important échauffement ce débit peut passer à plusieurs litres par minute ! La dilatation des vaisseaux sanguins en surface fait rougir la peau.

5. Une façon de mesurer ce débit est la débitmétrie Doppler par laser, dans laquelle une lumière laser est envoyée sur la peau, pénètre dans les capillaires sanguins et est réfléchie par les globules rouges. L'intensité du signal réfléchi, proportionnelle au nombre de globules, et le décalage Doppler (voir le chapitre 1), qui dépend de la vitesse des globules, permettent d'estimer le débit sanguin.

Le sang transporte environ 90 % de l'énergie à évacuer. Le reste de l'énergie en excédent à l'intérieur du corps est transporté vers la peau par conduction, c'est-à-dire par transfert direct d'énergie thermique entre les tissus. Au niveau microscopique, tous les atomes bougent, les molécules vibrent et tournent. Dans une région chaude, les atomes et molécules ont davantage d'énergie cinétique et bougent davantage ; ils transmettent par collisions une partie de cette énergie aux atomes voisins, plus « froids ». L'énergie se transmet ainsi de proche en proche.

La peau cède la chaleur à l'environnement de trois façons. Si la température de l'air est inférieure à 30 °C et que le corps ne fait pas d'activité intense, c'est la RADIATION et un mélange de conduction et de convection qui assurent principalement l'évacuation de la chaleur. Le corps humain émet un rayonnement infrarouge, invisible à l'œil, d'autant plus intense que le corps est chaud. Environ 70 % de la surface cutanée irradie vers le milieu extérieur. Le reste de la surface irradie vers d'autres parties du corps, ce qui ne contribue pas à éliminer la chaleur : c'est le cas des faces internes des jambes et des bras, du dessous du menton par rapport au torse, du « pli interfessier », etc.

La surface du corps transfère directement de la chaleur à l'air. Plus l'écart de température est grand, plus la conduction est importante. La convection de l'air, c'est-à-dire le mouvement de l'air autour du corps, contribue aussi à refroidir la peau (si la température de l'air est inférieure à 35 °C). En effet, l'air chauffé (par conduction) est moins dense et s'élève, à cause de la force d'Archimède ; il laisse ainsi la place à un air plus froid qui est chauffé à son tour. Le vent est rafraîchissant parce qu'il induit une « convection » forcée qui remplace plus rapidement l'air chaud par de l'air froid. Souffler sur le café pour le refroidir a aussi cet effet.

Lorsque la température de l'air dépasse 30 °C pour une personne au repos, et à une température plus faible pour une personne faisant de l'exercice, comme Pierre, la sudation vient à la rescousse. Les mécanismes de radiation et de convection sont inopérants si la température de l'air dépasse 35 °C, car alors il n'y a plus de convection (tout l'air est à peu près à la même température), et le corps reçoit de l'environnement autant d'infrarouges qu'il en émet. À plus de 35 °C, la sudation est le seul mécanisme de refroidissement efficace.

De trois à quatre millions de glandes sudoripares sont réparties partout sur la peau, sauf sur les lèvres, les mamelons et les organes génitaux. Comme la surface totale de la peau est inférieure à deux mètres carrés chez un adulte, ça fait plus de 125 glandes par centimètre carré en moyenne ! Les glandes sont davantage abondantes sur la paume des mains, la plante des pieds et sur le front. Par exemple, pour un centimètre carré de peau, on retrouve de 300 à 400 glandes sur le front mais seulement autour de 150 glandes sur le dos, les fesses, les bras, les cuisses et les mollets. Effectivement, l'expression populaire dit bien « à la sueur de leur front » !

Figure 5.5
Glande sudoripare

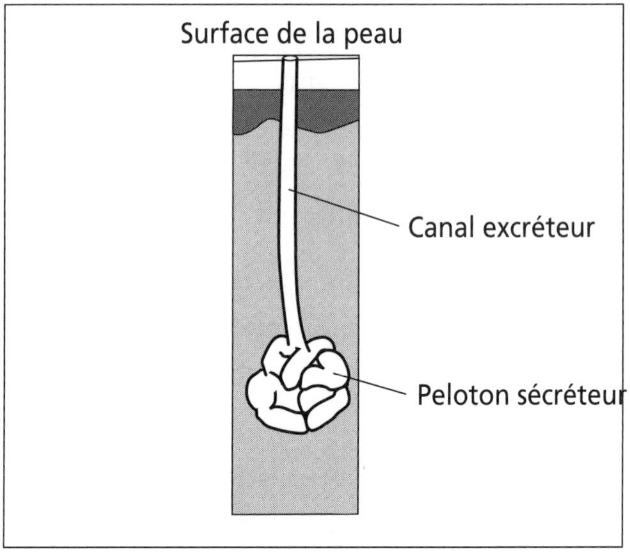

Schéma d'une glande sudoripare, avec le peloton sécréteur et le canal excréteur.

Le pore d'une glande sudoripare se prolonge dans l'épiderme par le canal excréteur, large de 0,02 à 0,05 millimètre et long de quelques millimètres. Dans le derme, la partie profonde de la peau, le canal s'enroule sur lui-même et forme le peloton sécréteur. Ce sont les cellules du peloton qui élaborent la sueur. Les cellules éjectent des ions chlore (Cl^-) et sodium (Na^+) dans le canal; l'eau, attirée par les ions chargés, suit à travers les membranes cellulaires. On retrouve aussi dans le liquide sécrété du potassium, des ions bicarbonate (HCO_3^-) synthétisés à partir du gaz carbonique (CO_2) produit par les cellules, de l'ammoniac, de l'acide lactique provenant du métabolisme du glucose, un peu d'urée…

Ce liquide voit sa composition changer lors de son cheminement dans le canal excréteur: les cellules bordant le canal réabsorbent une partie du sodium, un peu comme dans les tubules rénaux (voir le chapitre 1). Après un effort intense et prolongé, la sueur a tout de même un goût de sel (chlorure de sodium, NaCl), car les capacités de réabsorption sont limitées. La concentration en sel de la sueur augmente avec la quantité de sueur émise.

Dans le canal excréteur, une partie des ions sodium est échangée par les cellules contre des ions hydrogène H^+. La sueur est donc acide et son pH varie de 4, lors d'une faible sudation, à 6,8, lors d'une sudation intense (l'eau dilue les ions H^+, ce qui diminue l'acidité et augmente le pH). Cette acidité entrave la multiplication des microbes sur la peau.

La sueur d'une glande donnée ne coule pas continuellement à la surface de la peau. Elle progresse vers l'extérieur grâce aux contractions coordonnées des cellules du canal et sort de façon intermittente, entre 1 et 12 fois par minute. Bizarrement, environ la moitié des glandes semblent ne pas produire de sueur du tout. Les autres peuvent sécréter de 4 à 28 nanolitres (milliardièmes de litre) de sueur par minute. Dans les régions où la peau est chaude, exposée au soleil par exemple, la sudation est plus abondante.

Mais il ne suffit pas de suer pour se rafraîchir: l'eau doit s'évaporer. La chaleur fournie par la peau aux molécules d'eau les plus énergétiques leur permet d'échapper à l'attraction des autres molécules, donc de s'évaporer et d'emporter avec elles cette énergie. Comme les molécules restantes ont en moyenne moins d'énergie, la peau est rafraîchie. L'évaporation d'un millilitre de sueur évacue 2420 joules de chaleur.

Le refroidissement par évaporation de la sueur ne fonctionne que si l'air n'est pas saturé en humidité. Autrement, des molécules de vapeur se condensent au contact de la peau et y libèrent de la chaleur, ce qui compense l'effet de l'évaporation de la sueur. C'est pourquoi, ici aussi, le vent peut avoir un effet rafraîchissant: en remplaçant l'air situé près du corps, enrichi ou saturé en molécules d'eau évaporées, par de l'air insaturé en vapeur d'eau, il permet une évaporation plus rapide de la sueur.

Des expériences ont montré qu'il est difficile de supporter plus de quelques minutes un environnement à 50 °C avec une humidité relative de 100 %. Inversement, un être humain peut survivre quelques heures dans de l'air à 120 °C, à condition que l'air soit sec, que la personne soit nue (des vêtements limiteraient l'évaporation de la sueur) et qu'elle boive de grandes quantités d'eau pour compenser l'eau évaporée.

Lors d'un exercice intense et dans un environnement torride, un être humain peut perdre jusqu'à deux litres d'eau en une heure. Au cours d'une expérience menée avec des volontaires au repos mais exposés pendant six heures à un vent sec à 41 °C, ces gens ont perdu en moyenne près de quatre litres d'eau. Ils n'ont bu qu'un litre et demi d'eau durant ce temps et aucun signal corporel ne les amenait à boire plus de liquide. Le volume de leur sang a ainsi diminué de 10 %, ce qui imposait un effort supplémentaire au cœur, diminuait le transport des nutriments et l'évacuation des déchets et, ironiquement, de la chaleur. Conclusion: quand on fait de l'exercice, il est important de boire régulièrement, même si on n'en ressent pas le besoin.

De nombreux animaux, comme les chiens et les oiseaux, ne possèdent pas de glandes sudoripares. Lors des canicules, plusieurs oiseaux gardent leur bec grand ouvert, les chiens halètent. Ces animaux font entrer et ressortir rapidement de l'air de leurs poumons: ils se refroidissent grâce à l'évaporation de l'eau dans leurs voies respiratoires. Ce mécanisme (l'évaporation dans les voies respiratoires, pas la béance de la bouche !) existe aussi chez les humains, mais son effet est minime comparé à celui de la sudation.

Vent debout

À partir du moment où il est rejoint, Antoine se met évidemment à pédaler moins vite, trouvant soudainement beaucoup moins d'intérêt au vélo. Néanmoins, nos cyclistes arrivent au village, qu'ils traversent sans s'arrêter.

Au-delà, la route, peu fréquentée, longe la mer sur une dizaine de kilomètres. À gauche, champs, forêts et maisons ponctuent la progression ; à droite, une longue plage s'étend, bordée de massifs de rosiers sauvages en fleurs. Difficile de trouver mieux pour faire du vélo !

En fait, oui, il serait possible de trouver mieux : une route sans vent. Le vent, très faible en début de matinée, s'est maintenant levé. Avancer avec le vent de face est nettement plus difficile. Pierre et sa famille ont beau savoir qu'ils auront le vent de dos au retour, ils doivent quand même pédaler plus fort pour le moment !

Comme on l'a vu au chapitre 1, la résistance de l'air, ou traînée, est proportionnelle au carré de la vitesse relative du véhicule par rapport à l'air, aussi appelée vitesse apparente de l'air. Pour un cycliste roulant à 20 km/h, avec un vent de face de 10 km/h, la vitesse apparente vaut 30 km/h et la traînée est 2,25 fois ce qu'elle serait sans vent[6]. La traînée est la même que celle qui existerait si le cycliste roulait à 30 km/h par une journée sans vent.

Si un vent de 10 km/h arrive de l'arrière pour un cycliste roulant à 20 km/h, la vitesse apparente de l'air vaut 10 km/h et la traînée devient le quart de ce qu'elle serait sans vent. Une analyse complète permet de constater qu'un cycliste roulant à 20 km/h sera ralenti à environ 15 km/h par un vent de face de 10 km/h, mais accéléré à 25 km/h par un vent favorable de 10 km/h.

Même avec un vent de côté (figure 5.6 A et B), la résistance de l'air est plus grande que s'il n'y avait pas de vent du tout. C'est que la vitesse du vent apparent est égale à la « somme *vectorielle* » (somme faite en tenant compte des directions) de la vitesse du vent réel et de la vitesse apparente de l'air due au déplacement du vélo. Comme on le voit sur la figure, même quand le vent réel souffle latéralement, le vent apparent provient de l'avant, à un angle qui dépend de la direction du vent réel, de la vitesse du vent et de la vitesse du cycliste. De plus, la vitesse du vent apparent peut être plus grande que la vitesse relative de l'air due au seul mouvement du vélo.

6. La traînée à une vitesse apparente de 30 km/h est $(30/20)^2 = 2{,}25$ fois plus grande que la traînée à une vitesse apparente de 20 km/h.

Figure 5.6
Vent apparent s'exerçant sur un cycliste

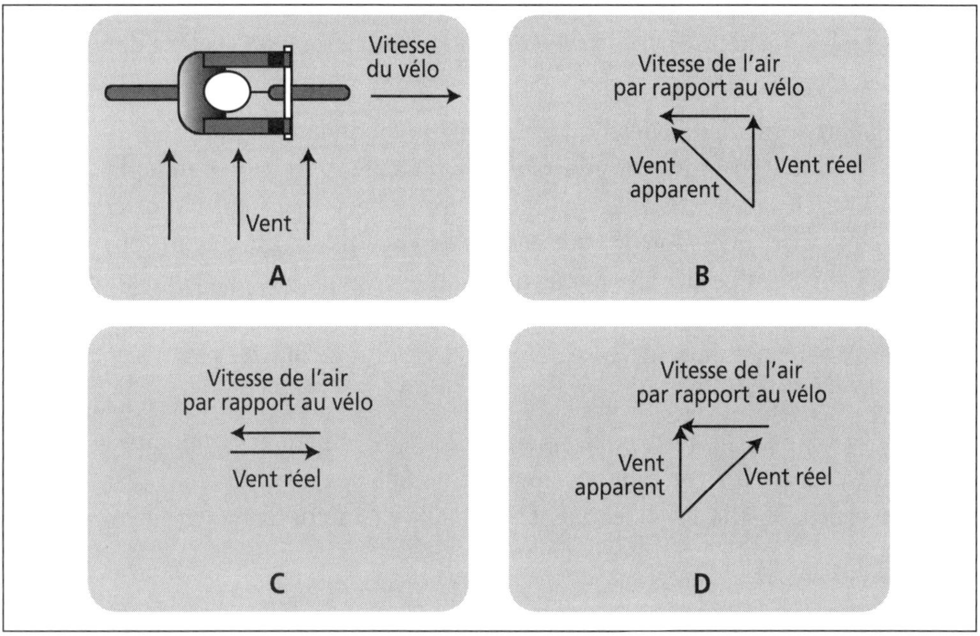

Le *schéma A* représente la situation, vent et mouvement du cycliste, par rapport au sol. Les vitesses et leurs directions sont représentées par des flèches. Le *schéma B* illustre l'addition des vitesses de l'air pour la situation représentée *en A*. La vitesse de l'air par rapport au vélo est égale en grandeur à la vitesse du vélo (mais elle est en sens opposé). On constate qu'avec un vent réel de côté, la vitesse du vent apparent devient plus grande (la flèche est plus longue) que la vitesse de l'air par rapport au vélo. Ce facteur tend à faire augmenter la résistance de l'air. *En C*, un vent réel assez fort venant de l'arrière élimine la traînée : le vent apparent devient nul. Si le vent réel vient de l'arrière avec un certain angle, *en D*, le vent apparent peut être perpendiculaire au mouvement, ce qui entraîne aussi une traînée nulle.

Pis encore, le coefficient de traînée de l'ensemble vélo-cycliste, le C_x, augmente quand l'angle d'incidence du vent apparent (par rapport à la direction du cycliste) augmente. D'après des mesures en soufflerie, quand l'angle passe de 0° à 4°, la traînée augmente d'environ 6 % ! Le C_x et donc la traînée augmentent avec l'angle du vent jusque vers les 20°, avant de diminuer et de devenir nuls pour un angle de 90°. Pour réduire la traînée à zéro, il faut donc un vent réel assez fort venant plus ou moins de l'arrière.

Pour réduire la traînée sans diminuer la vitesse, nos cyclistes doivent diminuer leur surface frontale et leur C_x, qui dépend de leur forme (géométrique, pas physique !). En se penchant le plus possible sur le guidon, par exemple, Pierre réduit sa surface frontale. En même temps, sa position devient plus aérodynamique et son C_x décroît. Par rapport à la traînée obtenue en roulant avec un guidon droit (corps presque à la verticale), rouler avec le corps incliné à 45° (avec un guidon de course, mains appuyées sur les cocottes de frein) permet de réduire la traînée de 20 à 30 % ; rouler en position de course, les mains au creux du cintre, de 40 % ; et rouler avec une position très inclinée, comme avec le type de guidon qui permet au cycliste de s'appuyer sur les avant-bras, de 50 %.

En matière d'efficacité énergétique, le vélo de montagne d'Antoine n'est pas une réussite. Avec ses gros pneus, la résistance de roulement est plus grande. De plus, la position du cycliste – tronc presque droit et épaules écartées – est moins bonne que celle obtenue avec un guidon de course. Mais les copains d'Antoine ont tous ce genre de vélo et ce ne sont pas les arguments rationnels de ses parents qui auraient pu infléchir les désirs de l'ado. Un vélo de montagne a tout de même des avantages : en roulant avec un tel vélo, Antoine va se mettre plus en forme que ses parents !

Outre une position la plus allongée possible, les cyclistes ont d'autres façons de diminuer la traînée. Porter des vêtements bien ajustés permet de réduire la surface frontale. Rouler en file contribue à diminuer notablement la traînée… pour ceux et celles qui roulent derrière, évidemment ! En roulant à moins d'un demi-mètre du vélo de Pierre, Sophie réduit sa traînée d'environ 30 %.

MARCHONS, LA PLAGE EST BELLE

Après avoir roulé une demi-heure, Sophie, Pierre et les enfants arrivent au bout de la route. Ils appuient leurs montures sur une clôture, enlèvent leurs chaussures et vont se balader pieds nus sur le sable chaud de la plage. Quel plaisir !

Beach party

Le sable des plages océaniques a des origines diverses. Il peut provenir de l'érosion par l'eau des roches côtières, surtout si la côte comporte (ou comportait) des falaises constituées de roches tendres, comme le grès des Îles-de-la-Madeleine, dans le golfe du Saint-Laurent, au Québec. Dans les régions tropicales, il arrive que les grains de sable soient des débris de coraux ou d'invertébrés marins, constitués de carbonate de calcium. Si ces grains sont majoritaires, la plage est blanche ! Il y a même des plages noires, dont les grains résultent de l'érosion de matériaux volcaniques.

Plus fréquemment, le sable provient de roches érodées à l'intérieur des terres. Si le sable provient de l'érosion de granit, par exemple, il comporte des cristaux de quartz (vitreux) et de feldspath, minéraux présents dans le granit. Ce sable est transporté par les cours d'eau jusqu'à l'océan puis réparti par les courants côtiers et les vagues le long des côtes.

Par définition, le sable est constitué de particules dont le diamètre va de 0,05 à 2 millimètres. Certaines plages ne comportent que du gravier (particules de 2 à 20 millimètres) ou des galets. Même si ça ne paraît pas quand on n'y reste qu'une journée, une plage est un milieu dynamique en perpétuelle évolution. Les vagues apportent de nouveaux sédiments (sable, gravier, galets) et le flot de retour soustrait des matériaux à la plage. Plus les grains sont petits, plus ils sont entraînés facilement par les vagues. Si une plage est souvent balayée par des vagues très fortes, il peut n'y rester que des galets.

Pour la majorité des gens, la plage est l'étendue de sable qui se trouve sur la côte, hors de l'eau. En réalité, une plage comporte une partie sous-marine et possède une structure caractéristique. L'estran est la portion de la plage se trouvant entre la laisse de haute mer (niveau atteint par les marées hautes) et la laisse de basse mer (niveau des marées basses). C'est sur la laisse de haute mer que s'accumulent les débris apportés par les vagues. Au-delà, vers l'intérieur des terres, se trouvent parfois des dunes formées par le vent venant du large.

Figure 6.1
Profil d'une plage typique

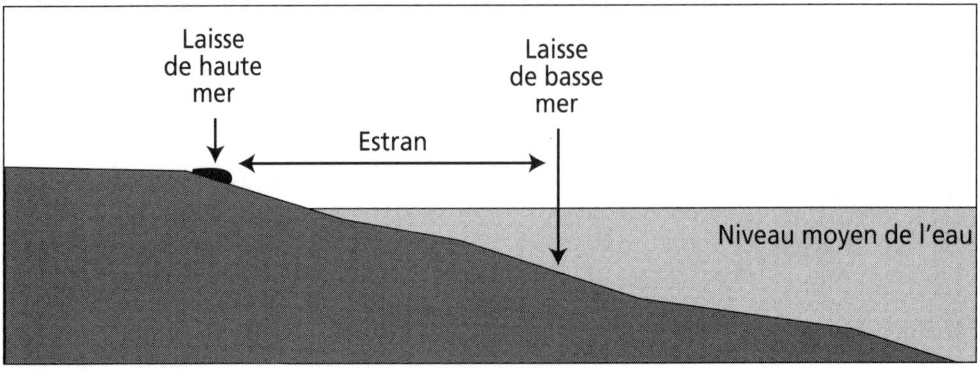

Les plages de sable grossier, de gravier ou de galets sont généralement plus inclinées que les plages de sable fin. Les vagues ont assez d'énergie pour pousser les grosses particules, disons des galets, vers le haut de la plage, mais l'eau qui reflue (le flot de retour) ne s'écoule pas assez vite pour les ramener. Bien sûr, les galets ne s'accumulent pas indéfiniment. Quand la pente de la plage devient suffisante, le flot de retour arrive à entraîner autant de galets que n'en amènent les vagues déferlantes : cette situation d'équilibre n'est atteinte que si la pente est plus raide que pour une plage de sable.

Le fait que l'eau qui reflue va moins vite que les vagues qui arrivent a une autre conséquence. Pour une plage de galets, les galets les plus plats, ceux qu'on utilise pour faire des ricochets (voir le chapitre 9), se trouvent souvent au sommet de la plage. En étant plats, ces galets présentent aux vagues une surface frontale plus petite que des galets ronds : ils sont moins entraînés par le reflux et s'accumulent en plus grande proportion en haut de la plage.

Quand les vagues n'arrivent pas perpendiculairement au rivage, elles donnent naissance à un courant parallèle à la côte, appelé dérive littorale (figure 6.2). Ce courant contribue à déplacer des matériaux le long de la plage.

Chasse aux coquillages

La marée est basse et la plage regorge de trésors. Antoine, Julie et Rachel se mettent en chasse pendant que leurs parents se promènent, le regard vissé au sol eux aussi. Les enfants comprennent vite que le meilleur endroit à explorer est la laisse de haute mer.

C'est là que les débris apportés par la mer – coquillages, algues détachées de leur support, petits animaux morts – sont les plus concentrés. On retrouve aussi ces débris sur toute la largeur de l'estran, mais ils y sont plus dispersés.

Figure 6.2
Mécanisme de déplacement du sable le long d'une plage

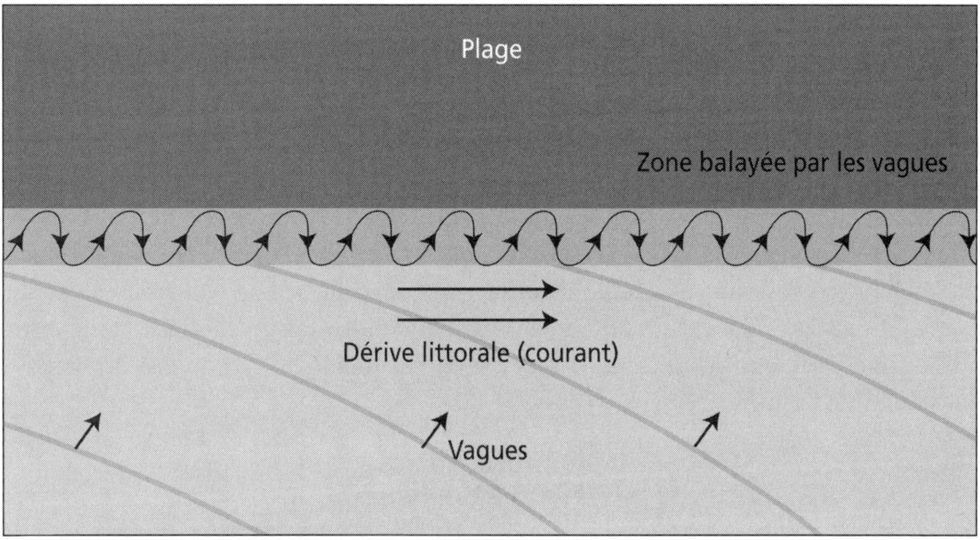

Situation vue d'en haut. Les vagues qui arrivent obliquement entraînent le sable vers le haut de la plage, mais aussi de côté. L'eau qui reflue, entraînée par la gravité, déplace les grains perpendiculairement à la côte. Un grain de sable donné se déplace progressivement le long de la côte.

Rachel est la première à trouver un « beau coquillage blanc » : une valve de mye commune, un mollusque très répandu. Quand la mye est vivante, ses deux valves sont retenues ensemble par un ligament au niveau de la charnière. La mye vit à plusieurs centimètres de profondeur dans le sable, qu'elle creuse à l'aide de son « pied » et en émettant un jet d'eau. Elle respire et se nourrit grâce à deux « tuyaux », les siphons, qu'elle déploie jusqu'à la surface du sable. Leur présence est souvent révélée par un petit trou ; il n'y a qu'un seul trou, car les deux siphons sont enveloppés dans une gaine. Les branchies de la mye lui servent à extraire l'oxygène dissous dans l'eau de mer et aussi à filtrer le plancton, constitué d'algues et d'organismes microscopiques.

Antoine déniche ensuite une valve complète de couteau droit, un autre bivalve très caractéristique dont les valves très allongées et presque droites peuvent atteindre de 15 à 25 centimètres. La coquille est mince et se brise facilement. Tout près, il découvre aussi une valve de moule bleue, un mollusque omniprésent dans les eaux froides et tempérées. Cette moule vivait peut-être sur un rocher voisin : les moules s'attachent à des roches par des filaments collants sécrétés par une glande. Comme la mye commune, la moule bleue filtre l'eau, au rythme d'environ deux litres par heure. Au lieu d'utiliser des siphons, le mollusque s'entrouvre et « pompe » l'eau par une ouverture « inhalante », au bord dentelé, et l'éjecte par une ouverture « exhalante » au bord lisse. Filaments et ouvertures sont facilement observables sur les coquilles et les corps des moules que l'on mange.

Julie se penche et pousse un cri de surprise :

– Regarde, maman, une coquille avec un trou ! Si j'en trouve d'autres, je pourrais me faire un collier !

Julie vient de trouver la coquille d'une mye commune attaquée par un mollusque prédateur, comme la natice de l'Atlantique. Ce charmant carnivore possède une coquille spiralée qui est d'un seul tenant. Il a une tête, des yeux et une trompe buccale au centre de laquelle se trouve une langue râpeuse. La natice perce la coquille d'une proie en alternant attaques chimiques et mécaniques. Elle se fixe temporairement sur la coquille et l'arrose localement d'un acide. Les coquilles des mollusques sont constituées principalement de calcaire (carbonate de calcium, $CaCO_3$), qui se décompose sous l'effet de l'acide.

Figure 6.3
Oursin et coquillages

Un oursin plat et quatre coquillages. De haut en bas : la mye, le couteau, la moule et le buccin.

Expérience • L'acide attaque

Dans un pot de verre, versez quelques centimètres de vinaigre puis ajoutez un morceau de craie, un morceau de coquille d'œuf et un comprimé d'antiacide pour l'estomac. Remarquez les petites bulles qui se forment à la surface de ces matériaux : ce sont des bulles de gaz carbonique (CO_2). Le vinaigre, une solution contenant de l'acide acétique (CH_3COOH), dissout le carbonate de calcium ($CaCO_3$) présent dans la craie, la coquille et l'antiacide, selon la réaction

$$CaCO_3 + 2CH_3COOH \Rightarrow Ca^{+2} + 2CH_3COO^- + CO_2 + H_2O$$

Les ions calcium (Ca^{+2}) et acétate (CH_3COO^-) restent dissous dans l'eau, le CO_2 forme de petites bulles. Les géologues utilisent d'ailleurs la réaction du carbonate de calcium avec l'acide chlorhydrique (HCl) pour identifier les roches formées de carbonate de calcium, comme le calcaire, le marbre et la craie. Comme l'acide chlorhydrique est plus fort que le vinaigre, la réaction est plus rapide et le nombre de bulles plus grand.

Après une vingtaine de minutes de dissolution, la natice enlève le calcaire amolli avec sa langue, puis réinjecte de l'acide, etc. Le travail demande de la patience : il faut souvent près de deux jours pour compléter le trou. Le prédateur n'a alors qu'à introduire sa trompe et tuer et déchiqueter sa proie avec sa langue. Brrr ! Ça donne froid dans le dos.

D'autres mollusques comme les buccins, dont les enfants trouveront une coquille plus loin sur la plage, procèdent autrement. Le buccin, un autre amateur de myes communes, entoure un bivalve à l'aide de son pied puis insère le bord externe de sa coquille entre les valves de sa proie pour les entrouvrir sous l'effet de la pression. Il peut alors introduire sa trompe pour déguster son dîner.

Le crabe, dont les enfants dénicheront aussi pattes, pinces et carapaces d'individus morts ou ayant mué, se nourrit aussi de mollusques. Dans son cas, pas de fantaisie : il utilise simplement la force brute, car sa pince est assez puissante pour briser les coquilles.

Pierre et Sophie ne sont pas en reste : ils ont découvert l'esthétique carapace d'un oursin plat, aussi appelé dollar des sables (*sand dollar* en anglais). La carapace (test) calcaire, en forme de disque, est plate du côté ventral et légèrement bombée du côté dorsal. Ce dernier côté est recouvert de courtes épines quand l'oursin est vivant. Quand les épines sont tombées, on constate que la face dorsale porte une figure ayant la forme d'une fleur à cinq pétales ; au centre se trouvent de petits trous qui servent à la dispersion des gamètes (cellules reproductrices) de l'oursin. Au milieu du côté ventral se trouve la bouche, par laquelle l'oursin absorbe les particules organiques qu'il tire des sédiments. Une autre ouverture apparaît sur le bord du disque : c'est l'anus.

Les algues, la vie sur Terre et la couche d'ozone

Dans la région supérieure de l'estran où furètent Antoine, Julie et Rachel, de nombreuses algues arrachées à la mer par les vagues et les marées parsèment la plage. Les algues ne comportent pas de vaisseaux de transport, de racines ni de tissus de soutien, contrairement aux végétaux terrestres qui tirent leur eau et la majorité de leurs nutriments du sol. Chez les algues, l'eau et les substances dissoutes diffusent directement dans les cellules. Ce mécanisme impose aux grandes algues une forme plate ou filamentée.

La majorité des algues sont toutefois microscopiques. Elles couvrent des roches submergées, les rendant souvent glissantes. Certaines adhèrent au calcaire des coquilles de mollusques et donnent à ces coquilles une couleur verte. La plupart vivent en suspension dans l'eau et constituent le phytoplancton.

Il existe des algues vertes, brunes et rouges. Les algues vertes, tout comme les plantes terrestres, effectuent la photosynthèse (chapitre 1) grâce à la chlorophylle qu'elles contiennent. Elles absorbent la lumière du soleil et l'utilisent comme source d'énergie pour, à partir d'eau et de gaz carbonique, synthétiser des glucides et d'autres molécules, stockant l'énergie sous forme chimique.

Quant aux algues brunes et rouges, outre la chlorophylle, elles contiennent d'autres pigments pour capter la lumière et transférer l'énergie à la chlorophylle. Un de ces pigments, l'astaxanthine ($C_{40}H_{52}O_4$), un caroténoïde naturel, s'accumule dans la chaîne alimentaire. Le phytoplancton, qui contient de l'astaxanthine, est absorbé par le zooplancton et les crustacés, qui sont eux-mêmes mangés par certains poissons, comme le saumon sauvage, dont la chair en devient colorée. Le saumon d'élevage aurait une chair blanche si on n'ajoutait pas à sa moulée de l'astaxanthine synthétique.

C'est aussi l'astaxanthine qui confère à la carapace du homard cuit sa belle couleur rouge. Chez le homard vivant, l'astaxanthine est liée à une protéine, formant un ensemble de couleur noire. Lors de la cuisson, le complexe astaxanthine-protéine se dissocie et la couleur rouge de l'astaxanthine apparaît.

La synthèse de composés chimiques effectuée par les algues est à la base de la chaîne alimentaire dans les océans, tout comme la photosynthèse accomplie par les plantes terrestres soutient la vie sur les continents. La photosynthèse se traduit aussi par la libération d'oxygène (O_2) : on estime que les algues produisent environ 50 % de l'oxygène relâché dans l'atmosphère terrestre. En fait, c'est grâce aux algues marines, et aux bactéries photosynthétiques qui les ont précédées et côtoyées, que la vie existe sur les continents.

Il y a des milliards d'années, l'atmosphère de la Terre était constituée surtout de gaz carbonique, de vapeur d'eau et d'azote émis par les volcans. Le refroidissement de la surface ayant permis la formation d'océans, les premières cellules s'y sont développées très tôt, peut-être il y a quatre milliards d'années, selon ce qu'en révèlent des fossiles microscopiques. Les micro-organismes photosynthétiques marins ont relâché de l'oxygène dans l'eau, d'où cet oxygène diffusait lentement dans l'atmosphère.

L'oxygène est un gaz passablement réactif : il est à l'origine de la combustion, de la corrosion, du rancissement des lipides... Longtemps, l'oxygène injecté dans l'atmosphère a réagi avec les minéraux de la surface terrestre et donc a été rapidement soustrait de l'atmosphère. Mais une fois l'OXYDATION des roches à peu près complétée, il y a environ deux milliards d'années, l'oxygène a commencé à s'accumuler dans l'atmosphère, jusqu'à atteindre la proportion de 21 % qui se maintient aujourd'hui.

La présence d'oxygène dans l'atmosphère a eu un effet majeur : elle a permis la formation de la couche d'ozone. Dans la haute atmosphère, les rayons ultraviolets brisent les molécules d'oxygène (O_2) en deux atomes. Ces atomes d'oxygène (O) peuvent se lier chacun à une molécule d'oxygène pour former une molécule d'oxygène triatomique (O_3) : l'ozone. L'ozone est réparti entre 10 et 40 kilomètres d'altitude, à une concentration d'environ une molécule d'ozone... pour 100 000 molécules d'air. Si tout l'ozone se trouvait concentré à la pression atmosphérique, il constituerait une couche de seulement trois millimètres d'épaisseur !

La molécule d'ozone est peu stable. Quand elle absorbe un photon visible ou ultraviolet, elle se brise en une molécule d'oxygène diatomique (O_2) et un atome d'oxygène (O). Cet atome d'oxygène peut se lier de nouveau à une autre molécule d'oxygène diatomique, etc. Bien que beaucoup de dissociations et de combinaisons se produisent, il s'établit dans la stratosphère un équilibre entre l'oxygène atomique (O), l'oxygène moléculaire (O_2) et l'ozone (O_3).

L'ozone bloque la majeure partie des rayons ultraviolets arrivant sur Terre, surtout les rayons UV-B, ayant une longueur d'onde entre 280 et 320 nanomètres, et les UV-C, de longueur d'onde inférieure à 320 nanomètres. Ça tombe bien, car ces rayons ont assez d'énergie pour provoquer des mutations chez les plantes et les animaux qui y seraient exposés. La vie sur les continents n'a pu se développer et prospérer qu'après la formation de la couche d'ozone (de ce point de vue, nous devons notre existence aux algues !). Dans les océans, les ultraviolets ne nuisent guère à la vie, car l'eau les bloque sur une faible distance.

Ironiquement, la vie ne peut exister sur les continents que grâce à la couche d'ozone, mais elle n'aurait probablement pas pu se développer sur Terre s'il y avait eu une couche d'ozone dès le début. En effet, on croit que les ultraviolets traversant l'atmosphère ont fourni l'énergie nécessaire à la synthèse chimique de nombreux composés organiques qui ont mené à l'apparition des premières cellules.

Des algues au dîner

Les grandes algues que l'on peut apercevoir en bord de mer ne peuvent pas s'implanter dans le sable, car les algues n'ont pas de racines. Elles se fixent aux roches grâce à un disque adhésif. Certaines espèces possèdent des vésicules aérifères, de petits sacs remplis d'air, qui les aident à se dresser afin de mieux capter la lumière. Il ne faut pas confondre ces vésicules avec les réceptacles enflés, souvent situés au bout des « rameaux », qui portent les cellules reproductrices des algues.

Plusieurs espèces sont comestibles et certaines sont même cultivées. Évidemment, les algues que l'on mange doivent être récoltées fraîches. Celles que côtoient actuellement les enfants ne leur donnent pas tellement envie d'en manger. Une fois hors de l'eau, les grandes algues dépérissent et servent de refuge et de nourriture à de nombreux organismes. Des mouches viennent y pondre leurs œufs, de façon à ce que les larves qui naîtront puissent se nourrir d'algues en décomposition. Des crustacés, des vers, des acariens et des bactéries se lancent aussi à la curée. Les algues se transformeront ultimement en terreau qui, lors d'une future grande marée, retournera fertiliser l'océan.

Les algues brunes et rouges produisent des polysaccharides fort prisés par l'industrie alimentaire. Les polysaccharides sont de grosses molécules constituées de centaines de glucides simples. La cellulose et l'amidon sont des polysaccharides à longue chaîne constitués de molécules de glucose. Alors que la cellulose est très répandue chez les plantes terrestres, elle est à peu près absente chez les algues. Par contre, ces dernières synthétisent des composés, comme l'agar-agar, la carragénine et l'algine, dont l'unité de base n'est pas le glucose.

L'algine est un terme général désignant à la fois l'acide alginique (qui porte un groupement $-COOH$), un composé insoluble dans l'eau, et les alginates, des composés avec un groupement $-COO^-$ lié à un ion. L'alginate de sodium ($-COONa$), par exemple, est soluble dans l'eau. Ces substances sont présentes dans les parois des cellules ou entre les cellules des algues. Les algues brunes contiennent de 18 à 40 % d'algine.

On ne peut pas digérer les polysaccharides provenant des algues (tout comme la cellulose) et donc ils n'ont pas de valeur nutritive... ce qui n'empêche pas de manger des algues ! À cause de leur viscosité assez élevée, ils constituent d'excellents agents épaississants ou stabilisants. Par exemple, une solution aqueuse contenant 3 % d'alginate de sodium ne coule presque pas, même avec 97 % d'eau ! On retrouve ainsi l'agar-agar, la carragénine et les alginates dans la crème glacée, les sauces, les vinaigrettes, les puddings, certains produits laitiers, les garnitures de tartes, les glaces de gâteaux, etc. La fameuse tartinade Cheez Whiz contient de l'alginate de sodium. Le « piment » des olives farcies est à base d'alginate de calcium, additionné de saveur de piment et de colorant rouge.

La prise d'empreintes en dentisterie ou lors d'enquêtes policières se fait avec de l'alginate de calcium (voir l'expérience ci-dessous). L'agar-agar entre dans la composition des milieux de culture utilisés en microbiologie.

Expérience • Un composé d'alginate

Versez un filet de Gaviscon liquide, un antiacide contenant de l'alginate de sodium, dans un bol peu profond contenant du jus d'orange **enrichi en calcium**. Répétez (versez quelques autres filets). Des filaments flexibles se forment. Touchez-en un avec un doigt ou un ustensile.

Attendez une ou deux heures et extrayez un autre filament : il sera devenu plus solide. Pour réaliser une expérience plus complète, vous pouvez verser un filet de Gaviscon dans un bol contenant de l'eau, afin de comparer.

Les ions calcium du jus d'orange prennent la place des ions sodium présents dans le Gaviscon et forment des liens entre les molécules d'alginate, engendrant un gel. Un gel est un réseau constitué de molécules liées et enchevêtrées retenant un liquide (les gelées de fruits, le yaourt sont aussi des gels).

Les beaux cailloux mouillés

Après avoir exploré la laisse de mer, Antoine, Julie et Rachel sont allés fouiller au bord de l'eau, en zone peu profonde. Là aussi, il y a plein de détails intéressants. Certains petits crustacés, dont la majorité ne font que quelques centimètres, y fouissent à la recherche de nourriture. Des trous à la surface du sable signalent, comme on l'a vu, la présence de mollusques enfouis eux aussi. Certains vers vivant dans le sable déposent à la sortie de leur terrier un cordon, entortillé plus ou moins en forme de spirale, contenant leurs excréments mêlés à du sable.

Les cailloux trouvés en eau peu profonde ou léchés par les vagues ont souvent des couleurs magnifiques, au point que les enfants en ramassent aussi. Au bout de quelques minutes, toutefois, Rachel est toute triste : elle vient de remarquer que les couleurs des cailloux sont devenues ternes. Même chose pour les coquillages ! Serait-ce un phénomène d'oxydation ? Non : le changement de couleur observé ici est dû simplement à l'évaporation de l'eau.

Pour saisir ce qui se passe, il faut comprendre d'où viennent les couleurs des objets.
La majeure partie des couleurs que nous observons résultent de l'absorption sélective de la lumière par un matériau. La lumière pénètre dans un objet, devient colorée parce que certaines longueurs d'onde sont absorbées plus que d'autres en passant dans les

pigments de l'objet, puis est réfléchie et ressort. La lumière qui est simplement réfléchie à la surface des objets, sans y pénétrer, est peu colorée.

Figure 6.4
Origine de la couleur d'un caillou

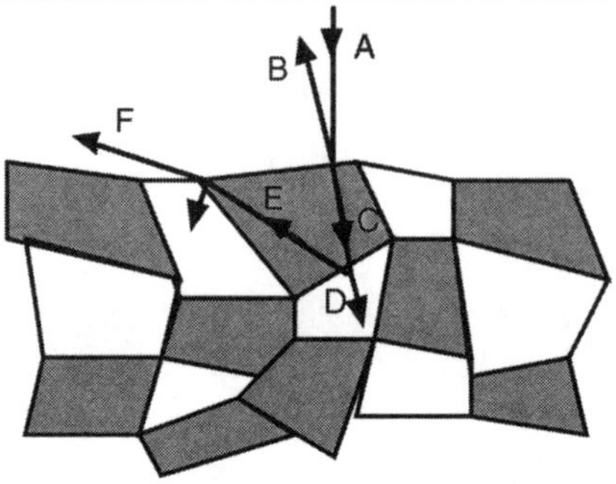

Une infinité de rayons de lumière blanche arrivent de toutes les directions sur le caillou. Considérons un rayon A de lumière blanche qui arrive sur le caillou. Celui-ci est constitué de divers cristaux, transparents et colorés.

Une partie de la lumière est réfléchie à la surface (rayon B) et reste blanche. Le reste (rayon C) pénètre dans un cristal coloré qui agit comme un filtre : la couleur du rayon change à mesure qu'il se propage. À l'interface suivante, une partie de la lumière (rayon D) passe dans un autre cristal et subira d'autres réflexions, transmissions et absorptions. Une partie de la lumière colorée (rayon E) est réfléchie à l'intérieur du même cristal coloré et finira par sortir du caillou (rayon F). Ce sont de tels rayons qui nous permettront de distinguer la couleur du caillou.

S'il y a de l'eau en surface, le rayon B est moins intense, les rayons C, D, E et F sont plus intenses. Les rayons sortant du caillou étant plus intenses, la couleur du caillou paraît plus saturée.

Les couleurs intenses des cailloux mouillés découlent de la présence de l'eau en surface. Les propriétés optiques de l'eau et de la roche font que cette pellicule d'eau augmente la quantité de lumière qui pénètre à l'intérieur des cailloux avant d'en ressortir colorée. La lumière réfléchie devient davantage colorée et les couleurs sont plus saturées, plus profondes.

Le même effet se produit dans diverses situations. Les couleurs d'abord intenses de l'aquarelle (la « peinture à l'eau ») s'affadissent dès que la peinture et le papier sèchent. Une cire ou un vernis (évidemment transparents) ont le même effet que l'eau. Quand nous vernissons du bois ou une céramique ou cirons un plancher, le grain du bois est rehaussé et les tuiles du plancher paraissent moins ternes grâce à la couche de vernis ou de cire. De la même façon, l'asphalte apparaît plus noir quand il est mouillé. Et Sophie aime bien regarder Pierre quand il est en sueur, comme tout à l'heure quand il roulait en vélo, car il a alors l'air plus bronzé et encore plus beau.

Cet effet est d'ailleurs utilisé par les photographes de mode, qui mouillent leurs modèles avec un atomiseur.

Pare-soleil

Après une heure d'errance sur la plage, nos randonneurs se préparent à revenir à la civilisation. Il faut d'abord nettoyer ces pieds mouillés et pleins de sable. Antoine, assis sur le sable, agite ses pieds dans les airs pour les faire sécher plus vite avant de remettre ses chaussettes.

En effet, même après qu'il ait essuyé ses pieds, il reste un mince film d'eau sur la peau d'Antoine. Les molécules d'eau s'évaporent progressivement dans l'air. Comme on l'a vu, quand le pied devient entouré d'une couche d'air dans laquelle les molécules d'eau sont nombreuses, le rythme d'évaporation global diminue, car certaines molécules d'eau présentes dans l'air retournent, au hasard de leurs pérégrinations, sur la surface du pied. En agitant ses pieds, Antoine remue l'air et s'assure que ses pieds sont entourés d'une couche d'air contenant peu de molécules d'eau, ce qui accélère l'évaporation. C'est le même principe qu'appliquaient les abeilles asséchant le nectar dans la ruche.

Les enfants veulent évidemment rapporter tous les « échantillons » récoltés. Pierre et Sophie, en parents expérimentés, avaient prévu le coup : ils ont apporté des sacs de plastique. Dans une semaine, ces sacs et d'autres rempliront les derniers espaces restants dans l'auto… et dans un mois, la majeure partie des cailloux et coquillages iront au fond de la poubelle. Il restera le souvenir du plaisir à se promener sur la plage. Ainsi va la vie.

Comme la Terre n'a pas arrêté de tourner durant la matinée, le Soleil commence à être haut dans le ciel et il faut penser à s'en protéger. Bien que la couche d'ozone absorbe la majeure partie des rayons ultraviolets les plus énergétiques, elle laisse passer une certaine proportion des rayons les moins énergétiques. Au sol, la lumière visible compte pour 39 % de l'énergie reçue du Soleil, l'infrarouge pour 56 % et les ultraviolets pour 5 %.

Plus le Soleil est haut dans le ciel, plus la couche d'air traversée par la lumière solaire est mince et plus la transmission est élevée. Appelons A la quantité d'air dans la direction verticale, vers le zénith. À une latitude de 45° nord (correspondant au sud du Québec et de la France), le Soleil ne passe jamais au zénith. Même au solstice d'été, le 22 juin, il ne s'en approche qu'à 22° quand il est à son plus haut ; le Soleil est alors à 68° de l'horizon. La quantité d'air traversée par les rayons solaires vaut alors 1,08 A. La quantité d'air sera 2 A pour des rayons arrivant à 30° de l'horizon, et 38 A pour des rayons provenant de l'horizon !

Figure 6.5
Couches d'air traversées par la lumière

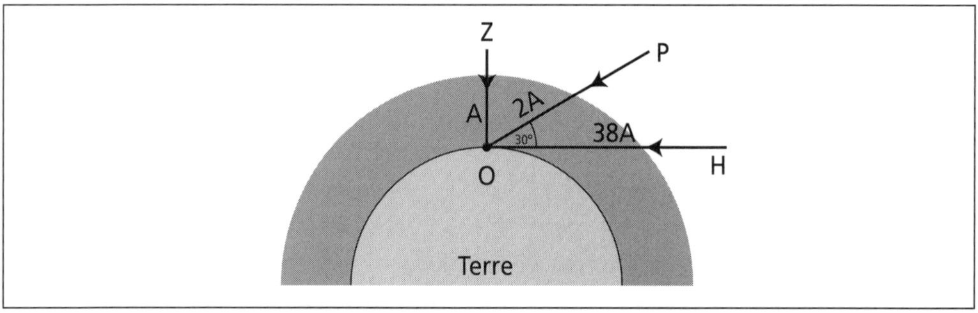

Épaisseur d'air traversée par la lumière pour différentes positions du Soleil dans le ciel : Z pour zénith, H pour horizon, P pour le Soleil à 30° de l'horizon. L'atmosphère est représentée plus épaisse qu'elle ne l'est en réalité. La quantité d'air est A dans la direction verticale, 2 A dans une direction à 30° de l'horizon, et 38 A vers l'horizon.

Si la transmission à travers une couche d'épaisseur A est T_A, la transmission à travers une couche d'épaisseur 2 A sera de T_A^2. À travers une couche d'épaisseur 38 A, elle sera de T_A^{38}. Comme T_A est toujours inférieure à 1 (parce qu'une partie de la lumière est diffusée), la transmission dans la direction de l'horizon peut être très faible. Par exemple, pour $T_A = 0{,}9$, on obtient $T_A^{38} = 0{,}02$: seulement 2 % de la lumière traverse l'atmosphère. Ceci explique pourquoi le soleil couchant ne réchauffe pas. Dans le même ordre d'idées, deux étoiles ayant la même brillance lorsque vues de l'espace peuvent apparaître fort différentes vues du sol si l'une se trouve près de l'horizon alors que l'autre est au zénith.

La transmission de la lumière à travers l'atmosphère est maximale dans le centre du spectre visible, du bleu au jaune. De part et d'autre, elle décroît rapidement. Pour les rayons ultraviolets qui font bronzer, appelés UV-B, la transmission T_A est de l'ordre de 40 % à 320 nanomètres, de 15 % à 310 nanomètres et de 1 % à 300 nanomètres. Ce qui tombe bien, car les UV-B de faibles longueurs d'onde sont nettement plus nocifs que ceux de grandes longueurs d'onde.

Considérons une transmission de 1 % à travers une couche d'épaisseur A. Le tableau ci-dessous indique la transmission des ultraviolets pour différents angles entre le Soleil et le zénith. Quand le Soleil est à 45° de l'horizon, l'atmosphère transmet sept fois moins d'ultraviolets que si le Soleil était au zénith (0,15 % au lieu de 1 %). Pour un Soleil à moins de 30° de l'horizon, ce qui est courant en hiver aux latitudes tempérées, l'atmosphère transmet 100 fois moins d'ultraviolets. Il est alors impossible de bronzer… même si on sort dehors en maillot de bain. Brrr !

Tableau 6.1
Transmission hypothétique des rayons ultraviolets pour différentes positions du Soleil dans le ciel

Angle entre le zénith et le Soleil	Angle entre le Soleil et l'horizon	Couche d'air traversée par les rayons solaires	Transmission des UV
0°	90°	A	1,0 %
22°	68°	1,08 A	0,7 %
45°	45°	1,41 A	0,15 %
60°	30°	2 A	0,01 %

Note : À 45° de latitude, l'angle minimal entre le zénith et le Soleil vaut 22°.

Pierre et Sophie sont au niveau de la mer. Une personne se trouvant en altitude a moins d'air au-dessus de la tête et donc risque davantage d'attraper un coup de soleil. Pour chaque kilomètre au-dessus du niveau de la mer, on reçoit de 15 à 20 % plus d'ultraviolets (dans les premiers kilomètres). Comme la neige réfléchit jusqu'à 80 % des ultraviolets incidents, la pire situation pour notre peau consiste à faire de l'alpinisme ou du ski tout nu près de l'équateur.

Coups de soleil, bronzage et cancers de la peau sont dus principalement aux UV-B, les rayons ultraviolets dont la longueur d'onde va de 280 à 320 nanomètres. En pénétrant dans la peau, les rayons rencontrent successivement la couche cornée (0,01 mm d'épaisseur), l'épiderme (0,1 mm) et le derme (1 à 4 mm). Les UV-A, entre 320 et 400 nanomètres, pourtant moins énergétiques, pénètrent plus profondément que les UV-B parce qu'ils sont moins diffusés.

Environ 80 % des UV-B sont absorbés par la couche cornée. Le reste l'est par l'épiderme, engendrant quelques dégâts. Les UV-B endommagent la membrane ou l'ADN des cellules. Il s'ensuit une réaction inflammatoire, avec libération d'histamines et vasodilatation des capillaires dans le derme : après quelques heures, la peau devient rouge. Ouche !

Le bronzage constitue une réaction de protection. Dans les mélanocytes, des cellules situées à la base de l'épiderme, les UV-B déclenchent toute une série de réactions catalysées par des enzymes. La tyrosine, un acide aminé, se transforme en mélanine, une protéine brune. La mélanine est transférée dans les cellules adjacentes et migre avec ces cellules dans la couche cornée. Tout le processus prend un ou deux jours, ce qui explique que le bronzage n'apparaît pas instantanément.

Une fois synthétisée, la mélanine protège les couches profondes de la peau, car elle absorbe beaucoup la lumière visible et les ultraviolets. Pour une personne qui bronze bien, un bon bronzage correspond à un facteur de protection solaire (FPS) naturel de

5 à 10 : les couches superficielles de la peau bronzée ne laissent passer que de 1/5 à 1/10 des UV-B qui seraient passés sans bronzage. Autrement dit, la personne peut rester 5 à 10 fois plus longtemps au soleil que si elle n'était pas bronzée.

Les UV-B sont mutagènes et l'absorption répétée d'UV-B augmente les risques de cancer de la peau. Ces rayons ont un seul effet bénéfique : ils déclenchent dans la peau la synthèse de la vitamine D_3 (ou cholécalciférol), qui favorise l'absorption du calcium et la calcification des os. Une insuffisance de vitamine D entraîne le rachitisme chez les enfants et l'ostéomalacie (ramollissement des os) chez les adultes.

Passer environ 15 minutes au soleil suffit pour obtenir la dose quotidienne recommandée de vitamine D. Évidemment, la durée varie en fonction de la latitude, de la saison, des vêtements portés... Dans les pays nordiques, en automne et en hiver, il arrive que l'exposition au soleil soit insuffisante pour synthétiser la dose recommandée. Il est alors préférable de consommer des produits laitiers, enrichis en vitamine D, ou des suppléments. On retrouve aussi de la vitamine D dans l'huile de foie de morue, de sinistre mémoire pour des générations d'enfants... Le lait maternel contient très peu de vitamine D et pour éviter le rachitisme, il est préférable de donner aux bébés nourris au sein un supplément de calcium en gouttes.

Les rayons UV-A ont, eux aussi, des effets nocifs. Par exemple, ils contribuent pour environ 15 % aux coups de soleil. Même quand on est bien caramélisé et qu'on ne risque plus le coup de soleil, les UV-A attaquent encore la peau. Ils pénètrent jusqu'au derme et y endommagent les protéines constituant les tissus conjonctifs, accélérant la dégénérescence des fibres élastiques et le vieillissement de la peau. De plus, ils amplifient l'effet cancérigène des UV-B.

C'est pour éviter un coup de soleil et ces dommages cutanés que nos excursionnistes se couvrent maintenant de lotion solaire. Il existe deux types de lotions. Les écrans solaires, surtout utilisés pour les enfants, comportent des particules opaques qui diffusent et réfléchissent les rayons solaires. Les substances utilisées sont surtout le dioxyde de titane (employé aussi comme opacifiant dans les peintures, la pâte dentifrice, etc.), l'oxyde de zinc (qu'on retrouve aussi dans les onguents pour les fesses de bébé) ou le talc.

Quant aux filtres solaires, plus courants, ils contiennent divers composés qui absorbent les UV-B, les UV-A ou les deux. Évidemment, cette énergie ne disparaît pas en fumée. Les molécules cèdent l'énergie absorbée en transférant de la chaleur à la peau ou en émettant des rayonnements moins énergétiques que les ultraviolets. Les produits les plus utilisés sont les cinnamates, les benzophénones et les esters de PABA (acide para-aminobenzoïque).

La plupart de ces produits absorbent à la fois les UV-A et les UV-B... mais il n'y a aucun moyen d'en être sûr pour le consommateur. Le FPS ne fait référence qu'à la proportion d'UV-B bloqués: un FPS de 20 signifie que la lotion ne laisse passer que 5 % (un vingtième) des rayons UV-B. Mais le FPS ne nous dit rien sur la transmission des UV-A; généralement, les UV-A sont davantage transmis que les UV-B.

Pis encore, la proportion d'ultraviolets bloqués dépend de la quantité de lotion étalée… qui n'est pas spécifiée sur les bouteilles! Les FPS annoncés sont obtenus en appliquant deux milligrammes de lotion par centimètre carré de peau. Pour une personne de taille moyenne qui s'en met sur tout le corps, ça correspond à environ 25 millilitres de lotion! Lors d'une étude effectuée en laboratoire, on a constaté que les gens se mettent moins de lotion que la quantité théorique nécessaire; en moyenne, un FPS de 10 chute ainsi à 5!

Comme les filtres solaires sont plus efficaces s'ils se lient à la couche cornée, il est préférable d'appliquer la lotion environ une demi-heure avant d'aller au soleil. On recommande également d'en remettre aux deux heures.

Évidemment, d'autres moyens de protection existent: éviter l'exposition en milieu de journée, porter un chapeau et des vêtements longs… mais c'est peu pratique en vélo! Un tissu typique, comme celui d'un T-shirt (140 grammes par mètre carré), bloque de 90 à 95 % des UV-B, ce qui correspond à un FPS situé entre 10 et 20. Si le tissu est mouillé, l'eau augmente la transmission des UV et le FPS chute légèrement.

Rester à l'ombre est une bonne idée, quoiqu'il y a ombre et ombre. En effet, une forte proportion des photons ultraviolets arrivant au sol ont été diffusés par des molécules de l'atmosphère: les molécules les ont absorbés puis réémis dans une direction différente de la direction initiale. Les ultraviolets sont davantage diffusés que la lumière visible. À l'ombre d'un arbre isolé, on reçoit peu d'ultraviolets arrivant directement du Soleil («peu», et non «pas», car quelques rayons passent entre les feuilles), mais on en reçoit venant du ciel. La proportion dépend de l'endroit où on se trouve sous l'arbre, de la hauteur du Soleil dans le ciel et de la proportion du ciel couvert par les nuages.

Ainsi, sous un arbre isolé, pour le Soleil se trouvant à 45° du zénith dans un ciel sans nuages, l'intensité de la lumière visible frappant une surface horizontale ombragée est réduite de 90 % par rapport à celle qui serait reçue en plein soleil. Cependant, l'intensité des rayons UV-B n'est réduite que de 50 à 60 %! La protection offerte par l'arbre est heureusement meilleure si le Soleil est plus près du zénith. En outre, parce qu'ils contribuent à la diffusion, des nuages couvrant de 10 à 60 % du ciel ne réduisent pas l'arrivée des ultraviolets, et peuvent même l'augmenter si le Soleil est à 50 ou 60° du zénith. En se mettant à l'ombre d'un arbre, on bronze donc moins vite qu'en plein soleil, mais on peut quand même brûler si on ne met pas de lotion solaire. Évidemment, la protection est meilleure à l'ombre d'un groupe d'arbres, mais là aussi, il ne faut pas compter sur le blocage complet des ultraviolets.

Coup de frein

Beurrés de lotion solaire, nos cyclistes s'envolent vers le village et le chalet d'oncle Yvon comme des chevaux qui retournent à l'écurie. Avec le vent dans le dos, la route est parcourue en un temps record. Sophie, Julie et Rachel s'arrêtent au terrain de jeux, près de l'église du village, pendant que Pierre et Antoine font un petit saut à la boulangerie-pâtisserie. En arrivant, Antoine freine en faisant déraper son vélo, pour s'amuser… et aussi un peu pour narguer son père, qui craint de telles acrobaties.

La force impliquée dans le freinage ralentit le mouvement du vélo, donc est dirigée vers l'arrière. Les freins ralentissent la rotation des roues, qui tendent alors à glisser sur le sol vers l'avant. Les roues exercent donc une force de frottement sur le sol vers l'avant, et le sol «réagit» (encore l'action-réaction) en exerçant une force de frottement sur les roues vers l'arrière. Cette force est transmise, par les rayons des roues et les moyeux, au cadre du vélo, qui ralentit.

Cette analyse explique pourquoi la distance nécessaire pour arrêter est plus grande si la route est bosselée. À chaque bosse ou trou, le vélo quitte le sol et à ce moment, la route ne peut pas exercer de frottement.

Dans les meilleures conditions possibles, un cycliste roulant à 25 km/h prend près d'une seconde et demie pour arrêter; durant ce temps, il parcourt au moins cinq mètres. Ce n'est pas vrai qu'un vélo arrête sur une pièce de monnaie! S'il pleut, la distance de freinage est au moins quadruplée, car l'eau réduit de 90% le frottement entre les patins de frein et les jantes.

Quand Antoine roule à vitesse constante sur le plat, la roue arrière supporte environ 60% du poids de l'ensemble vélo+cycliste, parce que le CENTRE DE GRAVITÉ se trouve plus proche de la roue arrière. Lors du freinage, et surtout lors d'un freinage brutal comme celui qu'il vient de faire, la situation change totalement. La roue avant supporte la majeure partie du poids, jusqu'à 90% ou plus! Le contact entre la roue arrière et le sol devient très faible; c'est pourquoi cette roue dérape facilement.

Terrain de jeux

Pendant qu'Antoine et Pierre hésitent devant toutes les merveilles de la pâtisserie, Julie et Rachel s'amusent sur une balançoire, ou escarpolette. Rachel n'y arrive pas toute seule; Sophie doit la pousser. Ce faisant, Sophie effectue un travail sur Rachel (et la balançoire). Ce travail augmente l'énergie cinétique de Rachel, qui repart plus vite.

Durant la descente, Rachel accélère sous l'influence de la gravité. Son énergie potentielle, proportionnelle à la hauteur au-dessus du sol, se transforme en énergie cinétique. Rachel atteint sa vitesse maximale en passant au point le plus bas. Lors de la montée, la gravité la ralentit et l'énergie cinétique se transforme en énergie potentielle. Sans frottement dans le pivot et sans résistance de l'air, Rachel oscillerait indéfiniment, en remontant à chaque demi-oscillation à la hauteur de départ (si Sophie ne la poussait pas). Les frottements font perdre de l'énergie à Rachel, perte que Sophie doit compenser en poussant régulièrement.

Julie, elle, se balance sans aide. Pour commencer à se balancer, elle s'appuie au sol pour s'écarter de la verticale, puis elle relève ses pieds. La gravité la met en mouvement, mais l'oscillation est de faible amplitude. Comment Julie procède-t-elle pour augmenter l'amplitude sans se pousser sur le sol ?

C'est un peu subtil… mais des millions de jeunes l'accomplissent instinctivement, ou par imitation. Julie agit afin d'augmenter l'amplitude de son oscillation, et son énergie totale (la somme de l'énergie cinétique et de l'énergie potentielle), durant la portion « aller » (vers l'avant) de l'oscillation. En entamant la descente vers l'avant, elle se laisse tomber vers l'arrière jusqu'à ce que ses bras soient tendus (figure 6.6). Les cordes sont maintenant coudées, parce que Julie tire sur elles, et elles exercent sur les bras de Julie une force ayant une COMPOSANTE tangentielle (parallèle au mouvement de la balançoire). Cette force accélère le corps de Julie vers l'avant.

Figure 6.6

Comment augmenter l'amplitude d'oscillation d'une balançoire

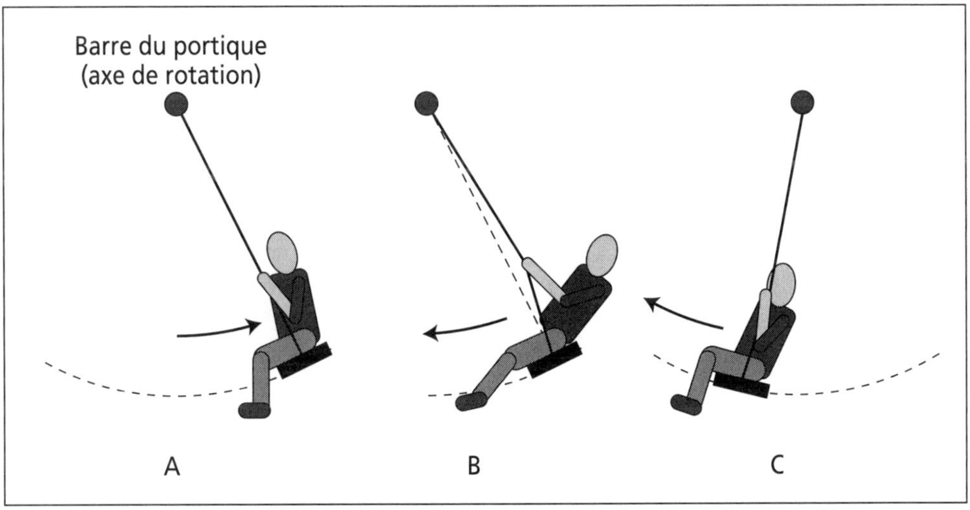

En A, l'enfant termine sa montée. *En B*, l'enfant se laisse tomber vers l'arrière, transformant de l'énergie potentielle en énergie cinétique. *En C*, l'enfant se redresse à la force de ses bras, tirant sur les cordes ; ce travail se transforme en énergie. Ainsi, la balançoire ira plus haut à la fin de la demi-oscillation qu'elle ne l'était au début.

En termes d'énergie, on peut dire que quand Julie se laisse tomber vers l'arrière, de l'énergie potentielle se transforme en énergie cinétique, et Julie gagne davantage de vitesse qu'elle n'en aurait gagnée si elle était restée droite sur le siège.

Cependant, si Julie demeure penchée en arrière durant toute la demi-oscillation « aller », son centre de gravité ne remonte pas plus haut que si elle était restée droite. Pour augmenter l'amplitude, elle doit injecter de l'énergie mécanique dans le système en mettant ses muscles à contribution : elle se redresse au bas de la trajectoire et durant la montée. En montant ainsi son centre de gravité, Julie effectue un travail, qui se transforme en énergie : l'escarpolette monte plus haut.

En théorie, Julie pourrait procéder de la même façon lors de la demi-oscillation vers l'arrière, mais ses bras ne sont pas assez flexibles. Elle demeure droite sur l'escarpolette.

Une fois le retour complété, Julie se laisse aller encore en arrière, abaissant ainsi son centre de gravité… et l'énergie. Cependant, à cause de l'inclinaison de la balançoire, la perte de hauteur et d'énergie à ce moment est inférieure au gain de hauteur et d'énergie obtenu en se redressant au milieu de la trajectoire « aller ». Durant une oscillation complète, les mouvements de Julie entraînent donc un gain net d'énergie. Pour une oscillation d'amplitude constante, ce gain compense les pertes liées au frottement et à la résistance de l'air.

Expérience • Balancez-vous

Placez-vous accroupi sur le siège d'une balançoire, en tenant les cordes, puis mettez-vous en mouvement. Quand la balançoire passe au point le plus bas, levez-vous debout ; quand elle arrive au point le plus haut, accroupissez-vous (ça demande un peu d'entraînement !).

Ces mouvements sont similaires à ceux décrits ci-dessus, sauf qu'ils sont simplifiés et amplifiés. Ils sont fatigants parce qu'il faut se relever sur une plus grande hauteur, donc accomplir un plus grand travail. Mais le résultat est là : l'amplitude d'oscillation augmente beaucoup à chaque oscillation.

Julie et Rachel s'amusent ensuite avec la balançoire d'une autre façon. Rachel étant assise sur le siège, Julie fait tourner la balançoire plusieurs fois sur elle-même, ce qui entortille les cordes. Puis Julie relâche la balançoire. Celle-ci se met à tourner de plus en plus vite autour d'un axe vertical. À un instant donné, les cordes se séparent brièvement, puis la rotation continue et les cordes s'entortillent de nouveau, jusqu'à ce que la balançoire s'arrête. La balançoire repart alors dans l'autre sens. Rachel trouve ce jeu amusant, car elle se sent tout étourdie.

Figure 6.7
Tensions dans les cordes de balançoire

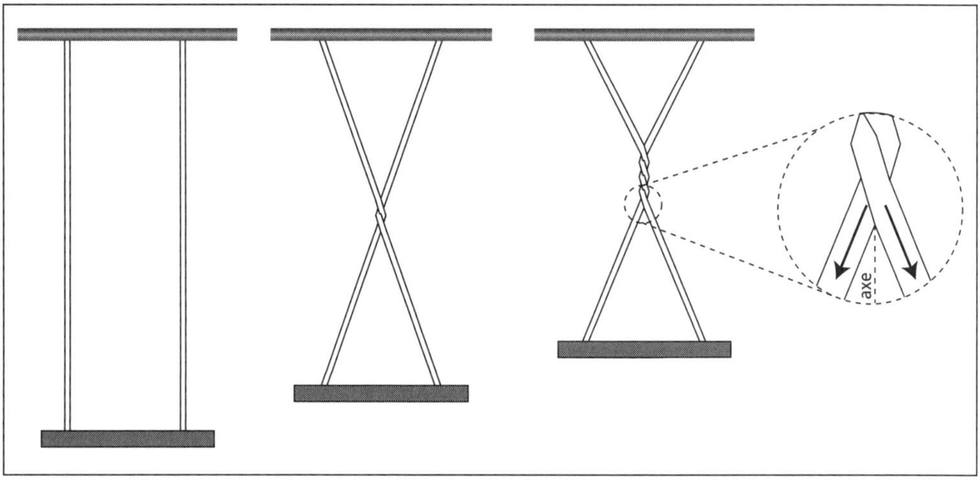

Plus les cordes sont entortillées, plus le siège de la balançoire s'élève. Dans le schéma de droite, les flèches représentent les tensions existant dans les cordes.

Pourquoi la balançoire tourne-t-elle ? Quand le siège et Rachel sont en rotation, ils possèdent de l'énergie cinétique (associée au mouvement). D'où vient cette énergie ? Pour le trouver, il suffit de remarquer qu'avec les cordes entortillées (figure ci-dessus), les pieds de Rachel sont plus loin du sol que quand les cordes sont à la verticale. Rachel étant plus éloignée du sol, elle possède de l'énergie potentielle. À mesure que les cordes se déroulent, Rachel se rapproche du sol et son énergie potentielle se transforme en énergie cinétique : la rotation s'accélère jusqu'à ce que les cordes soient à la verticale. Comme la rotation ne peut s'arrêter instantanément, elle continue et le processus s'inverse : les cordes s'entortillent, Rachel s'élève et l'énergie cinétique se transforme en énergie potentielle, jusqu'à ce que la rotation s'arrête puis recommence dans l'autre sens.

On peut aussi comprendre la rotation en termes de forces. Les cordes de la balançoire sont sous tension sous l'effet du poids du siège et de Rachel. Les tensions dans les cordes engendrent une rotation.

Le retour de Pierre et d'Antoine met un terme à ces exercices très physiques. Nos cyclistes enfourchent de nouveau leurs montures pour se rendre au chalet, accompagnés d'une affriolante odeur de pain chaud et de brioches. Voilà qui donne faim !

HeINZ
KETCHUP
NaCl
CH2=CH-CH2-NCS
CH3COOH

Agapes champêtres

Après cet avant-midi au grand air, les enfants ont l'estomac creux et réclament le dîner à grands cris.

– On mange dehors ou à l'intérieur du chalet ?, demande Pierre, tout en connaissant déjà la réponse.

– Dehors !, répondent les jeunes, enthousiastes.

Pierre et Antoine transportent la table à pique-nique à l'ombre du tilleul pendant que Sophie sort le poêle de camping afin de profiter du beau temps en cuisinant à l'extérieur.

Les poêles de camping

Le poêle de Pierre et de Sophie est un poêle de camping classique en Amérique du Nord : il comporte deux brûleurs et fonctionne au naphte[1]. Pourquoi deux brûleurs ? Un pour faire rôtir les pains à hot-dog et l'autre pour chauffer les saucisses, voyons !

Le naphte, un dérivé du pétrole, est liquide à température ordinaire. Il se compose d'hydrocarbures comportant typiquement de 8 à 12 atomes de carbone. Les hydrocarbures présents dans le naphte ont, en moyenne, une température d'ébullition supérieure à celle des constituants de l'essence pour automobile, qui contiennent de 4 à 12 atomes de carbone. Le naphte est donc moins volatil que l'essence et s'enflamme plus difficilement, ce qui le rend plus sûr.

1. Très utilisé il y a encore une ou deux décennies, ce type de poêle est maintenant détrôné par le poêle au propane, plus simple d'utilisation. Toutefois, les poêles au propane génèrent beaucoup plus de déchets que les poêles au naphte, car les petites bonbonnes de propane ne peuvent pas être remplies de nouveau, et prennent donc le chemin du dépotoir après deux ou trois repas. C'est pourquoi l'auteur favorise, dans sa vie en plein air et dans ce livre, le poêle au naphte.

   Notons que pour une société qui prétend être plus soucieuse de l'environnement, le progrès mène souvent à de semblables contradictions. On n'a qu'à penser à la popularité des climatiseurs, des couches jetables, des démarreurs à distance, des motomarines…

Figure 7.1
Vue en coupe d'un poêle au naphte

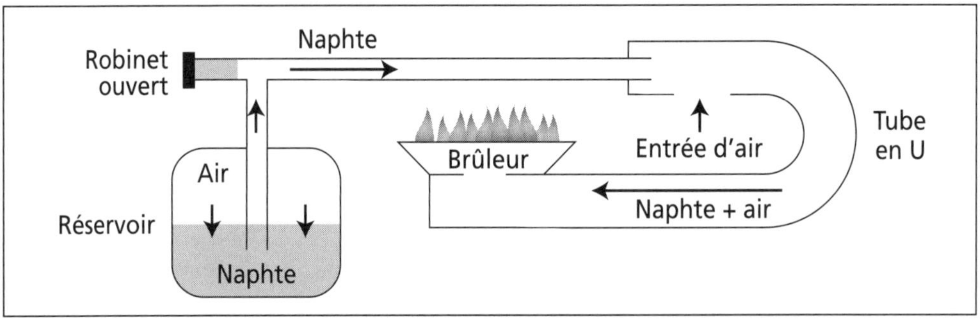

Sophie s'escrime sur la petite pompe intégrée au réservoir de naphte. Cette pompe permet de comprimer l'air et les vapeurs de naphte présentes dans le réservoir. Après avoir fini de pomper, Sophie ouvre le robinet du brûleur de droite. Sous la pression, le naphte liquide progresse dans le mince tuyau sortant du réservoir. Du tuyau, le naphte jaillit d'un gicleur dans un tube plus gros percé de trous par lesquels l'air pénètre. Le naphte est ainsi pulvérisé en fines gouttelettes qui se mélangent à l'air.

Cette pulvérisation facilite la vaporisation du combustible et sa mise en contact avec l'oxygène de l'air, essentiel à la combustion. C'est vrai pour la plupart des combustions (essence, bois, bougie) : ce n'est pas le combustible liquide ou solide qui brûle mais sa vapeur mélangée à l'air.

Au bout du gros tube, recourbé en forme de U, le mélange air-naphte sort par le brûleur. Sophie enflamme le mélange au moyen d'une allumette. Une flamme jaune et haute de 10 à 20 centimètres jaillit. Spectaculaire… et stressant ! Ce « feu d'artifice » provient du naphte qui s'est condensé sur les surfaces froides du tube et du brûleur. Une fois cet excédent brûlé, la flamme devient régulière. Comme le tuyau mince passe au-dessus du brûleur, la chaleur vaporise le naphte qui provient du réservoir, améliorant la combustion et l'efficacité du poêle.

Les poêles au naphte sont moins populaires qu'auparavant. D'autres types de poêle, ou plus exactement d'autres types de combustibles, sont plus faciles d'utilisation. Le propane, C_3H_8, et l'isobutane, C_4H_{10}, sont des molécules plus petites que celles qui constituent le naphte. Comportant moins d'atomes, leurs molécules forment moins de liaisons intermoléculaires. Il en résulte que le propane et l'isobutane s'évaporent facilement : leurs points d'ébullition sont respectivement de –42 °C et de –11 °C, alors que celui de l'octane (C_8H_{18}), par exemple, vaut 126 °C. À la température ambiante et sous pression atmosphérique, propane et isobutane sont gazeux et donc très faciles à enflammer. Notons que les réservoirs de « butane » vendus pour le camping contiennent en fait de l'isobutane. Le butane a un point d'ébullition de 0 °C, ce qui fait qu'il s'évapore et s'enflamme mal à basse température.

Figure 7.2

Structures chimiques du propane, du butane et de l'isobutane

$CH_3 - CH_2 - CH_3$	$CH_3 - CH_2 - CH_2 - CH_3$	$CH_3 - CH - CH_3$ (avec CH_3 sur le carbone central)
Propane (C_3H_8)	Butane (C_4H_{10})	Isobutane (C_4H_{10})

Pour emmagasiner assez de butane ou de propane dans un réservoir, il faut liquéfier le gaz. Dans le réservoir fermé, une partie du liquide se vaporise dans l'espace disponible. À 20 °C, la pression de la vapeur du propane est environ sept fois plus grande que la pression atmosphérique. Il faut donc un réservoir assez épais pour supporter cette pression élevée. La présence de la vapeur offre tout de même un avantage : dès que la valve est ouverte, cette vapeur sous pression sort et parvient au brûleur. Avec un tel poêle, Sophie n'aurait pas eu à pomper !

Dans un réservoir d'isobutane ou de propane, la pression de la vapeur diminue quand la température décroît parce que les molécules ont moins d'énergie pour quitter le liquide. À –11 °C, l'isobutane reste liquide à pression normale et ne sort plus de son réservoir. En pratique, sous des températures inférieures au point de congélation, un poêle brûlant de l'isobutane ne fonctionne pas : ce n'est pas un bon poêle pour le camping d'hiver… ou même d'automne. Pour contourner ce problème, certaines marques de « butane » contiennent de 10 à 30 % de propane, qui se vaporise davantage et est un peu plus efficace à faible température.

Saucisses charcutées

Une fois le brûleur allumé, Pierre installe une poêle au-dessus, y verse un peu d'huile d'olive, puis y dépose quelques saucisses. Le bas de la poêle se réchauffe grâce aux rayons infrarouges dégagés par la flamme et grâce aux gaz chauds qui s'élèvent par convection et s'écoulent le long du fond de la poêle. Par conduction, les atomes métalliques du bas de la poêle gagnent de l'énergie cinétique.

Pour que les saucisses cuisent, la chaleur doit parvenir à la surface supérieure de la poêle. Les atomes du bas de la poêle ayant gagné de l'énergie, ils vibrent davantage et transfèrent une partie de leur énergie cinétique aux atomes voisins, en interagissant avec eux. D'atome en atome, l'énergie cinétique est ainsi transférée d'une région chaude à une région froide, ce qui réchauffe l'ensemble du métal.

La conduction de chaleur peut se produire dans n'importe quel matériau : solide, liquide ou gazeux. Mais il suffit d'avoir empoigné (ouille !) une cuillère de métal laissée dans une casserole en train de chauffer pour constater que les métaux conduisent mieux la chaleur que les isolants. C'est pour cette raison qu'une baignoire métallique nous paraît froide : le métal évacue facilement la chaleur dégagée par le corps, qui perçoit cette perte de chaleur.

Les métaux ont cette propriété parce que dans un métal, la conduction ne s'effectue pas seulement grâce aux interactions directes entre atomes. Elle résulte aussi du fait qu'une fraction des électrons ne sont pas liés à un atome particulier, mais peuvent se déplacer à grande distance (ce sont d'ailleurs ces électrons libres qui assurent la conduction du courant électrique dans les métaux). Par interaction avec les atomes du métal ayant le plus d'énergie, les électrons libres peuvent gagner de l'énergie cinétique et, en se déplaçant et en entrant en collision avec d'autres électrons, transférer l'énergie rapidement à grande distance.

Une fois la poêle bien chaude, la chaleur passe ensuite par conduction et radiation aux saucisses elles-mêmes. Le même phénomène se répète : le bas des saucisses se réchauffe et, lentement, la conduction répand la chaleur dans l'ensemble de la saucisse. Pour accélérer le processus, Pierre retourne les saucisses après deux ou trois minutes de cuisson.

La farce des saucisses contient de la viande, mais aussi des agents de remplissage comme de la farine ou de la poudre de lait écrémé (qui permet d'augmenter la proportion de protéines), des sucres, des épices, des agents de conservation (sel, nitrite ou érythorbate de sodium), de l'eau, etc. L'enveloppe des saucisses fraîches est généralement constituée d'un petit intestin de porc ou de mouton ; un seul mouton peut fournir 25 mètres de boyaux ! Les boyaux sont lavés, stérilisés et débarrassés de leur muqueuse interne et de diverses couches externes constituées de muscles, de graisse et de COLLAGÈNE.

Sous l'effet du chauffage, l'eau ajoutée ou contenue naturellement dans la viande se transforme progressivement en vapeur. Plus la température augmente, plus la pression de la vapeur s'accroît. Si Pierre pique les saucisses avec une fourchette ou un couteau pointu, un jet de liquide peut gicler de la saucisse ! La pression interne met la peau des saucisses sous tension, à un point tel que l'enveloppe des saucisses finit généralement par éclater.

Étrangement, la peau des saucisses éclate toujours dans le sens de la longueur, à moins d'une faiblesse particulière de l'enveloppe. Pourquoi pas selon une circonférence ? C'est dû à la géométrie cylindrique de la saucisse. On peut montrer (annexe 1) que la tension tendant à faire céder la peau est plus grande dans le sens transversal (figure 7.3, à gauche) que dans le sens longitudinal (figure 7.3, à droite).

Figure 7.3
Éclatement des saucisses

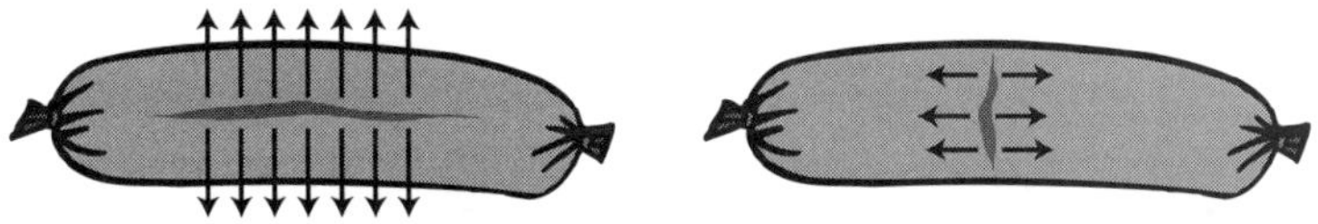

Les flèches représentent la tension existant dans l'enveloppe de la saucisse. Une saucisse éclate toujours dans le sens de la longueur, comme à gauche, jamais selon une circonférence, comme à droite.

Pierre et Sophie mettent de « vraies » saucisses dans leurs petits pains, mais les enfants, eux, préfèrent les saucisses à hot-dog. Ces saucisses fumées contiennent généralement de la « viande désossée mécaniquement », ce qui signifie pudiquement qu'elles peuvent aussi comporter des fragments de nerfs, de tendons, de vaisseaux sanguins ou de peau. Une saucisse à hot-dog typique contient 25 % de gras, soit nettement plus que la majorité des viandes.

Les saucisses à hot-dog ne comportent pas d'enveloppe. À l'usine, le mélange de viande est injecté dans une enveloppe de cellulose ; après la cuisson et le fumage, l'enveloppe des saucisses est retirée.

Colorées garnitures

Pendant que les saucisses cuisaient, Sophie a allumé le second brûleur du poêle et a fait chauffer un peu de choucroute, qu'elle a mise de côté pour ensuite faire griller les pains à hot-dog. Les enfants ont mis les couverts, apporté des cornichons et des olives, ainsi que les condiments colorés essentiels à tout bon hot-dog : moutarde jaune, relish verte et ketchup aux tomates rouge.

Il existe différents types de graines de moutarde. La moutarde forte, ou moutarde de Dijon, est fabriquée à partir de graines de moutarde brune mises à macérer dans un mélange de vinaigre, d'eau et de sel. Les graines gonflent puis le mélange est ensuite broyé pour obtenir une pâte de laquelle on enlève l'écorce des graines.

La moutarde de Dijon n'est pas une appellation contrôlée. Elle peut être fabriquée partout dans le monde ; l'Allemagne et les Pays-Bas sont d'importants producteurs. En fait, on ne cultive même plus la moutarde dans la région de Dijon, en France. Les principaux pays producteurs de graines sont l'Inde, le Pakistan, le Bangladesh et le Canada. Le Canada est le plus grand exportateur et fournit environ les trois quarts des graines transformées en France.

Figure 7.4
Moutarde et isothiocyanate

$CH_2 = CH - CH_2 - NCS$ Isothiocyanate d'allyle	$CH_2 = CH - CH_3$ Propylène ou propène $CH_2 = CH - CH_2 -$ Groupement allyle $N \equiv C - H$ Cyanyure d'hydrogène

Une des huiles de moutarde, l'isothiocyanate d'allyle. Le groupement allyle est dérivé du propylène.

Le goût piquant de la moutarde provient de composés appelés huiles de moutarde, ou isothiocyanates, qui contiennent du soufre (« thio » vient du grec *theion*, qui signifie « soufre »). Liées à d'autres molécules, ces substances sont inactives dans la graine complète. Lors de la macération et du broyage, des enzymes libèrent divers isothiocyanates, comme l'isothiocyanate d'allyle.

Le gaz moutarde ($Cl - CH_2 - CH_2 - S - CH_2 - CH_2 - Cl$), aussi appelé ypérite, n'a rien à voir avec la moutarde, sauf l'odeur dégagée durant sa fabrication. L'ypérite pure est toutefois inodore, ce qui la rend difficile à détecter. Liquide à température ambiante, cette substance a été utilisée lors de la Première Guerre mondiale à Ypres, en Belgique (en flamand, la ville s'appelle Yper, d'où le nom ypérite). Ajoutée à la charge d'un obus, l'ypérite était dispersée en gouttelettes et vapeurs par l'explosion. Le gaz moutarde engendre des cloques sur la peau et, s'il est inhalé, à l'intérieur des poumons ; il attaque aussi la cornée des yeux et peut rendre aveugle. Plusieurs milliers de soldats en sont morts, après de longues souffrances.

Le ketchup aux tomates commercial, un des délices de la gastronomie nord-américaine, s'apparente presque au gaz moutarde pour les fins palais. Antoine, Julie et Rachel adorent pourtant ce produit. Le ketchup contient des tomates cuites et broyées, mélangées à du vinaigre et à du sucre.

Ce mélange assez épais ne coule pas facilement hors de la bouteille, surtout quand celle-ci est largement entamée et qu'il ne reste que la portion de ketchup la plus visqueuse. La technique courante consiste à renverser la bouteille au-dessus de l'aliment que l'on veut enduire du précieux coulis et à frapper le fond de haut en bas. Cette méthode fonctionne mais n'est pas idéale, car le coup projette la bouteille vers le bas et le ketchup tend initialement à refluer vers le fond du contenant. Le fond pousse alors sur le ketchup, qui est mis en mouvement à la même vitesse que la bouteille.

Une fraction de seconde plus tard, la main qui tient la bouteille arrête le mouvement de celle-ci. Selon la Première loi de Newton (chapitre 5), le ketchup tend à continuer tout droit et à sortir de la bouteille, si l'arrêt de la bouteille est assez brusque pour contrebalancer la viscosité du ketchup et son adhérence aux parois.

La physique nous enseigne des méthodes plus efficaces. Il peut être préférable de frapper le côté de la bouteille renversée plutôt que le fond : la vibration diminue l'adhérence du ketchup aux parois. Les fabricants de ketchup ont remplacé il y a quelques années les bouteilles en verre par des bouteilles de plastique : en comprimant la bouteille, on augmente la pression interne, ce qui expulse le ketchup situé dans le goulot. Mais cette méthode ne fonctionne pas pour le ketchup figé au fond de la bouteille, celui qui a accumulé les arômes les plus subtils.

Pierre, lui, choisit de mettre à profit la Première loi de Newton par centrifugation. Il tient la bouteille par sa base et lui fait faire un tour au bout de son bras[2], après avoir vérifié que le bouchon est bien fermé ! Alors que la bouteille tourne, le ketchup tend à continuer tout droit (par inertie) et s'accumule dans le goulot. Sans forcer outre mesure, Pierre a soumis la bouteille et le ketchup à une accélération centrifuge d'environ 6 g, g étant l'accélération gravitationnelle terrestre. C'est davantage que les pires (ou les meilleurs, tout dépend du point de vue) manèges des parcs d'attraction !

Dans le cas de la relish, le problème est autre : le pot est neuf et le couvercle difficile à ouvrir. Julie réussit tout de même à l'ouvrir en utilisant la méthode sci-en-ti-fique, la moins fatigante. Elle entre au chalet et place le couvercle sous l'eau chaude de l'évier quelques instants. Elle peut ensuite dévisser sans forcer !

Pourquoi ? La chaleur de l'eau fait se dilater le couvercle. Mais si celui-ci prend de l'expansion dans tous les sens, son bord intérieur ne se collera-t-il pas davantage au bord du pot ? Non, et une façon de le voir est de considérer le bord du couvercle comme un anneau. Dépliez l'anneau pour former une tige (figure 7.5). Chauffée, la tige devient plus épaisse mais aussi plus longue. En lui redonnant sa forme circulaire, il est clair que la circonférence intérieure reste plus grande qu'avant le chauffage. Le contact entre le bord du couvercle et le verre, et le frottement, sont donc réduits. Évidemment, ça fonctionne parce que le couvercle se dilate plus que le verre.

Jadis, un forgeron utilisait le même principe pour poser des jantes de fer sur des roues en bois. Il chauffait une jante initialement un peu plus petite que la roue et l'installait une fois dilatée. En refroidissant, la jante se serrait contre la roue.

2. Cette méthode athlétique est aussi d'usage pour les bouteilles de shampooing, de lotion solaire, les pots de confiture, etc., en fait pour tous les produits visqueux qui coulent mal.

Figure 7.5
Dilatation d'un couvercle sous l'effet de la chaleur

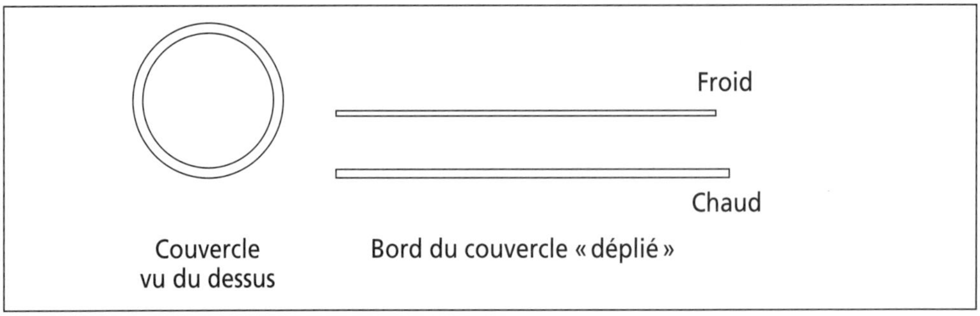

Chauffé, le bord se dilate en longueur (et un peu en largeur). Recourbé selon un cercle, le bord possède une circonférence intérieure plus longue que quand il est froid. Le « trou » a donc pris de l'expansion, et le couvercle chauffé est plus facile à dévisser.

C'est chou comme tout

La choucroute servant d'accompagnement aux hot-dogs et aux saucisses est un délice acide : la choucroute baigne dans l'acide lactique et dans l'acide acétique. Ces acides, produits par des bactéries, assurent la conservation de la choucroute. L'acide acétique (CH_3COOH) est, après l'eau, le principal constituant du vinaigre. Le nom de l'acide lactique ($CH_3CHOHCOOH$) vient du fait qu'on le retrouve dans le lait suri, où il est produit, aussi par des bactéries, à partir du lactose, un sucre. Le métabolisme du glucose dans les muscles produit aussi de l'acide lactique, surtout lors d'un exercice intense durant lequel l'apport d'oxygène n'est pas suffisant pour compléter certaines réactions chimiques dans les muscles.

Pour préparer de la choucroute, on ajoute du sel, environ 2 % en poids, à du chou émincé. Parce que les concentrations tendent à s'équilibrer, l'eau passe du chou, milieu peu concentré en sel, à l'extérieur, salé. En conséquence, le chou baigne rapidement dans une solution salée, même si on n'a pas mis d'eau au début.

La solution salée inhibe le développement de plusieurs espèces de bactéries, souvent pathogènes, comme *Escherichia coli.* Mais les « bonnes » bactéries qui fabriquent la choucroute, et d'autres légumes fermentés comme les cornichons et les olives, ne sont pas affectées. Ces bactéries, appelées bactéries lactiques parce qu'elles produisent de l'acide lactique, sont présentes dans l'environnement, en particulier à la surface des légumes[3]. Initialement, elles constituent moins de 0,1 % de la flore bactérienne présente, qui comporte… jusqu'à un million de bactéries par gramme de tissu végétal !

3. Dans l'industrie, pour améliorer, accélérer et standardiser la production, les légumes sont ensemencés avec des cultures de bactéries sélectionnées.

L'acidification du milieu nuit à la majorité des bactéries, qui préfèrent un milieu de pH neutre, comme le sang. Les ions hydrogène (provenant des acides) inactivent les enzymes de ces bactéries. Les bactéries lactiques sont mieux adaptées à l'acidité. Avec l'augmentation de l'acidité, elles vont également finir par mourir mais auparavant, elles auront occupé le terrain et écarté leurs concurrentes. Après deux jours de fermentation, les bactéries lactiques constituent 90 % de la flore bactérienne présente. Une bonne choucroute résulte d'une purification ethnique bactérienne !

Les bactéries lactiques effectuant la fermentation des légumes sont *Lactobacillus plantarum*, *Pediococcus* et *Leuconostoc*. Elles se nourrissent de sucres présents dans les végétaux, surtout du glucose, du fructose et du sucrose, et sécrètent des acides lactique et acétique, des composés aromatiques et du gaz carbonique (CO_2).

Après deux mois de fermentation, les bactéries lactiques ont consommé tous les sucres présents dans le chou, ce qui nuit fortement à l'implantation d'autres microorganismes et contribue donc à la conservation. La choucroute contient environ 1 % d'acide lactique et 0,3 % d'acide acétique, engendrant un pH d'environ 3,5, équivalent à celui d'un jus de fruits. Sel, acides et composés aromatiques sécrétés par les bactéries donnent à la choucroute son goût si particulier.

Les olives subissent un traitement similaire à celui du chou. Les olives sont cueillies vertes et dures. Contrairement à la majorité des fruits, elles ne mûrissent pas après la cueillette. Si on les laisse sur l'arbre, elles deviennent d'un vert brunâtre avant de passer au pourpre puis au noir. Les olives noires ont été soit mûries sur l'arbre, comme les Kalamata grecques, soit noircies par oxydation à l'air, comme les olives noires vendues en boîte.

La fermentation des olives s'effectue dans une saumure contenant 8 % de sel. À la fin, la solution contient 0,8 % d'acide lactique et le pH est de 3,3. La saumure de fermentation est alors enlevée, les olives sont lavées puis empaquetées dans une nouvelle saumure, plus claire, contenant la même quantité d'acide lactique que la saumure de fermentation. C'est pourquoi la liste des ingrédients, sur les pots, indique « eau, sel, acide lactique » après « olives ». On ajoute aussi du sorbate de potassium, un composé qui existe naturellement dans quelques fruits. Dans un milieu acide, le sorbate se transforme en acide sorbique. L'acide sorbique, CH_3–CH=CH–CH=CH–COOH, est un acide gras, car il contient une chaîne d'atomes de carbone et d'hydrogène se terminant par un groupement carboxyle (COOH). Il élimine efficacement les levures et moisissures. L'acide sorbique joue son rôle une fois le pot ouvert, quand l'air contenant des moisissures entre en contact avec le contenu du pot.

Les cornichons, faits à partir de petits concombres, sont aussi fermentés. De nombreux légumes peuvent d'ailleurs être conservés par fermentation spontanée, c'est-à-dire effectuée par des bactéries présentes sur les légumes : carottes, choux-fleurs, navets, betteraves, oignons, haricots verts, poivrons… Il en est de même pour le yogourt, qui est produit par des bactéries lactiques différentes de celles présentes sur les légumes. L'acide sécrété altère les protéines du lait et les amène à s'agglutiner, donnant au yogourt sa texture.

La salade et la vinaigrette

Les enfants sont maintenant repus, au moins pour quelques minutes, et vont jouer au ballon pendant que Sophie et Pierre complètent leur repas en mangeant une salade. Pierre est allé laver les feuilles de laitue à l'intérieur et les assèche avec une essoreuse.

Il existe différents types d'essoreuses à laitue, mais elles fonctionnent toutes par centrifugation. Celle que Pierre utilise comporte des engrenages sous le couvercle. Pierre tourne la poignée, ce qui entraîne sous le couvercle une roue dentée qui fait tourner un petit pignon central fixé au disque entraînant le panier intérieur : toute une machine ! Pierre y va avec énergie et fait accomplir à la poignée environ deux tours en une seconde. On peut calculer que le panier intérieur tourne alors huit fois par seconde. La laitue située sur la circonférence du panier subit une accélération centripète[4] d'environ 30 g, soit 30 fois l'accélération gravitationnelle terrestre. S'il restait une limace dans la laitue, elle a son compte !

Les centrifugeuses à jus électriques fonctionnent sur le même principe que l'essoreuse à salade, sauf qu'elles tournent à des vitesses de 3000 à 15000 révolutions par minute, soit 50 à 250 tours par seconde. Les morceaux d'orange qu'on y place s'écrasent contre une paroi perforée et le jus, comme l'eau de la laitue, passe à travers les trous et s'échappe tangentiellement.

La centrifugation a aussi été suggérée pour faciliter l'accouchement. Selon l'énoncé[5] du brevet américain 3,216,423, délivré en 1965, « il faut une force de propulsion considérable pour pousser le fœtus à l'encontre des parois du vagin […]. Les femmes civilisées n'ont pas toujours l'occasion de développer leurs muscles suffisamment pour cela […]. » L'invention proposée, qui n'a heureusement été ni testée ni mise en pratique, est un appareil tournant sur lequel la parturiente est attachée. La force centrifuge devait faciliter la sortie du bébé… avec des accélérations allant jusqu'à 7 g (généralement, on tombe dans les pommes entre 4 et 6 g). Le bébé devait aboutir spectaculairement dans un filet.

4. L'accélération centripète est l'accélération dirigée vers le centre du cercle. En effet, un objet suivant une trajectoire circulaire doit subir une force dirigée vers le centre du cercle, autrement il continuerait tout droit à cause de son inertie. La force engendre une accélération centripète.

5. Consulter le site Internet http://colitz.com/site/3216423/3216423.htm ou le site du Bureau américain des brevets, www.uspto.gov. L'auteur du brevet est George B. Blonsky.

Sophie prépare une vinaigrette. Le vinaigre est une solution de 5 % d'acide acétique (et d'autres acides moins concentrés) dans de l'eau. Sophie combine une partie de vinaigre et deux à trois parties d'huile, et ajoute une cuillerée de moutarde, du sel, du sucre et des herbes.

Initialement, l'huile flotte au-dessus du vinaigre : on dit que l'huile et l'eau ne sont pas miscibles. L'huile, moins dense que l'eau du vinaigre, surnage à cause de la force d'Archimède, mais ce n'est pas la cause première de la non-miscibilité. L'éthanol (C_2H_5OH), l'alcool présent dans les boissons alcooliques, est aussi moins dense que l'eau, mais les deux substances forment une solution homogène parce que les groupements hydroxyles (OH) de l'éthanol forment des liaisons hydrogène avec les molécules d'eau. Si ce n'était pas le cas, il faudrait agiter une bouteille de vin avant de la boire !

On dit parfois que l'eau et l'huile se repoussent, ou ne s'attirent pas, mais ce n'est pas vrai. Si on met une goutte d'huile sur de l'eau, l'huile se répand sur la surface de l'eau : c'est parce que les molécules d'eau et d'huile s'attirent les unes les autres davantage que ne le font les molécules d'huile entre elles.

Pourquoi alors les molécules d'huile ne pénètrent-elles pas dans le vinaigre ? C'est que les molécules d'eau (et d'acide acétique) du vinaigre s'attirent si fortement entre elles que leur attraction est plus grande que l'attraction entre l'eau et l'huile. La cohésion de l'eau empêche l'huile d'y pénétrer et de s'y dissoudre.

Pour mélanger l'huile et le vinaigre, il faut donc agiter le liquide. Des gouttelettes de vinaigre se mettent alors en suspension dans l'huile : on obtient une émulsion de vinaigre dans l'huile. La moutarde stabilise l'émulsion car, comme un détergent (chapitre 3), elle contient des molécules dont une extrémité est hydrophile et l'autre est hydrophobe. Ces molécules lient l'huile et les gouttelettes d'eau du vinaigre. Imparfaitement, bien sûr, puisque dans une vinaigrette maison qui a reposé quelques minutes ou quelques heures, l'huile revient à la surface du vinaigre.

Après avoir mangé leur salade, Pierre et Sophie invitent les enfants à venir savourer des brioches et des fruits avec eux. Antoine est ensuite mis à contribution pour faire la vaisselle avec Pierre, avant les aventures de l'après-midi.

Au bord de l'eau

Après la fatigue du voyage et la petite expédition du matin, Pierre et Sophie aspirent à un après-midi tranquille. Ça tombe bien : les enfants ont envie de jouer au bord de l'eau. Tous enfilent un maillot et remettent de la lotion solaire ; les enfants se couvrent le chef d'un chapeau. À la plage, Sophie plante dans le sable un parasol, sous lequel elle s'étend avec un soupir de bonheur.

En effet, le soleil tape dur. À cette heure, vers 13 heures, il est à son plus haut dans le ciel. Pourquoi pas vers midi, puisque midi est défini comme le milieu du jour ? C'est que dans bien des régions, en été, l'heure civile est « avancée » : on ajoute une heure à l'heure solaire vraie. Au lieu d'atteindre son point le plus haut dans le ciel à midi, le Soleil culmine vers 13 heures.

Difficile d'avoir l'heure juste

« Vers » 13 heures, car l'heure exacte à laquelle le Soleil culmine varie selon la longitude, c'est-à-dire selon la position dans le sens est-ouest. Jusqu'au 19e siècle, les horloges en un lieu étaient ajustées pour donner l'heure solaire vraie : elles indiquaient midi quand, en ce lieu, le Soleil était à son plus haut dans le ciel. Mais puisque la Terre est sphérique, le Soleil culmine à des moments différents en des lieux se trouvant à des longitudes différentes. Par exemple, alors qu'il est 12 h 00 à Toulouse, en France, l'heure solaire vraie vaut environ 12 h 10 à Montpellier qui, située plus à l'est, est passée « sous le Soleil » 10 minutes plus tôt que Toulouse.

Tant que la vie se déroulait surtout localement, l'utilisation d'heures différentes dans des villes différentes ne présentait pas d'inconvénient. Mais avec le progrès des communications, par exemple le développement du train et du télégraphe en Europe et en Amérique du Nord, la cacophonie des temps locaux différents faisait problème. Pour un télégramme allant de Toulouse à Montpellier, ou pour un horaire de train, quelle heure devait-on utiliser ?

C'est Sandford Fleming, un ingénieur canadien impliqué dans le développement des chemins de fer, qui a donné l'impulsion ayant mené à l'adoption du système de fuseaux horaires. En 1884, les participants à une conférence internationale tenue à Washington ont convenu de diviser la surface terrestre en 24 fuseaux horaires. À l'intérieur d'un fuseau horaire, toutes les horloges indiquent le même temps, ce qui facilite la vie civile.

Le temps dans un fuseau horaire correspond au temps solaire d'un méridien (ligne nord-sud) choisi par convention et situé plus ou moins au centre du fuseau horaire. Mais ceci implique que l'heure ne reflète la position exacte du Soleil dans le ciel que pour les points situés sur ce méridien. Pour les régions situées à l'est ou à l'ouest, le Soleil est à son plus haut dans le ciel avant midi ou après midi respectivement. Selon la forme du fuseau horaire, liée aux impératifs géopolitiques, le décalage peut dépasser une demi-heure. Dans le fuseau horaire de l'est du Canada, par exemple, le soleil culmine à 11 h 18 à Gaspé (longitude : 64°25' ouest), à 11 h 54 à Montréal (73°33' ouest) et à 12 h 24 à Sudbury (81° ouest) ! De même, le Soleil se lève une heure six minutes plus tôt à Gaspé qu'à Sudbury. C'est bon à savoir quand on est couche-tard…

Le Soleil, fournaise d'enfer

Le Soleil étant à son plus haut dans le ciel, c'est à ce moment que l'intensité de ses rayons est la plus élevée. Nos vacanciers sentent sur leur peau ce fort rayonnement. La puissance du Soleil est de $3,85 \times 10^{26}$ watts[1], presque un milliard de milliards de fois plus grande que celle d'une centrale électrique de bonne taille ! Si on pouvait capter et stocker toute l'énergie émise par le Soleil en une seconde, l'humanité entière aurait assez d'énergie pour plusieurs centaines de milliers d'années !

À la distance à laquelle se trouve la Terre, soit à 150 millions de kilomètres du Soleil, une surface d'un mètre carré perpendiculaire aux rayons solaires reçoit 1 400 watts. Mais cette radiation ne se rend pas toute au sol. L'atmosphère absorbe une partie des ultraviolets et des infrarouges, et les nuages et le sol réfléchissent vers l'espace au moins 30 % de la radiation. À l'équateur, un mètre carré de sol reçoit au maximum 700 watts de radiation quand le Soleil est au zénith (à la verticale) et moins si le Soleil est plus bas. À des latitudes tempérées, par exemple 45°, l'intensité est au maximum d'environ 500 watts par mètre carré.

Comment le Soleil, qui n'est pourtant qu'une étoile de taille moyenne, peut-il produire une telle quantité d'énergie ? Ce fut longtemps une énigme pour les scientifiques. La réponse, fascinante, a aussi mené à une compréhension inattendue de nos propres existences.

1. Rappelons que la puissance est égale à l'énergie dégagée par unité de temps, et qu'une puissance de un watt correspond à la libération d'une énergie de un joule par seconde.

Au 19e siècle, on a cru que le Soleil était un globe constitué de matériaux combustibles, dont le charbon mis en vedette par la révolution industrielle. L'ennui, c'est qu'un calcul simple a démoli cette hypothèse : même si les $1{,}99 \times 10^{30}$ kg du Soleil avaient été constitués de charbon (et il aurait aussi fallu de l'oxygène pour la combustion), tout ce charbon aurait été brûlé en quelques milliers d'années, alors qu'on savait déjà la Terre plus vieille que ça. La combustion n'arrivait donc pas à expliquer la production d'énergie du Soleil.

Kelvin et von Helmholtz, deux physiciens, ont émis une autre hypothèse : et si le Soleil se contractait ? L'air qu'on comprime dans une pompe à vélo se réchauffe. Si la gravitation amenait le Soleil à se contracter, les gaz composant le Soleil se réchaufferaient. Leur température serait maintenue élevée et le Soleil rayonnerait de l'énergie. Les calculs de Kelvin et de von Helmholtz ont montré qu'une diminution du diamètre solaire de 40 mètres par an aurait suffi à maintenir l'actuel flux lumineux du Soleil durant 50 millions d'années. Mais l'évolution n'aurait pu mener à Pierre et Sophie en un temps si court. Vers la fin du 19e siècle, après avoir estimé la durée des processus d'évolution biologique et géologique, les scientifiques pensaient que la Terre devait être âgée d'au moins plusieurs centaines de millions d'années. La contraction, pas plus que la combustion, n'expliquait le rayonnement solaire.

Au début du 20e siècle, après la découverte des éléments radioactifs comme le radium et l'uranium, on a cru un temps que c'était la RADIOACTIVITÉ qui engendrait l'énergie irradiée par le Soleil. En effet, un noyau radioactif qui se désintègre émet des particules à grande vitesse ; par des collisions, ces particules réchauffent la matière environnante. C'est ce processus qui maintient chaud l'intérieur de la Terre. Mais cette hypothèse a aussi dû être rejetée, car la quantité d'énergie produite aurait été trop faible, même si toute la masse du Soleil avait été formée d'éléments radioactifs.

Ce n'est que dans les années 1930 que la vraie source d'énergie du Soleil et des étoiles a été identifiée avec certitude : la fusion de noyaux atomiques. Lors de sa formation, le Soleil comportait 75 % d'hydrogène et 23 % d'hélium, les deux types d'atomes les plus petits. Dans un atome d'hydrogène ordinaire, un électron tourne autour d'un PROTON ; dans un atome d'hélium, deux électrons orbitent autour d'un noyau constitué de deux protons et de deux neutrons. Mais dans le Soleil, il fait si chaud que les atomes ne restent pas intacts : les électrons se séparent des noyaux. Noyaux et électrons, se déplaçant à grande vitesse, entrent en collision et changent de direction, formant une mêlée dense et grouillante.

Les noyaux atomiques ont une charge électrique positive. Pour cette raison, ils se repoussent, un peu comme se repoussent les pôles identiques de deux aimants, sans se toucher. À cause de cette répulsion, deux noyaux qui se rapprochent rebondissent généralement l'un sur l'autre. Cependant, il arrive que des noyaux entrent en collision avec suffisamment de vitesse pour vaincre leur répulsion électrique. En s'approchant assez près l'un de l'autre, un millionième de milliardième de mètre (10^{-15} mètre), les noyaux s'attirent, fusionnent et engendrent un noyau plus lourd. La fusion des noyaux libère de l'énergie sous forme de photons gamma, un rayonnement très énergétique ; le processus engendre aussi des particules légères appelées positons et neutrinos. La quantité d'énergie libérée est donnée par la fameuse équation d'Einstein :

$$E = \Delta m\, c^2$$

où E est l'énergie libérée, Δm la différence de masse entre les noyaux initiaux et le noyau produit, et c est la vitesse de la lumière. Parce que cette dernière est élevée (3×10^8 m/s), et qu'elle apparaît au carré dans l'équation, la quantité d'énergie produite par la fusion des noyaux, ou fusion nucléaire, est très grande.

Figure 8.1
Collisions de noyaux

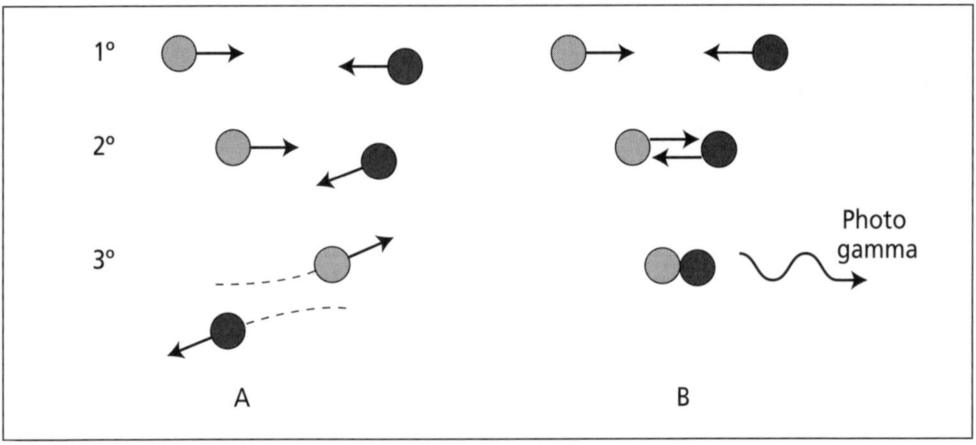

A. Collision de noyaux sans fusion : les noyaux s'approchent (1°), ralentissent et dévient (2°) puis s'éloignent l'un de l'autre (3°). *B.* Collision avec fusion et émission d'un rayonnement gamma.

Ce sont les noyaux d'hydrogène qui fusionnent le plus facilement : ils le font à des pressions et températures plus faibles que n'importe quels autres noyaux. La fusion de quatre[2] noyaux d'hydrogène ordinaire engendre un noyau d'hélium. Ce noyau d'hélium est plus léger que les quatre noyaux d'hydrogène, ce qui permet la libération d'énergie. Dans le Soleil, *à chaque seconde*, la fusion convertit environ 600 millions de tonnes d'hydrogène en 596 millions de tonnes d'hélium, la différence étant de la masse transformée en énergie.

2. En réalité, il est très improbable que quatre noyaux entrent en collision simultanément. La conversion d'hydrogène en hélium nécessite en fait une chaîne de fusions à deux noyaux produisant des noyaux intermédiaires.

À cause de la fusion nucléaire, la quantité d'hydrogène diminue avec le temps, celle d'hélium augmente, et le Soleil perd de sa masse. Malgré la formidable puissance du Soleil, la perte de masse est lente : depuis sa naissance, il y a 4,6 milliards d'années, le Soleil a perdu environ 0,03 % de sa masse à cause de la fusion. Dans le centre du Soleil, où s'effectue la fusion, la température atteint 15 millions de degrés. La proportion d'hydrogène y est aujourd'hui de 35 % et celle d'hélium de 65 % (rappelons que les proportions initiales étaient respectivement de 75 % et de 23 %). L'hydrogène du centre étant déjà en bonne partie consommé, la production d'énergie se fait surtout dans une région située à environ un dixième de la distance entre le centre et la surface du Soleil.

L'énergie libérée au centre du Soleil ne peut pas en sortir facilement. Les photons produits par la fusion interagissent avec les électrons et sont déviés dans de nouvelles directions. Les photons se déplacent au hasard, s'éloignant très lentement du centre du Soleil. Des mouvements de convection de gaz chauffé contribuent aussi à apporter l'énergie à la surface du Soleil, d'où elle est émise dans l'espace, surtout sous forme de lumière visible et de rayons infrarouges et ultraviolets.

Après avoir quitté le Soleil, la radiation atteint la Terre en moins de huit minutes. Mais il avait fallu environ un million d'années à l'énergie libérée par la fusion pour atteindre la surface solaire : c'est donc dire que la lumière dont jouissent maintenant Sophie et Pierre a été libérée alors que l'espèce humaine n'avait pas encore maîtrisé le feu !

Un amour d'origine extraterrestre

Pierre, assis sur le sable à côté de Sophie, lui caresse le bras tout en surveillant les enfants qui jouent au bord de l'eau. S'il savait de quoi sa dulcinée est constituée, il la caresserait avec encore plus d'émerveillement. Sophie existe parce qu'il y a longtemps, quelque part dans la Galaxie, des étoiles ont produit les atomes dont elle est faite !

Dans une étoile, les noyaux d'hélium peuvent aussi fusionner. Cependant, comme un noyau d'hélium comporte deux protons, sa charge est deux fois plus grande que celle d'un noyau d'hydrogène. En conséquence, les noyaux d'hélium se repoussent davantage, et ils doivent avoir plus de vitesse pour réussir à se rapprocher suffisamment pour fusionner. La fusion de l'hélium requiert donc une température très élevée, environ 100 millions de degrés (plus la température est élevée, plus l'énergie cinétique des noyaux est élevée). Le centre du Soleil n'atteindra pas cette température avant environ cinq milliards d'années, mais depuis le début de l'Univers, d'innombrables étoiles sont déjà passées par ce stade.

La fusion de l'hélium engendre du carbone. La majeure partie du carbone existant sur et dans la Terre provient d'étoiles similaires au Soleil qui, à la fin de leur vie, ont engendré du carbone et l'ont éjecté dans l'espace. Les éléments plus lourds que le carbone –

azote, oxygène, sodium, silicium, magnésium, phosphore, calcium, fer, etc. – ont tous été créés par fusion nucléaire dans des étoiles plus grosses et plus brillantes que le Soleil. À la fin de leur vie, ces étoiles ont explosé, engendrant une supernova aussi brillante, durant quelques mois, qu'une petite galaxie contenant des milliards d'étoiles.

En explosant, une étoile massive rejette dans l'espace les atomes qu'elle a fabriqués. Ces atomes sont plus tard incorporés à des nuages de gaz et de poussières interstellaires, nuages qui existent encore ou qui ont formé de nouvelles étoiles comme le Soleil. Le nuage qui a engendré le système solaire ne contenait que 2 % d'éléments autres que l'hydrogène et l'hélium, mais ce 2 % fut suffisant pour former les planètes, dont la Terre… et les êtres qui y vivent, comme Sophie.

Tableau 8.1

Proportions, en pourcentage de masse, des principaux éléments présents dans la Terre, la croûte terrestre et dans les organismes animaux (dont les êtres humains)

	Terre entière	Croûte terrestre	Animaux
Hydrogène	0,004	0,14	10
Carbone	0,04	0,03	20
Azote	0,0002	0,005	3,3
Oxygène	29	48	62
Magnésium	11	2,2	0,07
Aluminium	1,2	8	Trace
Silicium	14	29	Trace
Phosphore	0,16	0,12	1,0
Soufre	1,6	0,05	0,25
Calcium	0,7	3,8	2,5
Fer	38	5,2	0,01
Nickel	3,4	0,009	Trace

Note : La somme des pourcentages ne donne pas 100 %, car les éléments présents en faible quantité ne sont pas tous indiqués.

Fer, oxygène, silicium et magnésium constituent à eux quatre plus de 90 % de la Terre[3] ; ces éléments ont tous été produits dans des étoiles maintenant mortes. Le carbone, si important pour la vie, ne compte que pour 0,04 % de la masse de la Terre. Mais parce que le carbone, avec ses quatre liaisons, est très efficace pour former de grosses molécules (chapitre 1), il constitue une proportion importante de la matière organique, et en particulier du corps des animaux : 20 % de la masse totale, mais plus de 60 % si on excepte l'eau.

3. Lors de la formation du système solaire, le rayonnement très intense du Soleil naissant a repoussé les gaz légers, comme l'hydrogène et l'hélium, vers la région externe du nuage. C'est pourquoi les planètes proches du Soleil, soit Mercure, Vénus, la Terre et Mars, contiennent très peu d'hydrogène et d'hélium, alors que les planètes plus lointaines en possèdent davantage.

Jolie brise

Sur la plage, il fait de plus en plus chaud. Bien que le Soleil ait atteint son point le plus haut vers 13 h, ce n'est pas à ce moment qu'il fait le plus chaud. Ce délai reflète l'inertie thermique de la surface terrestre.

Quand on place une casserole pleine d'eau sur un rond de cuisinière incandescent, l'eau ne se met pas à bouillir tout de suite. Il faut augmenter progressivement sa température en lui fournissant de l'énergie, ce qui ne se fait pas instantanément. C'est la même chose avec le sol et l'eau des océans : il faut un certain temps pour que leur température atteigne le maximum journalier possible.

Durant la nuit, le sol et l'eau restituent à l'atmosphère la chaleur emmagasinée durant la journée et c'est juste avant l'aube qu'il fait le plus froid. En début de journée, la température augmente tant que l'apport d'énergie solaire dépasse l'énergie irradiée par le sol dans l'air et l'espace. Au moment où le sol chaud commence à émettre plus d'énergie qu'il n'en capte du Soleil, la température commence à descendre. Ceci se produit généralement vers le milieu de l'après-midi.

Cette inertie thermique a l'avantage de réduire les variations de température entre le jour et la nuit. Dans les déserts, les écarts de température sont plus élevés à cause de l'absence d'eau, celle-ci pouvant emmagasiner ou restituer davantage de chaleur[4] que le sol (à masse égale).

Ce phénomène d'inertie thermique se produit aussi à plus long terme, tout au long de l'année. Dans l'hémisphère Nord, c'est le 22 juin que la durée du jour est maximale et que la surface terrestre absorbe le plus d'énergie. Pourtant, c'est autour de la mi-juillet qu'il fait le plus chaud. C'est parce que le sol et l'eau sont froids à la fin de l'hiver, ce qui retarde le moment de l'été où est atteinte leur température maximale. Au début de l'hiver, de la même façon, l'eau et le sol restituent la chaleur accumulée durant l'été et retardent ainsi les grands froids jusqu'à la mi-janvier, même si c'est autour du 22 décembre que l'ensoleillement est le plus faible.

Pierre, Sophie et leurs rejetons ont au moins la chance de profiter de l'effet rafraîchissant d'une brise de mer. Ce vent existe parce que le sol absorbe la radiation solaire plus que la surface de l'eau et donc se réchauffe davantage. Au cours d'une journée, la température de l'eau en surface varie de moins de 0,5 degré, alors que la température de l'air au-dessus des terres peut augmenter de plus de 10 degrés. En conséquence, l'air au-dessus du sol se dilate et s'élève à cause de la force d'Archimède (voir le chapitre 3). La

4. Comme on l'a vu au chapitre 3, l'eau a une chaleur spécifique élevée, ce qui fait qu'il faut lui fournir beaucoup d'énergie pour élever sa température. Inversement, elle libère beaucoup de chaleur quand elle se refroidit.

chute de pression qui en résulte amorce un appel d'air en provenance de la mer. Il se crée une circulation d'air, tel qu'illustré ci-dessous. L'établissement d'une brise de mer dépend aussi des vents à plus grande échelle, en altitude et au sol. Un vent au sol faible, ou soufflant de la mer vers la terre, favorise l'établissement de la brise de mer.

Figure 8.2
Établissement d'une brise de mer

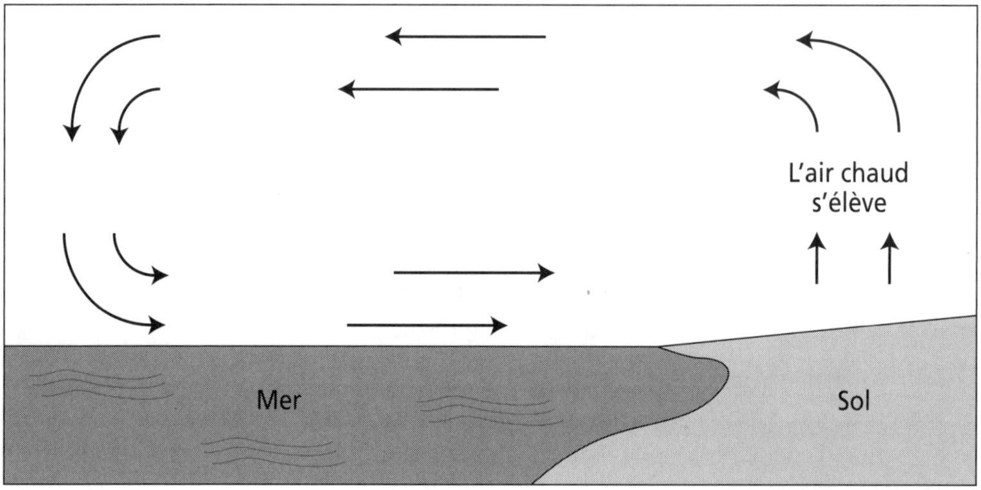

L'air chauffé au-dessus du sol s'élève et il est remplacé par de l'air venant d'au-dessus de la mer.

La brise de mer se développe généralement en fin d'avant-midi, à partir de 10h, une fois que le sol est devenu chaud. La vitesse du vent au sol ne dépasse guère 25 kilomètres par heure et la brise peut pénétrer quelques dizaines de kilomètres à l'intérieur des terres. La brise de mer est rafraîchissante, car l'air soufflant au-dessus de l'eau se refroidit avant d'atteindre la côte. La nuit, le sens du vent peut s'inverser si le sol, irradiant sa chaleur dans l'espace, devient plus froid que la mer.

Château de sable

Antoine, Julie et Rachel ont entrepris la construction d'un château de sable. Cet ouvrage nécessite le déplacement de tonnes de matériaux… bon, disons, de plusieurs kilos. Les enfants empilent du sable pour les murs et les tours, creusent les douves… Malgré la brise, ils suent à grosses gouttes, contrairement à leurs parents, encore affalés sur le sable. Et on dira que la jeunesse ne fait pas d'efforts !

Même Rachel, une débutante en génie civil, comprend vite que pour construire le château, elle ne doit pas utiliser du sable sec, ni du sable trop mouillé. La cohésion du sable dépend de divers facteurs, comme la forme et la taille des grains. Mais surtout, elle varie beaucoup selon sa teneur en eau.

Dans du sable humide, l'attraction entre les molécules d'eau et la surface des grains fait que l'eau forme des « ponts » entre les grains voisins. Cette adhésion, combinée à la cohésion de l'eau (due à ses liaisons intermoléculaires), stabilise les grains. C'est ce qui permet de bâtir un château aux parois verticales, alors que ce serait impossible avec du sable sec (c'est aussi cette adhésion qui fait que le sable colle à la peau humide ou mouillée). Quand il y a beaucoup d'eau, par contre, le nombre de molécules d'eau présentes entre grains voisins augmente et le mélange eau-sable devient plus fluide : aucun pâté ne tient avec un tel sable !

Figure 8.3
Cohésion des grains de sable

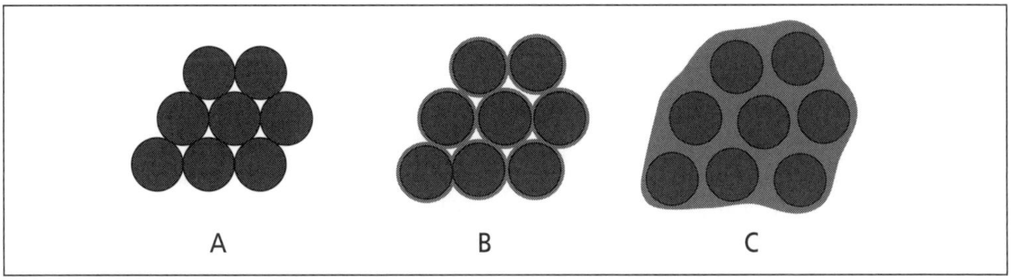

A. Sans eau entre des grains de sable, la place des grains est déterminée par leur imbrication. *B*. Dans du sable humide, l'adhésion des grains voisins, due à l'eau, stabilise le sable. *C*. Si le sable est détrempé, l'imbrication des grains et le frottement entre les grains diminuent et le sable s'écoule comme un fluide.

Quand, plus tard durant les vacances, Sophie et Pierre feront une promenade romantique (sans les enfants, donc) sur la plage, ils mettront instinctivement ces observations en pratique. Pour ne pas se fatiguer en enfonçant constamment dans le sable, ils marcheront dans la zone à peine léchée par les vagues, la seule où le sable est à la fois humide et ferme sous les pieds.

L'eau terrestre et l'effet de serre

Le château est terminé et ses trois architectes s'affairent à transporter de l'eau pour remplir les douves. Ils ne risquent pas d'en manquer ! La mer, c'est plus de mille milliards de milliards de litres d'eau. Plus de la moitié de cette eau se trouve dans l'océan Pacifique. Les océans et les mers couvrent 71 % de la surface de la Terre et leur profondeur moyenne est de 3,8 kilomètres, alors que la hauteur moyenne des terres émergées vaut 750 mètres. Mais d'où vient toute cette eau ?

Pour comprendre l'origine de l'eau sur Terre, il faut remonter à la formation du système solaire, il y a 4,6 milliards d'années. Le système solaire s'est formé à partir d'un immense nuage contenant surtout des gaz et un peu de « poussières » : 98 % d'hydrogène et d'hélium, 1,4 % de composés d'hydrogène comme l'eau (H_2O), le méthane

(CH_4) et l'ammoniac (NH_3), 0,4 % de roches et 0,2 % de métaux (fer, nickel, aluminium, etc.). Près du Soleil naissant, le rayonnement intense a repoussé les gaz, y compris la majeure partie de la vapeur d'eau, vers la partie externe du système solaire où se sont formées les planètes géantes, Jupiter, Saturne, Uranus et Neptune. Les planètes proches du Soleil, soit Mercure, Vénus, la Terre et Mars, se sont donc constituées à partir de roches et de métaux et comportaient peu ou pas d'eau à l'origine.

Lors de la formation du système solaire, les poussières en orbite autour du Soleil se sont lentement agglomérées. Loin du Soleil, il faisait plus froid, le rayonnement était moins intense : les composés hydrogénés se sont condensés et ont formé des particules de « glaces ».

L'accrétion (agglomération) de particules de plus en plus grosses a formé des « planétoïdes » de plus grande taille, allant jusqu'à la centaine de kilomètres de diamètre. Les plus gros planétoïdes ont continué à grossir en attirant, par gravitation, les planétoïdes plus petits, et ont formé les planètes. Loin du Soleil, il y avait davantage de matière disponible puisque le rayonnement avait moins repoussé les particules. La gravité a ainsi mené à la formation de grosses planètes : Jupiter, Saturne, Uranus et Neptune. La gravité de ces planètes naissantes était si forte qu'elle leur a permis de retenir une grande quantité d'hydrogène et d'hélium, qui constituent la majeure partie de l'épaisse atmosphère de ces planètes.

La formation du système solaire s'est passée un peu comme la formation d'équipes dans un groupe : il y a souvent des gens laissés de côté, ou choisis à la fin parce qu'il n'y a pas moyen de faire autrement. Dans le système solaire naissant, de nombreux planétoïdes n'ont pas été intégrés aux planètes : ils ont constitué les astéroïdes, formés de roches et de métaux, et les comètes, formées de glaces. Il y a plus de quatre milliards d'années, le système solaire était ainsi plein de débris.

C'est la gravité qui a fait le ménage. La forte gravitation des planètes a perturbé les trajectoires des planétoïdes, les envoyant dans tous les sens. De nombreux planétoïdes ont été éjectés du système solaire, d'autres sont entrés en collision avec les planètes, dont la Terre. La surface de la Lune, criblée de cratères, a enregistré ce grand bombardement, qui a duré des centaines de millions d'années. Sur Terre, les anciens cratères ont depuis longtemps été effacés par l'érosion et les processus géologiques. Sur la Lune, il n'y a pas d'eau ni de vent, agents principaux de l'érosion sur Terre. La seule « érosion », très lente, résulte du bombardement de la surface par des météorites, mais celles-ci sont beaucoup moins nombreuses qu'il y a quatre milliards d'années.

Les collisions de planétoïdes, qui chacune dégageait plus d'énergie qu'une explosion nucléaire, ont tout de même eu un avantage : elles ont apporté à la Terre de l'eau et d'autres composés hydrogénés (même les astéroïdes en contiennent un peu). Même si ces composés se sont initialement intégrés aux roches, une bonne partie a été éjectée par les volcans au-dessus de la croûte terrestre et retenue par la gravité. C'est ainsi que l'atmosphère s'est formée. La Terre primitive se refroidissant, la vapeur d'eau en excès dans l'atmosphère s'est condensée, menant à la formation des océans.

Sur Vénus, les comètes et les astéroïdes ont aussi apporté de l'eau. Mais il ne s'est pas formé d'océan, car la température était trop élevée, Vénus étant plus près du Soleil que la Terre. Toute l'eau est restée sous forme de vapeur dans l'atmosphère. Or, la vapeur d'eau est un gaz à effet de serre, tout comme le gaz carbonique, le méthane et d'autres gaz.

Le volcanisme, sur Vénus comme sur Terre, a aussi libéré du gaz carbonique en grande quantité. Les gaz retenant la chaleur dans l'atmosphère de Vénus, la température a grimpé fortement. Les rayons ultraviolets provenant du Soleil ont brisé les molécules d'eau (H_2O) présentes dans l'atmosphère, et l'hydrogène, léger, s'est échappé dans l'espace. L'eau auparavant présente sur Vénus est disparue à jamais.

Aujourd'hui, Vénus est entourée d'une épaisse atmosphère de gaz carbonique qui lui confère une température torride d'environ 465 °C. Sur Terre, la majeure partie du gaz carbonique (CO_2) s'est dissoute dans l'eau des océans puis est entrée dans la formation de roches comme le calcaire (carbonate de calcium, $CaCO_3$). C'est ainsi que l'effet de serre terrestre, ni trop faible ni trop important, assure des conditions propices à la vie.

Il ne reste qu'à espérer que l'intensification de l'effet de serre due à l'utilisation de combustibles fossiles ne s'emballera pas. Les océans ne peuvent pas absorber une quantité illimitée de gaz carbonique.

De toute façon, les astronomes prévoient que dans deux milliards d'années, les océans terrestres se seront évaporés, car le Soleil sera devenu plus chaud et plus lumineux. La Terre sera alors un désert, comme l'est déjà Vénus.

La mer ne manque pas de sel

Rachel se penche pour remplir son seau au moment où une grosse vague arrive. Un peu d'eau atteint ses lèvres : pouah ! L'évidence s'impose : l'eau de l'océan est salée. Elle contient en moyenne 3,5 % de sel, en proportion de poids.

En fait, il faudrait parler de sels, ou d'ions, plutôt que de sel. Le goût salé de l'eau marine résulte en effet de la présence importante d'ions sodium et chlorure, constituants du sel de table. Mais ces ions ne sont pas les seuls : l'eau de mer contient plus de 70 éléments différents. Sauf pour les gaz inertes (hélium, néon, etc.) dissous, ces éléments se trouvent sous forme ionique. Outre le sodium et le chlore, on y retrouve du magnésium (Mg^{+2}), du calcium (Ca^{+2}), du potassium (K^+), du brome (Br^-)… L'azote apparaît sous forme d'ions nitrate (NO_3^-), le soufre sous forme d'ions sulfate (SO_4^{-2}). Si les océans s'asséchaient instantanément, la couche de sels déposée au fond atteindrait 60 mètres de hauteur !

D'où vient le sel? L'érosion par la pluie et par le ruissellement extrait du sol des continents une bonne partie de ces substances, surtout les ions positifs (sodium, potassium, calcium...). L'eau entraîne ensuite les minéraux et ions dans les rivières et fleuves qui se jettent dans la mer. Autrement dit, même l'eau que l'on appelle « douce » n'est pas pure; elle contient du sel et d'autres ions, mais en quantités très faibles.

D'autres éléments, surtout des ions négatifs (chlorures, sulfates...), proviennent de l'intérieur de la Terre. Ils sont injectés dans les océans aux endroits (les dorsales médio-océaniques) où deux plaques tectoniques s'éloignent l'une de l'autre. Du magma provenant du manteau terrestre monte remplir l'espace entre les deux plaques et libère de l'eau contenant divers éléments dissous. Des ions chlorure et sulfate sont aussi émis lors des éruptions volcaniques: ils se dissolvent dans les gouttelettes d'eau de l'atmosphère et tombent dans les océans sous forme de pluie.

Malgré ces apports continus, la salinité de l'océan est stable, comme le montre l'analyse de sédiments vieux de centaines de millions d'années. C'est donc que certains processus soustraient à l'eau diverses substances. Par exemple, de nombreux organismes marins utilisent le calcium pour constituer leurs coquilles (voir le chapitre 6), qui tomberont éventuellement au fond de l'eau et formeront du calcaire par compaction. Le potassium s'intègre aux argiles du fond de l'océan qui, sous des pressions et températures élevées, se transformeront en une roche dure. Le sodium suit un peu le même chemin, mais beaucoup plus lentement: c'est pourquoi il en reste davantage dans l'eau.

Vagues après vagues

Comme leurs rejetons s'amusent dans l'eau, Pierre et Sophie se secouent de leur torpeur et vont se « saucer » aussi. L'eau n'est pas très chaude! Alors qu'en Méditerranée ou sous les tropiques la température des mers dépasse 24 °C en été, elle chute sous 20 °C quand on remonte vers le nord. Pierre et Sophie entrent dans l'eau jusqu'aux hanches, mais il leur reste le plus difficile: s'immerger le ventre. Leur hésitation ne dure pas: une grosse vague décide pour eux, en les mouillant jusqu'au torse.

En soufflant au-dessus de vastes étendues d'eau, le vent perturbe l'eau et la soulève en certains endroits. La gravité tend à faire descendre les molécules d'eau se trouvant au-dessus de la hauteur moyenne de la surface: c'est ainsi que les vagues sont engendrées[5].

Les vagues qui se forment ont diverses longueurs d'onde. Les vagues courtes atteignent une hauteur maximale puis se brisent sous l'action du vent; les vagues longues peuvent atteindre de plus grandes amplitudes sans déferler, grâce à leur base plus longue. Plus le vent souffle fort, longtemps et sur une grande distance, plus les vagues

5. La pression existant dans l'eau contribue aussi à la génération de vagues, en faisant monter les molécules d'eau se trouvant sous la hauteur moyenne de la surface.

hautes et longues sont favorisées. La houle est constituée de grandes vagues dont la longueur d'onde (distance d'une crête à la suivante) typique vaut 200 mètres ; ces vagues se déplacent à plusieurs dizaines de kilomètres par heure. On a déjà mesuré, dans le Pacifique, des longueurs d'onde de 600 mètres.

Des marins ont rapporté avoir observé, lors de tempêtes prolongées, des vagues de plus de 20 mètres de hauteur, l'équivalent d'un édifice de six étages. En 1933, un militaire américain a mesuré, par triangulation, une vague haute de 34 mètres ! De telles vagues résultent de différents mécanismes encore mal compris. Par exemple, deux vagues provenant de deux directions différentes peuvent se rencontrer et se superposer : si les crêtes de fortes vagues coïncident, il peut se former une vague géante.

En approchant d'une côte, les vagues rencontrent un fond ascendant. Le contact avec le fond déforme et ralentit les vagues, augmentant leur hauteur et diminuant leur longueur d'onde. Si la vague arrive obliquement, sa portion la plus proche du fond ralentit avant le reste de la vague. Résultat : la vague pivote et sa crête tend à s'aligner selon les courbes de niveau du fond. C'est un autre exemple de réfraction, le même phénomène qui cause la déviation de la lumière dans l'atmosphère (voir le chapitre 2) ou dans l'œil (voir le chapitre 4).

Figure 8.4
Forme des vagues près d'une côte irrégulière

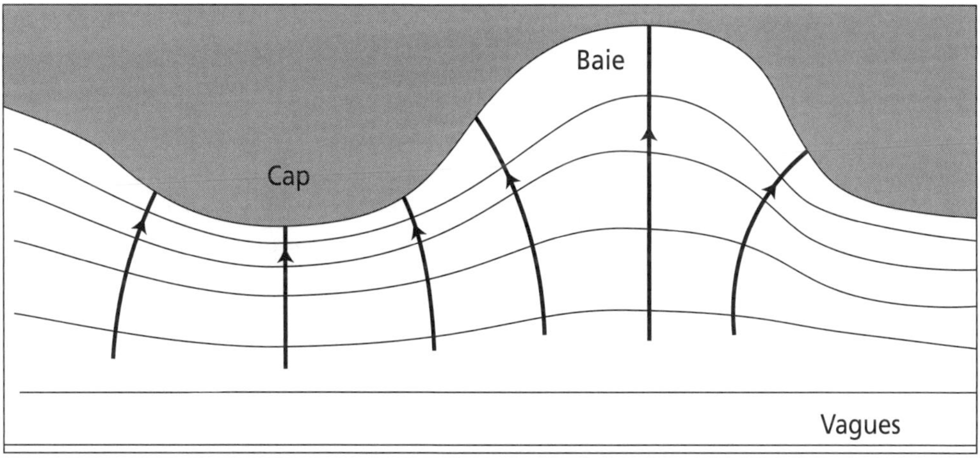

Les lignes minces représentent les crêtes de vagues, les lignes épaisses, la direction des vagues. Vis-à-vis du cap, le fond ralentit les vagues plus tôt et la réfraction concentre les vagues. Dans une baie, la réfraction répartit les vagues sur un plus grand espace.

Au voisinage d'un cap, la réfraction fait que les vagues s'incurvent et convergent vers le cap tout en augmentant de hauteur. Le cap subit donc davantage d'érosion qu'une portion droite de la côte et finira par être détruit. Inversement, quand les vagues arrivent dans une baie ou dans un creux de la côte, elles divergent, leur hauteur décroît et leur énergie est répartie sur une plus grande distance. Ceci explique que la rive d'une baie est moins érodée et qu'une baie constitue un bon port. Puisque les vagues érodent davantage le cap que la baie, elles ont donc pour effet de diminuer les irrégularités des côtes.

Près du rivage, le front des vagues devient plus pentu et la crête finit par s'effondrer dans le creux de la vague : celle-ci se brise et forme de l'écume, des « moutons ». Antoine et Julie s'amusent de longs moments à affronter les vagues qui déferlent.

Certaines flottent, d'autres pas

Pierre et Sophie affrontent les vagues d'une autre façon : ils commencent à nager. C'est autre chose que de nager en piscine ! À cause des vagues, bien sûr, mais aussi à cause de la densité plus grande de l'eau de mer : Pierre et Sophie flottent un peu plus facilement que dans une piscine ou un lac.

La flottaison résulte de la force d'Archimède exercée par l'eau vers le haut. La grandeur de la force dépend de la différence entre la masse volumique du corps et celle de l'eau. Aux températures normales pour la baignade, la masse volumique vaut environ 1,02 gramme par centimètre cube (g/cm^3) pour l'eau de mer et 1,00 g/cm^3 pour l'eau douce.

La masse volumique des différentes parties du corps varie passablement : de 1,7 à 2,0 g/cm^3 pour les os, autour de 1,05 g/cm^3 pour les muscles, de 0,90 à 0,96 g/cm^3 pour le gras, etc. Chez l'homme moyen, les muscles constituent 45 % de la masse, les os et les tissus gras environ 15 % chacun. Chez la femme moyenne, les proportions sont respectivement de 36 %, 12 % (os) et 27 % (tissus gras)[6]. Avec une plus grande proportion de gras, la densité moyenne du corps est plus faible chez la femme : si on ne considère pas l'air contenu dans les voies respiratoires, elle vaut en moyenne 1,04 pour la femme et 1,07 pour l'homme. Ces valeurs peuvent varier de 0,93, pour les gens très obèses, à 1,10 pour les hommes très minces.

Évidemment, la présence d'air dans les poumons diminue la densité moyenne. Durant un cycle inspiration-expiration, la quantité d'air dans les poumons passe typiquement de deux à cinq ou six litres. La densité moyenne tourne autour de 1,0 ; elle est plus basse pour les femmes, qui flottent mieux. Chez des personnes grandes, minces et musclées, la densité peut dépasser 1,0, ce qui fait que ces personnes ne flottent pas sans au moins bouger un peu.

6. Sur le 27 % de gras de la femme moyenne, il y a 12 % de gras « essentiel », réparti dans les organes, le système nerveux, la moelle osseuse, etc. (l'homme ne porte que 3 % de gras essentiel). La proportion de gras emmagasiné dans les tissus adipeux ne diffère pas tellement : 12 % de la masse totale chez l'homme moyen, 15 % chez la femme. Les scientifiques pensent que le surplus de gras essentiel de la femme est lié à la possibilité de grossesse.

Expérience • Vessies natatoires

Dans un bassin d'eau d'une profondeur d'au moins un mètre, inspirez le plus profondément possible et mettez-vous rapidement en position de « fœtus », en boule, cuisses collées contre le torse et bras entourant les jambes. Normalement, vous devriez flotter, tête et dos à la surface. Relâchez lentement l'air contenu dans vos poumons. Que se passe-t-il ?

Après avoir expiré une certaine quantité d'air, votre densité moyenne peut devenir inférieure à 1... et vous coulez !

Expérience • Le raisin qui flotte, le raisin qui coule

Versez une boisson gazeuse dans un verre transparent et ajoutez quelques raisins dans le verre. Les raisins coulent au fond (et donc ne flottent pas). Mais après un court délai, les raisins montent à la surface !

Pourquoi ? Des bulles de gaz carbonique se forment et s'accrochent aux parois des raisins, diminuant leur densité moyenne suffisamment pour qu'ils flottent.

Remarquez que quand un raisin flotte en surface, il arrive qu'il se retourne. Les bulles se forment et s'accumulent surtout sur la surface inférieure du raisin, ce qui amène celui-ci à se retourner.

Au bout de quelques heures, la boisson gazeuse a perdu son gaz et les raisins restent au fond.

Dans l'eau, Pierre est un peu désavantagé par rapport à Sophie, à cause de la répartition de sa masse corporelle. En moyenne, les hommes ont des jambes plus longues et plus minces que celles des femmes : leurs jambes flottent donc moins bien. Le corps d'un homme est plus incliné dans l'eau que celui d'une femme. Quand il nage, l'homme présente donc à l'eau une surface frontale plus grande et il offre une plus grande résistance au mouvement.

Après avoir nagé un peu, Sophie commence à faire la planche sur le dos. Pour se maintenir à flot, elle effectue constamment de petits mouvements des jambes ; autrement, le bas de son corps coulerait. Pourquoi ? C'est parce que son corps est soumis à deux forces qui ne sont pas appliquées au même endroit, ce qui entraîne une rotation.

Expérience • De l'effet du sucre sur la flottaison

Dans un évier ou un pot contenant au moins 15 centimètres d'eau, déposez une canette de Coke ordinaire puis une autre de Coke allégé (Coke diète). Que se passe-t-il ?

Une canette de Coke ordinaire contient plus de 30 grammes de sucre dissous, alors que le Coke allégé n'en contient pas ; le Coke ordinaire est donc plus dense. Bien que le liquide du Coke allégé et l'aluminium soient plus denses que l'eau, la canette flotte parce qu'il y a un espace rempli de gaz carbonique dans la canette, ce qui réduit la densité moyenne sous celle de l'eau. Il y a aussi un tel espace dans la canette de Coke ordinaire, mais la densité moyenne de la canette reste supérieure à celle de l'eau.

Qu'est-ce que prouve cette expérience ? Si vous répondez « pas grand-chose », vous avez raison. Pour conclure hors de tout doute que le Coke allégé est moins dense que le Coke ordinaire, il faudrait s'assurer que les deux canettes contiennent un volume de liquide égal, ce qui n'est pas faisable à la maison. Notre conclusion ne serait valide que si on était certain que la machine qui remplit les canettes met vraiment des quantités égales de liquide dans chaque canette. Une façon de contourner cette incertitude serait de refaire l'expérience avec des canettes achetées dans différents lots sur une période de plusieurs mois, et de conclure à partir de la moyenne des résultats.

Figure 8.5

Forces exercées sur une personne faisant la planche

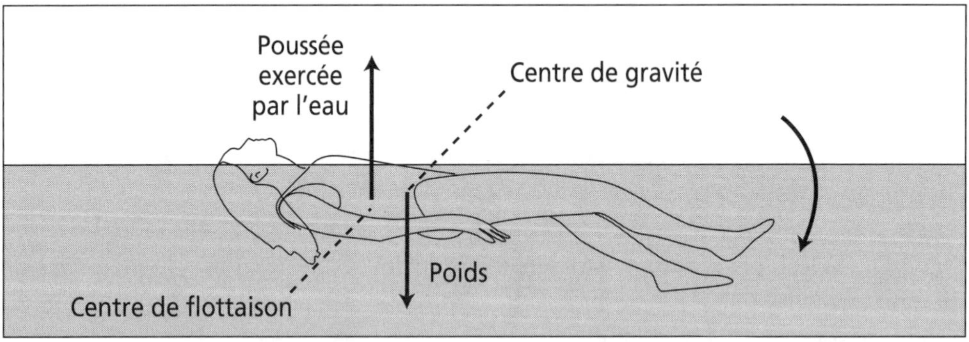

Globalement, le corps est soumis à deux forces, son poids et la poussée d'Archimède exercée par l'eau. Le poids s'applique au centre de gravité et la poussée d'Archimède au centre de flottaison. Les forces n'étant pas appliquées sur la même ligne, le corps tourne.

Une de ces forces est la force d'Archimède, dirigée vers le haut. La poussée d'Archimède s'exerce sur toutes les parties du corps mais on peut simplifier l'analyse en disant qu'en moyenne, elle s'exerce sur le « centre de flottaison », qui représente le centre du volume du corps. Si on découpe le corps en petits morceaux, la position du centre de flottaison est la moyenne des *positions* de chacun des morceaux.

L'autre force est la gravité, qu'on peut considérer comme s'exerçant au centre de gravité du corps de Sophie. Le centre de gravité ne se trouve pas au même endroit que le centre de flottaison : sa position est aussi une moyenne des positions de chaque morceau, mais cette moyenne est influencée par la masse de chaque morceau. Parce que la cage thoracique du corps contient de l'air, sa masse volumique est plus faible. Le centre de gravité se trouve donc plus vers le bas du corps que le centre de flottaison.

N'étant pas situées sur la même ligne, gravité et poussée d'Archimède engendrent une rotation, et le bas du corps tend à couler. Si Sophie ne remue pas du tout les jambes, le bas du corps descend jusqu'à ce que le centre de gravité et le centre de flottaison soient sur la même verticale.

Nager comme un poisson ?

Pierre, lui, a continué à nager et commence à être fatigué. Heureusement que la natation présente un avantage par rapport au vélo : il n'y a pas de côte à monter !

Comment se fait-il que Pierre avance quand il nage ? Même pour une activité si courante, la science n'a pas encore de réponse définitive ! Depuis quelques dizaines d'années, les biomécaniciens ont proposé plusieurs théories de la natation. L'explication complète repose probablement sur une combinaison de quelques-unes des théories avancées.

Prenons le cas du crawl. Avec ses mains et ses bras, Pierre pousse l'eau vers l'arrière, un peu comme avec des avirons. Ses bras et ses mains sont ralentis par la résistance de l'eau ; la force exercée par Pierre et la résistance de l'eau sur ses bras forment un autre couple action-réaction. Comme les bras vont vers l'arrière, la traînée est dirigée vers l'avant : c'est elle qui fournit la force de propulsion ! Que la physique est étrange : la traînée sur l'ensemble du corps ralentit la progression de Pierre, mais c'est grâce à la traînée sur ses bras qu'il avance !

La traînée sur l'ensemble du corps est dirigée vers l'arrière. Cette résistance limite la vitesse de Pierre à deux ou trois kilomètres à l'heure, une vitesse beaucoup plus lente que celle qu'il atteindrait en courant. Même un nageur de compétition ne dépasse pas huit kilomètres à l'heure. C'est parce que la traînée, comme on l'a vu (chapitre 1), dépend de la masse volumique du milieu. Celle de l'eau, à 1 gramme par centimètre cube (g/cm^3), est beaucoup plus élevée que celle de l'air, qui vaut environ 0,0013 g/cm^3. Heureusement, la surface frontale de Pierre, faible à cause de la position allongée, et la vitesse réduite contribuent à diminuer la traînée.

La traînée s'exerçant sur le corps dépend beaucoup de la position du corps dans l'eau. Les bons nageurs maintiennent une position qui réduit leur surface frontale. Par exemple, des mesures ont montré que nager avec la tête hors de l'eau pouvait doubler, voire tripler, la traînée, surtout parce que cela fait descendre les hanches et les jambes, ce qui augmente la surface frontale.

C'est surtout pour diminuer la traînée que Pierre bat des jambes : ainsi, il maintient son corps plus ou moins à l'horizontale. Le battement des jambes doit se faire sous l'eau pour obtenir une propulsion maximale, mais aussi près de la surface que possible, afin de réduire la surface frontale.

Le battement des jambes ne contribue qu'à 10 % de la propulsion en moyenne[7] ; au crawl, ce sont les bras qui font le travail le plus important. Les mouvements des bras sont aussi plus efficaces. Des chercheurs ont mesuré la consommation d'énergie de nageurs avançant seulement avec les bras ou seulement en battant des jambes (un flotteur maintenait le corps à l'horizontale). Pour avancer à une vitesse d'un mètre par seconde, un bon nageur dépense 3,5 fois plus d'énergie avec ses jambes qu'avec ses bras !

Mais puisque les bras et les jambes font des mouvements cycliques, comment se fait-il que Pierre avance ? Pourquoi le mouvement dans un sens n'est-il pas compensé par le mouvement dans l'autre sens ? Dans le cas des bras, c'est simple : au crawl, le retour du bras se fait dans l'air, où la résistance est plus faible que dans l'eau. La force dirigée vers l'avant, existant quand le bras pousse dans l'eau, est donc plus grande que celle s'exerçant sur le bras revenant en l'air (force dirigée vers l'arrière), ce qui permet à Pierre d'avancer.

Pour les jambes, c'est moins évident, puisqu'elles demeurent dans l'eau durant tout le cycle. Mais comme toujours, la traînée s'exerçant sur les jambes dépend de la surface frontale, de la vitesse des jambes et du coefficient de traînée. Pierre contrôle inconsciemment ces facteurs de façon à minimiser la résistance de l'eau lors de la montée d'une jambe et à la maximiser lors de la descente de la même jambe. Ainsi, un battement complet fournit une poussée résultante vers le haut et vers l'avant.

Figure 8.6

Battement des jambes dans le crawl

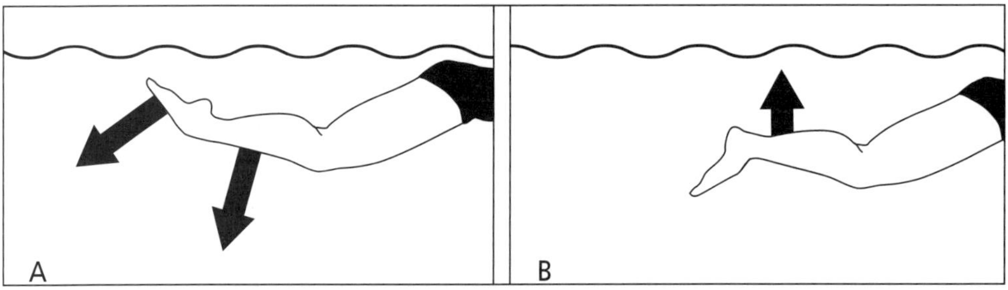

A. Vers le bas : la jambe, la cheville et le pied, en extension, poussent l'eau vers l'arrière et vers le bas, ce qui propulse le nageur vers l'avant et relève ses hanches. *B.* Vers le haut : le pied n'est pas en extension et déplace moins d'eau.

7. Selon une étude réalisée chez des nageurs de compétition, la contribution des battements des jambes varie beaucoup d'un nageur à un autre. Chez certains, les jambes fournissaient jusqu'à 27 % de la propulsion… mais d'autres, avec un flotteur pour soutenir leurs jambes, allaient plus vite quand ils ne battaient pas des jambes !

Pierre obtient cette poussée vers le haut et l'arrière en gardant ses chevilles détendues. Quand la jambe descend, ceci permet l'extension de la cheville et du pied. Le pied présente alors une surface frontale maximale et est incliné de façon à pousser l'eau vers l'arrière et vers le bas, propulsant la jambe (et Pierre) vers l'avant et vers le haut. Quand la jambe remonte, la résistance de l'eau fait que le pied prend naturellement une position moins allongée, ce qui minimise la surface frontale. La jambe doit être maintenue la plus droite possible, car une jambe pliée projette l'eau vers l'avant lors de la remontée, ce qui ralentit le nageur.

L'explication de la propulsion que l'on vient de voir est toutefois incomplète. Une analyse plus détaillée montre que l'effet « aviron » n'explique qu'environ la moitié de la force de propulsion totale. Le reste vient de divers phénomènes hydrodynamiques (turbulence, tourbillons, écoulements d'eau, etc.) semblables à ceux qu'il faut considérer pour décrire le vol des avions et des insectes. L'expérience *L'eau coule le long du bras* en donne un exemple.

Sophie s'est remise à nager, elle aussi, mais à la brasse. Dans ce type de nage, les mouvements des bras se font entièrement sous l'eau, au contraire du crawl. Afin que le retour d'un membre ne compense pas l'aller, ce qui amènerait Sophie à faire du surplace, celle-ci adopte des positions de mains et de bras qui minimisent la résistance de l'eau lors du retour du bras et la maximisent lors de la poussée. Un cycle complet fournit ainsi une poussée vers l'avant.

Expérience • L'eau coule le long du bras

Nouez des bouts de ficelle d'environ huit centimètres à des bandes élastiques. Installez ces élastiques à différents endroits le long de votre avant-bras, par exemple au poignet, près du coude, et entre le poignet et le coude. Dans un bassin d'eau, étendez le bras horizontalement et faites-lui parcourir *doucement* un arc de cercle horizontal, par exemple en faisant tourner votre corps autour d'un axe vertical. Si vous bougez lentement, vous verrez que les bouts de ficelle seront perpendiculaires à votre bras. Maintenant, tournez plus vite. Que se passe-t-il ?

Les bouts de ficelle se disposent parallèlement à l'avant-bras, pointant en direction de la main, ce qui signifie que l'eau s'écoule dans cette direction le long de l'avant-bras. Cet écoulement réduirait la pression devant le bras (vers l'avant quand on nage), ce qui contribuerait à la propulsion. Des mesures effectuées à l'aide de capteurs de pression installés sur les bras de nageurs semblent confirmer cette vision, mais le phénomène est encore discuté.

Notez que si vous avez les avant-bras suffisamment poilus, cette expérience ne requiert pas de bouts de ficelle…

La vision et l'ouïe sous l'eau

Pour ne pas avoir d'eau salée dans les yeux, Sophie a mis des lunettes de natation, ce qui lui offre l'avantage accessoire de bien voir le fond marin. Avec les yeux dans l'eau, les rayons ne dévient à peu près pas au passage de la cornée (figure 8.7) parce que l'œil et l'eau ont les mêmes propriétés optiques. Dans ce cas, le cristallin ne suffit pas à focaliser les rayons sur la rétine et on voit flou. En portant des lunettes de natation, Sophie interpose une couche d'air devant ses yeux, et la vision est nette. Chez les poissons, qui ne portent généralement pas de lunettes de natation, les cristallins sont très bombés, presque sphériques, pour arriver à réfracter suffisamment la lumière (le matériau dont ils sont constitués a aussi un « indice de réfraction » plus élevé).

Même avec des lunettes de natation, la vision de Sophie n'est pas tout à fait « normale ». En effet, les rayons lumineux venant d'un objet situé relativement près dans l'eau arrivent obliquement sur l'interface eau-air (les vitres des lunettes de natation ont un effet négligeable). Ces rayons dévient en passant de l'eau à l'air. Pour cette raison, les objets observés apparaissent plus près qu'ils ne le sont en réalité, environ aux trois quarts de la distance réelle pour un objet situé devant l'œil. Cette illusion d'optique joue parfois de drôles de tours aux nageurs et plongeurs. La turbidité de l'eau affecte aussi la perception des distances.

Figure 8.7
Vision dans l'eau et effet du port de lunettes de natation

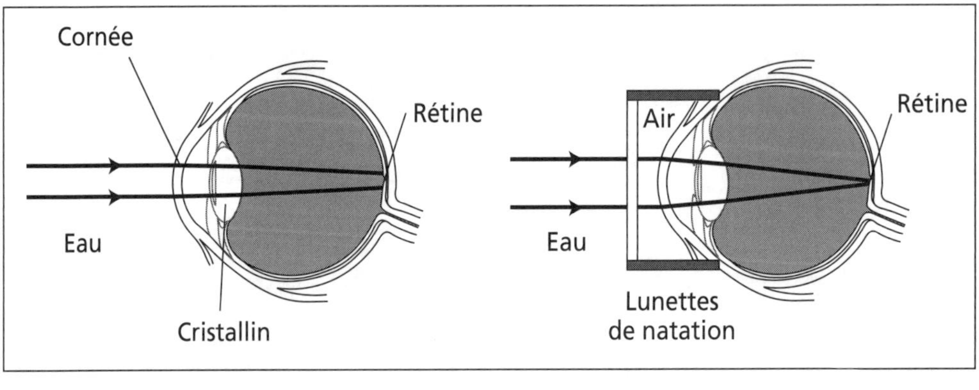

Les rayons lumineux (lignes avec flèches) proviennent d'un point d'un objet éloigné situé directement devant l'œil.

À gauche, l'œil est dans l'eau : les rayons ne dévient pas (ou très peu) au passage de la cornée, un peu plus dans le cristallin, mais ils ne convergent pas sur la rétine. L'image de chaque point d'un objet est donc un cercle, ce qui entraîne une vision floue.

À droite, avec des lunettes de natation, les rayons dévient nettement en passant de l'air à la cornée, ce qui permet aux rayons de converger sur la rétine. Chaque point de l'objet observé engendre un point sur la rétine, et la vision est nette.

Il n'y a pas que la vision qui est différente : la perception du son change aussi. Le conduit auditif de Sophie étant rempli d'eau, son tympan ne vibre pas normalement, ce qui affecte l'audition. Mais Sophie entend aussi grâce à la conduction du son par son crâne, qui transmet les vibrations à l'oreille interne[8]. Cette conduction osseuse est très efficace dans l'eau, car les sons pénétrant dans la peau puis dans les os sont moins atténués que s'ils proviennent de l'air.

8. Quand elle parle ou chante hors de l'eau, Sophie entend deux sons, l'un grâce à la conduction dans l'air et l'autre grâce à la conduction osseuse dans sa tête. Un enregistrement de sa voix ne lui semble pas naturel parce que le microphone ne capte que le son se propageant par voie aérienne.

l'insubmersible

CHAPITRE 9

JEUX D'ENFANTS, ET D'ADULTES AUSSI

Pierre, Sophie et leurs rejetons sortent de l'eau et s'essuient puisque, comme le dit le principe d'Archimède, « tout corps plongé dans l'eau en ressort mouillé » (est-ce bien ça ?). La moitié de l'après-midi est déjà passée et le tempo « vacances » s'impose de plus en plus. Nos protagonistes, s'ils n'ont pas envie de ne rien faire, ont surtout envie de ne rien faire rapidement.

Antoine et Julie vont se balader un peu plus loin sur la grève, là où la plage est un mélange de sable et de galets. Ils entament une activité pratiquée depuis des temps immémoriaux : faire rebondir des pierres à la surface de l'eau. Rachel les suit, mais abandonne vite cette activité requérant beaucoup de coordination pour fouiner un peu partout sur la plage.

Les ricochets des galets

Grâce à l'expérience acquise par essai et erreur, Antoine et Julie savent que pour réussir plusieurs ricochets, le caillou utilisé doit être relativement plat et circulaire. Ils doivent aussi lancer le galet à grande vitesse, de façon à ce qu'il touche l'eau en étant juste un peu incliné par rapport à l'horizontale. Enfin, lors du lancer, ils utilisent un doigt, généralement l'index, pour imprimer une rotation rapide au galet.

Tant que le caillou se trouve en l'air, il n'est soumis qu'à la gravité et à la résistance de l'air ; cette dernière a un effet assez faible. Le fait de tourner confère au caillou une stabilité supérieure à celle qu'il aurait sans rotation. Cette stabilité permet au caillou d'arriver à la surface de l'eau avec à peu près la même orientation que celle qu'il avait en quittant la main d'Antoine ou de Julie.

Les objets en rotation tendent à continuer à tourner, et cette rotation tend à se perpétuer dans la même direction, à moins qu'une force ne soit appliquée ailleurs qu'au centre de l'objet. En physique, on dit que la rotation est « conservée » ; c'est un principe de base, tout comme la conservation de l'énergie. Ainsi, la rotation des roues d'un vélo contribue à la stabilité du vélo. Les rayures du canon d'une arme à feu entraînent la balle en rotation, ce qui stabilise son vol; en tir à l'arc, les ailerons de l'empennage de la flèche jouent le même rôle. De la même façon, un jongleur fait tourner une assiette avant de la tenir en équilibre au bout d'un bâton. Au football américain, le quart-arrière imprime une rotation au ballon pour stabiliser son mouvement[1] ; autrement, le ballon virevolterait dans tous les sens. C'est aussi ce qui se produirait avec les cailloux si Antoine et Julie ne les faisaient pas tourner.

Expérience • La roue récalcitrante

Quand vous en aurez l'occasion (changement de pneu, crevaison, etc.), faites rouler une roue d'auto (avec son pneu) à la verticale sur le sol. Donnez une brève poussée latérale à la roue. L'effet de la masse en rotation est si important que le mouvement de la roue est à peine affecté.

Lorsque le caillou entre en contact avec l'eau, les molécules d'eau ne peuvent pas s'écarter instantanément devant le caillou et celui-ci ne s'enfonce pas dans l'eau. Des films montrent que seule la partie arrière du caillou touche à l'eau. L'eau se comporte comme une surface élastique et exerce vers le haut une force perpendiculaire aux surfaces en contact (figure ci-dessous). Cette force est en fait la résistance de l'eau (encore!).

Figure 9.1
Forces s'exerçant sur un caillou lancé dans l'eau

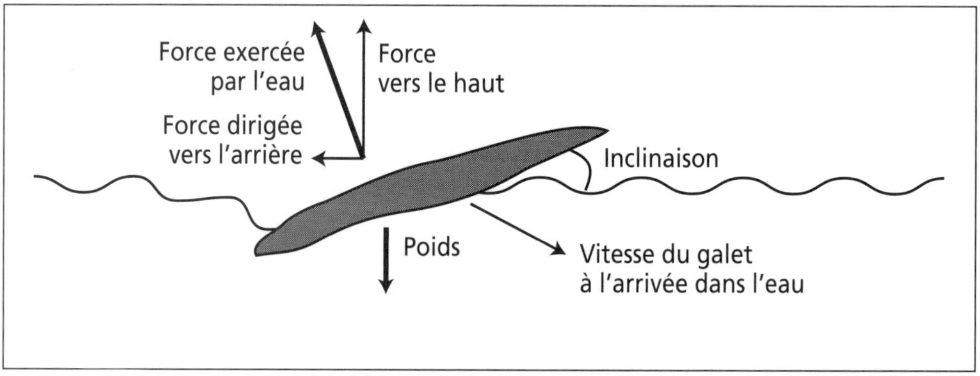

La force exercée par l'eau sur la partie du caillou plat en contact avec l'eau peut être décomposée en deux parties, une force vers le haut et une force vers l'arrière (en sens opposé au mouvement du caillou).

1. La résistance de l'air modifie progressivement la direction de l'axe du ballon et cet axe reste à peu près tangent à la trajectoire.

La force exercée par l'eau peut être décomposée en une force verticale et une force horizontale. La force verticale, dirigée vers le haut, fait rebondir le caillou si elle est plus grande que le poids.

La force horizontale, dirigée vers l'arrière, ralentit un peu le mouvement du caillou à chaque contact avec l'eau. Quand la vitesse devient trop faible, environ deux mètres par seconde, la force exercée par l'eau devient insuffisante pour faire rebondir le caillou (la résistance de l'eau est en effet proportionnelle au carré de la vitesse du caillou). Le caillou s'enfonce donc dans l'eau. Pour réussir le plus grand nombre de ricochets, il faut ainsi propulser le caillou avec la vitesse initiale la plus grande possible. La distance entre deux ricochets successifs diminue d'abord lentement, puis de plus en plus rapidement, ce que remarquent facilement Julie et Antoine.

Pourquoi faut-il mettre le caillou en rotation ? C'est que la force exercée par l'eau n'est appliquée que sur la partie immergée du caillou : elle tend donc à modifier l'inclinaison du caillou. Si l'inclinaison change suffisamment, le caillou risque de s'enfoncer dans l'eau au contact suivant, ou de mal rebondir. Comme on l'a vu, la rotation stabilise l'inclinaison du caillou et la rend difficile à modifier. Dès que le caillou effectue quelques révolutions par seconde, ce qui est facile à réaliser, l'effet stabilisant de la rotation suffit à maintenir son inclinaison à peu près constante.

Le record mondial de ricochets atteint presque 40. Cet après-midi, Antoine et Julie en sont loin : Antoine a réussi un tir de six ricochets, Julie a été limitée à cinq. Compte tenu du fait que nos jeunes experts en balistique ne bénéficient pas d'une surface d'eau plane, à cause des vagues, c'est quand même plutôt bon.

Le vent dans les voiles

Pendant ce temps, Pierre et Sophie sortent du hangar le petit dériveur d'oncle Yvon et commencent à le gréer. Il leur faut une bonne demi-heure pour installer le mât, les haubans (câbles tenant le mât), la grand-voile et le gouvernail.

Antoine et Julie, le bras un peu fatigué, s'approchent de leurs parents. Pierre propose à Antoine d'essayer le voilier avec lui, question d'approfondir leur relation père-fils ; Sophie ira plus tard, avec les deux filles. Nos marins d'eau douce enfilent leur vêtement de flottaison individuel, qui a pour effet de diminuer leur densité moyenne et donc d'augmenter leur capacité à flotter en cas de chavirement.

Pierre et Antoine tirent le bateau vers le large et se hissent à bord. Antoine installe la dérive pendant que Pierre s'empare de la barre afin de contrôler le bateau. Partir perpendiculairement à la côte est impossible, car la brise de mer, qui souffle vers l'intérieur des terres, s'oppose au mouvement du bateau. Aucun voilier ne peut aller directement contre le vent : avec sa proue (son avant) exactement au vent, un voilier ne peut que reculer. Pierre doit plutôt louvoyer, « tirer des bordées », c'est-à-dire se diriger contre le vent mais avec un certain angle.

Figure 9.2

Forces qui s'exercent sur un voilier

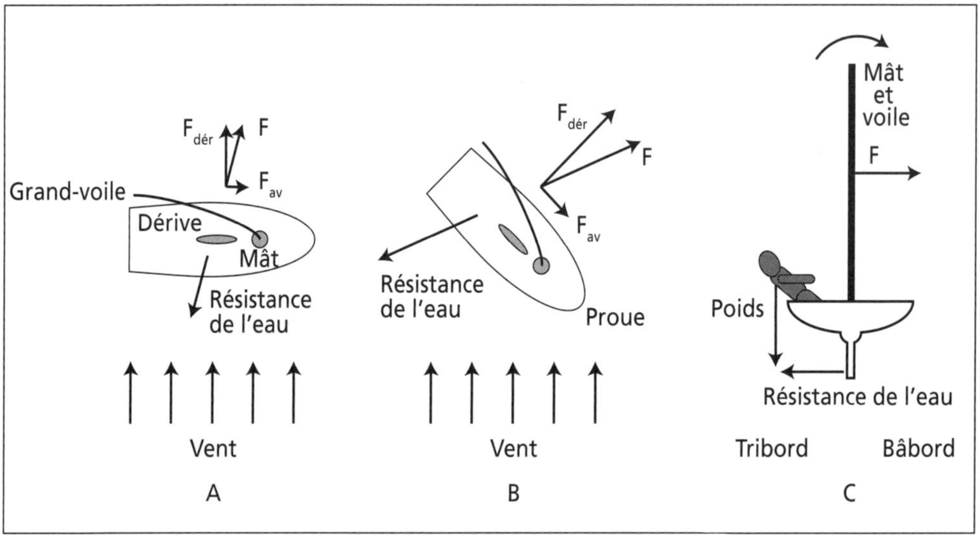

Forces s'exerçant sur la voile et le bateau, pour un voilier (A) vu d'en haut, avec vent de travers (de côté), (B) vu d'en haut, avec le vent à 45°, et (C) vu de l'avant.

La force F exercée par le vent sur la voile est décomposée en deux forces : la force F_{av} fait avancer le bateau et la force $F_{dér}$ fait dériver le bateau de côté. La dérive est cependant limitée par la résistance de l'eau s'exerçant sur la dérive et sur la coque. Si le voilier se déplace à vitesse constante, la résistance compense exactement la force F.

(C) Les forces exercées par le vent sur la voile et par l'eau sur la dérive et la coque tendent à déséquilibrer le bateau, ici *vu de l'avant*. Les équipiers doivent se déplacer de façon à ce que leur poids compense cette tendance au chavirement.

Pour comprendre comment cela est possible, il faut analyser les forces s'exerçant sur la voile et le bateau. Supposons d'abord que le vent arrive de côté, comme sur la figure 9.2, à gauche. Au niveau microscopique, chaque molécule d'air qui frappe la voile lui communique une petite impulsion. L'ensemble des collisions génère la force exercée sur la voile, qui transmet cette force au mât et donc au bateau.

En négligeant la viscosité de l'air, la force F s'exerçant sur la voile est perpendiculaire à la ligne joignant les extrémités de la voile. Pour déterminer l'effet de cette force, on la décompose en deux parties : une force F_{av} dirigée dans l'axe du bateau et qui fait avancer ce dernier, et une force $F_{dér}$ perpendiculaire au bateau qui le fait dériver de côté.

L'effet de cette force de dérive est annulé en bonne partie par la résistance que l'eau exerce sur la dérive, un genre d'aileron faisant saillie sous le bateau, ou sur la quille dans le cas des bateaux plus gros. Si la force F_{av} est plus grande que la composante de la résistance dirigée vers l'arrière, le voilier accélère. Si ces deux composantes sont égales, comme sur la figure, le bateau se déplace à vitesse constante.

Avec le vent de côté, la force F_{av} est évidemment beaucoup plus faible que la force F exercée sur la voile. Cependant, cette force F_{av} peut être assez élevée, aussi grande et même plus grande, que la force exercée sur la voile par vent arrière. Surprenant ? C'est que l'action du vent sur la voile dépend du *vent apparent* et non du vent réel.

Comme pour un cycliste (voir le chapitre 5), le vent apparent dépend du vent réel et du mouvement du bateau. Dès que le bateau bouge, la vitesse du vent par rapport à la voile change. Par exemple, si le bateau avance à 10 km/h avec un vent arrière de 30 km/h, le vent apparent n'est plus que de 20 km/h. La force sur la voile, qui dépend du vent apparent, devient plus faible que celle qui existerait si le bateau était immobile. Et plus le bateau va vite, plus le vent apparent et plus la force exercée sur la voile diminuent. Le bateau ne peut donc pas dépasser 30 km/h et, en réalité, à cause des vagues et de la résistance de l'eau sur la coque, la vitesse n'atteindra au mieux que 10 à 15 km/h.

Quand le vent réel vient de côté, le vent apparent ne diminue pas et peut même augmenter quand le bateau prend de la vitesse (comme pour le cycliste de la figure 5.6B). Si on oriente la voile correctement, la force F sur la voile est plus élevée que la force obtenue par vent arrière. La composante F_{av} peut donc être assez grande. C'est pourquoi, par vent de travers, un voilier peut aller aussi vite, ou même un peu plus vite, que par vent arrière.

Pour s'éloigner de la côte, Pierre peut faire avancer le voilier en écartant son axe de quelques dizaines de degrés par rapport au vent réel (figure 9.2, au centre). Bien que le rapport F_{av}/F soit encore plus petit que par vent de travers, la force F_{av} s'approche aussi de la force subie par vent arrière. En effet, plus le bateau va vite, plus le vent apparent augmente. C'est comme rouler en vélo avec le vent de face : plus on roule vite, plus le vent nous apparaît fort. Ce qui est ennuyant en vélo devient un avantage, sinon un plaisir, en voile !

Pour remonter au vent, Pierre louvoie, fait avancer le voilier en zigzag en allant alternativement avec le vent à droite puis à gauche. Puisque le vent apparent est grand, lui et Antoine ont l'impression d'aller très vite, ce qui n'est pas vraiment le cas.

Les forces sur la voile et la quille se conjuguent pour déséquilibrer le bateau autour d'un axe longitudinal (axe dans le sens avant-arrière), comme on le remarque sur la figure 9.2, à droite, où le voilier est représenté *vu de l'avant*. Ici, le vent fait gîter le voilier vers la gauche (bâbord). Afin de contrebalancer cette gîte, Pierre et Antoine doivent se regrouper à droite (tribord), d'autant plus à droite que le vent est fort. Lors d'une bonne bourrasque, nos deux marins s'assoient sur le bord du bateau, et sortent même le haut du corps à l'extérieur, retenus par des sangles ou un harnais. Pour ne pas chavirer si le vent est vraiment très fort, Pierre doit relâcher la voile, ce qui réduit la force F.

Pendant que le bateau s'éloigne de la côte, Pierre explique à Antoine ces rudiments de voile. Au bout d'une vingtaine de minutes, il vire de bord et revient vers la côte, puis il cède la barre à son fils. Par vent arrière et en ligne droite, l'initiation est plus facile !

Entre ciel et terre

Pendant ce temps, sur la plage, les trois femmes de la famille profitent aussi du vent. Julie a sorti de l'auto un petit cerf-volant tout simple, en forme de losange, à l'armature constituée de deux baguettes entrecroisées. Elle le fait voler avec Rachel, supervisée par sa mère.

Le cerf-volant est soumis à trois forces (figure 9.3) : la poussée de l'air, la force exercée par la corde, aussi appelée tension, et son propre poids, c'est-à-dire la force gravitationnelle que la Terre exerce sur le cerf-volant. La poussée de l'air est à peu près *perpendiculaire* au cerf-volant, comme pour la voile.

Figure 9.3

Forces s'exerçant sur un cerf-volant

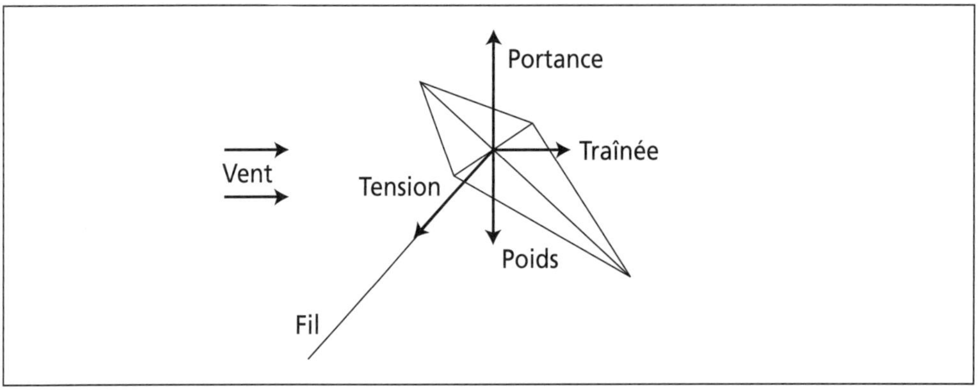

La portance est perpendiculaire à l'écoulement de l'air, la traînée est parallèle à l'écoulement. Ces deux forces sont des composantes perpendiculaires de la poussée de l'air.

La poussée de l'air est proportionnelle à la surface frontale que le cerf-volant présente au vent, à la densité de l'air et à la vitesse relative de l'air au carré. Pour mieux analyser ses effets, on décompose la poussée de l'air en portance, une force perpendiculaire au vent, et en traînée, une force parallèle au vent. Normalement, le vent est horizontal, le cerf-volant fait face au vent (le vent arrive du côté de sa surface inférieure) et la portance est dirigée vers le haut.

Pour que le cerf-volant vole, la portance doit être aussi grande ou plus grande que les forces dirigées vers le bas, soit le poids du cerf-volant et la composante verticale de la tension, laquelle est faible si le cerf-volant est près du sol (parce qu'alors la corde pèse moins et est moins inclinée). Quand il vente fort, cette condition est remplie facilement. Par vent léger ou moyen, comme aujourd'hui, il faut augmenter la vitesse relative de l'air passant près du cerf-volant. C'est pourquoi Julie demande à Rachel de lancer le cerf-volant au moment où elle-même commence à courir contre le vent et à tirer sur le fil. Dès que le cerf-volant s'est un peu élevé, Julie arrête de courir. Habituellement, la vitesse du vent est plus grande en altitude que près du sol parce que l'air en mouvement près du sol est ralenti par la friction. Cette vitesse plus grande assure une portance plus élevée.

Pour un cerf-volant simple à un fil, le record d'altitude atteint 3 800 mètres. Évidemment, on n'atteint pas une telle hauteur avec un petit cerf-volant acheté à la boutique au coin de la rue ! Pourquoi un cerf-volant, comme un avion d'ailleurs, ne peut-il pas monter indéfiniment ? Comme on l'a vu, la portance est proportionnelle à la densité de l'air, et cette densité diminue avec l'altitude. En outre, plus le cerf-volant est haut, plus la masse de ficelle à supporter s'accroît et plus la tension dans la ficelle, au point d'attache avec le cerf-volant, est grande. Si la tension augmente trop, la portance ne peut plus compenser les forces dirigées vers le bas.

Si la vitesse du vent augmente, lors d'une bourrasque par exemple, la portance et la traînée augmentent et le cerf-volant s'élève davantage. La composante verticale de la tension augmente aussi jusqu'à ce qu'un nouveau point d'équilibre soit atteint. Si le vent ralentit, portance, traînée et tension diminuent et le cerf-volant se stabilise à une altitude inférieure. C'est parce que le vent n'est jamais constant que Julie doit surveiller et contrôler le cerf-volant, tout comme Pierre devait réagir aux sautes de vent pour maintenir le cap et l'équilibre du voilier. C'est l'instabilité du vent qui fait le charme de ces deux activités.

Encore le gaz carbonique

Pierre et Antoine étant revenus sans avoir fait naufrage, Sophie part en bateau à son tour, avec Julie et Rachel. Les deux gars, eux, décident de prendre ça mollo. Antoine va chercher son lecteur de disques compacts portatif et écoute un disque, couché sur la chaise longue. Pierre sort une bouteille de bière du frigo, s'empare d'un verre et d'un bon livre et va s'asseoir dehors, observant de temps à autre les louvoiements du bateau de Sophie.

Pierre décapsule sa bouteille. Instantanément, des bulles apparaissent. Ces bulles sont constituées de gaz carbonique, produit de la digestion des levures. Dans une bouteille de bière close, la pression du CO_2 atteint près de trois atmosphères (300 kilopascals). Une partie du gaz se trouve sous le bouchon, mêlé à un peu de vapeur d'eau; le reste est dissous dans le liquide.

Dès que Pierre retire le bouchon, la pression au sommet de la bouteille tombe à une atmosphère (101 kilopascals). La poche de gaz du haut se rue vers l'extérieur et prend de l'expansion. En prenant de l'expansion, le gaz carbonique pousse sur les molécules d'air situées hors de la bouteille. Le gaz effectue un travail (chapitre 1) et perd donc de l'énergie cinétique: ses molécules vont moins vite. Le gaz se refroidit. Une petite brume éphémère se forme, résultat de la condensation de la vapeur d'eau présente près du goulot de la bouteille.

Selon la loi de Henry, la solubilité d'un gaz est proportionnelle à la pression. Sous l'effet de la chute de pression consécutive à l'ouverture de la bouteille, le liquide devient sursaturé en gaz carbonique: il en contient plus qu'il ne peut en dissoudre. Des molécules de gaz sortent du liquide: des bulles se forment. La quantité de CO_2 dans la bière diminue jusqu'à ce que la pression du CO_2 dans la bière soit égale à celle existant dans l'atmosphère, soit 0,0004 atmosphère[2]. Si Pierre attendait quelques heures que sa bière devienne «plate» (mais il est trop assoiffé pour avoir envie d'en faire l'expérience), elle contiendrait près de 10000 fois moins de CO_2 qu'au moment de l'ouverture.

L'évacuation du CO_2 n'est pas instantanée, car les bulles ne naissent pas spontanément. Il est très improbable que plusieurs molécules se réunissent pour former une microbulle dans laquelle elles seront en phase gazeuse. Pour qu'une bulle se forme dans un liquide, il faut une pression locale très grande ou l'existence de «sites de nucléation». Ces sites sont des cavités minuscules dans les parois et des impuretés présentes sur les parois (dépôts de calcaire, fibres provenant des linges à essuyer) et dans le liquide. Ils piègent et retiennent les molécules de gaz, favorisant la formation de bulles suffisamment grosses pour s'échapper. Ce processus nécessite moins d'énergie que la formation spontanée de bulles.

Depuis quelques mois, Pierre va chercher lui-même ses bouteilles de bière au frigo. Depuis, en fait, qu'Antoine s'est amusé à secouer une bouteille qu'il lui apportait. Quand Pierre l'a débouchée, il s'est fait doucher. Quel gaspillage du précieux liquide!

Que s'était-il passé? Une augmentation de pression n'est pas en cause: la pression ne change pas quand on agite la bouteille. Mais en secouant la bouteille, Antoine a

2. La pression totale de l'air, une atmosphère ou 101 kilopascals (kPa), est la somme des pressions partielles de chacun des gaz présents dans l'atmosphère: environ 79 kPa pour l'azote, 21 kPa pour l'oxygène, etc.

engendré de minuscules tourbillons dans le liquide. Dans ces tourbillons, la pression locale est réduite : les molécules de gaz carbonique y sortent plus facilement du liquide, des microbulles se forment. Quand la pression chute brusquement lors de l'ouverture, ces bulles prennent de l'expansion et expulsent le liquide.

Voilà une situation où le gaz carbonique est nuisible. Il en existe d'autres, plus graves : on l'a vu, trop de gaz carbonique dans l'atmosphère intensifie l'effet de serre. En Afrique, le gaz carbonique a déjà causé un drame affreux. En 1986, plus de 1 700 personnes sont mortes au Cameroun quand du gaz carbonique est sorti brusquement du lac Nyos. Le CO_2, plus dense que l'air[3], s'est répandu au sol, indécelable, asphyxiant sans prévenir gens et bêtes à 10 kilomètres à la ronde (une concentration de CO_2 de 20 % est fatale). Certains extincteurs d'incendie fonctionnent selon le même principe, en « arrosant » de gaz carbonique les foyers d'incendie dans un lieu clos ; la teneur en oxygène diminue, entraînant l'arrêt de la combustion.

Tous les lacs n'ont pas ce pouvoir destructeur, heureusement. Le lac Nyos se trouve dans un ancien cratère volcanique, dans une région où l'activité volcanique et tectonique est encore importante. Cette activité serait la source du gaz carbonique qui s'accumule au fond du lac Nyos. Celui-ci étant profond de 210 mètres, la pression est suffisante pour garder le gaz dissous dans les couches d'eau inférieures du lac, tout comme la pression dans une bouteille de bière oblige le gaz à rester en solution tant que la bouteille n'est pas ouverte.

Les chercheurs qui ont étudié les causes du désastre estiment qu'une perturbation externe (vent violent, forte pluie, séisme...), ou que l'ajout de CO_2 au fond du lac, pourrait avoir déstabilisé la couche inférieure, causant une diminution de pression dans une région donnée. La pression diminuant localement, le CO_2 a formé des bulles. Celles-ci ont monté en entraînant l'eau vers le haut, menant à une éruption d'eau et de gaz. Le lac, large d'environ un kilomètre, aurait rejeté un kilomètre cube de gaz carbonique ! Son niveau a baissé de 90 centimètres après l'éjection du gaz.

Pour éviter la répétition de ce drame, un projet international a été mis sur pied. Depuis 2001, une station de pompage, reliée à des tuyaux plongeant dans les profondeurs du lac, propulse à 50 mètres dans les airs le mélange d'eau et de gaz carbonique. Le gaz diffuse dans l'air, mais de façon lente et contrôlée. La concentration en CO_2 dans le fond du lac a progressivement diminué, réduisant les risques d'une nouvelle « explosion » du lac.

3. La masse volumique du gaz carbonique est d'environ 2,0 grammes par litre, alors que celle de l'air tourne autour (car la masse volumique varie selon la température) de 1,2 gramme par litre.

La mousse et la radioactivité

Pierre verse la bière dans son verre. Glou-glou-glou… À mesure que la bouteille se vide, le son devient plus grave. C'est que la colonne d'air dans la bouteille s'allonge et sa fréquence de vibration diminue, tout comme un long tuyau d'orgue donne une note plus grave qu'un tuyau court.

Après le transvasement, la génération des bulles est plus rapide à cause des turbulences dans le liquide et des sites de nucléation disponibles dans le verre. La bière versée se couvre d'une mousse abondante et plus ou moins persistante. Cette mousse est constituée d'un ensemble de bulles, chaque bulle contenant du gaz carbonique enfermé dans un film de bière. Les molécules d'eau des parois, en s'attirant, tendent à minimiser la surface des bulles. Mais la pression du gaz présent à l'intérieur s'oppose à l'effondrement de celles-ci.

Certains composés présents dans la bière favorisent la formation et la stabilité de la mousse grâce à leurs propriétés « tensioactives ». Ces composés comportent une partie hydrophile et une partie hydrophobe, comme les molécules des savons et détergents. Leur présence réduit l'attraction entre les molécules d'eau ; ainsi, la paroi des bulles se trouve moins sous tension et les bulles durent plus longtemps.

Sans vouloir gâcher le plaisir de Pierre, mentionnons que ce phénomène s'observe ailleurs que dans un verre de bière. Par exemple, ce matin, Pierre a remarqué des paquets de mousse sur la plage. Cette mousse, souvent très persistante, résulte de la présence dans l'eau de mer de molécules organiques tensioactives libérées par des algues microscopiques. Ces molécules stabilisent les bulles formées par le bris des vagues le long de la côte. Le même phénomène peut s'observer dans un cours d'eau, près d'une petite chute ; dans ce cas, les tensioactifs proviennent de la dégradation de matière végétale.

Le liquide constituant les parois des bulles coule lentement vers le bas à cause de la gravité, à une vitesse qui dépend de la viscosité du liquide. Les bulles finissent par éclater. Dans un verre de bière, la hauteur de la mousse diminue en fonction du temps selon une relation mathématique appelée « décroissance exponentielle » (figure 9.4). Ceci se produit parce que le volume de la mousse disparaissant durant un intervalle de temps donné est proportionnel au volume de mousse présent.

Les décroissances exponentielles sont courantes dans la nature. L'intensité de la lumière se propageant dans l'air ou l'eau diminue exponentiellement : quand on plonge en profondeur, il fait de plus en plus sombre. Dans les premiers milliers de mètres au-dessus du sol, la pression et la densité de l'air diminuent à peu près exponentiellement avec l'altitude. La température du café de Pierre, au petit-déjeuner, chutait exponentiellement avec le temps. Cette loi de décroissance a été formulée par Isaac Newton… quoiqu'en bon Anglais, il ne doit pas l'avoir établie pour le café, mais pour le thé ! Newton s'intéressait à la diffusion de la chaleur en vue de déterminer l'âge de la Terre : il voulait évaluer le temps pris par une Terre initialement en fusion pour se refroidir à sa température actuelle.

Figure 9.4
Variation de la hauteur de la mousse dans un verre de bière

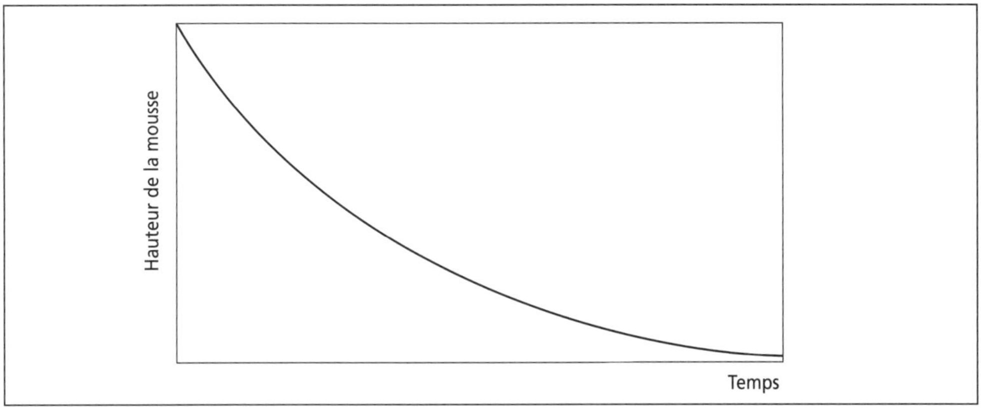

Courbe de décroissance exponentielle, illustrant par exemple la variation en fonction du temps de la hauteur de la mousse dans un verre de bière aux parois verticales.

L'analyse de Newton était incomplète, car elle ne tenait pas compte de la chaleur dégagée par les roches radioactives, le phénomène de radioactivité n'ayant été découvert qu'en 1896, deux siècles après les travaux de Newton. Les noyaux des atomes radioactifs se brisent au hasard, à un rythme qui dépend du type de noyau. Le nombre de noyaux diminue exponentiellement, comme la hauteur de la mousse dans le verre de Pierre !

Le nombre de noyaux d'uranium, par exemple, diminue de moitié en 4,5 milliards d'années. Comme la Terre a environ cet âge, ceci signifie que la moitié des noyaux d'uranium incorporés dans notre planète, lors de sa formation, se sont désintégrés depuis ce temps. En mesurant la quantité de noyaux radioactifs (uranium, potassium[4], etc.) et de leurs descendants, les géologues et les astronomes peuvent dater la formation des roches terrestres et des météorites.

La datation au carbone 14

Les archéologues évaluent l'âge des échantillons organiques (bois calciné, tissu, etc.) en déterminant leur contenu en carbone 14, également radioactif. Le carbone 14 se désintègre avec une demi-vie de 5 730 ans, ce qui signifie qu'au bout de 5 730 ans,

4. Il s'agit ici de potassium 40, la variété (le terme scientifique est « isotope ») radioactive, qui ne constitue que 7 % de tous les atomes de potassium.

il ne reste que la moitié du ^{14}C initialement présent. La datation au carbone 14 s'applique pour la matière organique vieille de moins de 50000 ans. Au-delà, la concentration du carbone 14 devient trop faible pour que les résultats soient fiables.

Le carbone 14 est un des ISOTOPES du carbone. Les noyaux atomiques des isotopes contiennent le même nombre de protons, 6 pour le carbone, mais leur nombre de neutrons diffère: 5 pour le carbone 11, 6 pour le carbone 12, 7 pour le carbone 13 et 8 pour le carbone 14. Le carbone 12 et le carbone 13, non radioactifs, constituent respectivement 98,9 % et 1,1 % du carbone présent sur Terre. Le carbone 14 a la portion congrue: environ 10^{-10} % de tous les atomes de carbone!

Le carbone 14 est produit dans la haute atmosphère de façon continue par les rayons cosmiques. Ainsi, certaines des molécules de CO_2 de l'atmosphère contiennent du carbone 14 plutôt que du carbone 12. Comme on l'a vu ci-dessus, l'équilibre entre la production et la désintégration du carbone 14 est atteint pour une concentration de carbone 14 très faible, environ 10^{-12} fois plus petite que celle de carbone 12!

Les plantes, et les animaux qui les mangent, ont le même rapport $^{14}C/^{12}C$ que l'atmosphère, car elles échangent continuellement du CO_2 avec l'environnement. Après la mort d'une plante ou d'un animal, l'organisme n'absorbe plus de gaz carbonique et le rapport $^{14}C/^{12}C$ diminue exponentiellement. En mesurant le rapport $^{14}C/^{12}C$ (du bois, du tissu, etc.), on peut donc déterminer le temps écoulé depuis la mort de l'organisme. La mise au point de cette méthode a valu à son auteur, Willard Libby, le prix Nobel de chimie en 1960.

Au fil des années, la comparaison des âges obtenus par la datation au carbone 14 avec les âges exacts obtenus par d'autres méthodes (comptage des cernes annuels des arbres fossiles, des couches de sédiments) a cependant révélé un désaccord systématique. Libby avait supposé que la production et la concentration de carbone 14 dans l'air étaient constantes. La discordance des âges a montré que ce n'est pas le cas: la teneur de l'atmosphère en carbone 14 a changé au cours du temps, principalement à cause des variations du champ magnétique terrestre.

Au cours des 50000 dernières années, le champ magnétique a généralement été plus faible qu'actuellement. Un champ faible laissait passer davantage de rayons cosmiques et la production de carbone 14 était plus élevée. Au cours de sa vie, un organisme ancien a donc assimilé plus de carbone 14 qu'il ne le ferait aujourd'hui et son rapport $^{14}C/^{12}C$ est plus élevé que si la teneur en carbone 14 avait été constante. Cette situation menait à une sous-estimation des âges… que l'on évite aujourd'hui grâce à la calibration faite sur des échantillons dont l'âge exact peut être déterminé autrement.

Une bonne bière froide

Dans le verre transparent, la belle couleur ambrée de la bière apparaît maintenant avec tout son éclat. Pourquoi la plupart des bouteilles de bière sont-elles brunes ou vertes, ce qui empêche de distinguer la couleur de la bière? C'est pour réduire la quantité de lumière pénétrant à l'intérieur. La lumière déclenche en effet dans la bière des transformations chez certaines substances (les isohumulones) provenant du houblon.

Ces réactions, auxquelles participent des substances soufrées présentes dans la bière, engendrent un goût désagréable résultant de la formation d'au moins un type de composé soufré, un thiol. Le composé en cause est facilement détectable au goût: il est perceptible à une concentration de l'ordre du nanogramme (milliardième de gramme) par litre! À cette concentration, il peut rendre la bière imbuvable pour les personnes les plus sensibles. Les thiols ont aussi une odeur très désagréable: les compagnies distributrices de gaz naturel en ajoutent au gaz afin de faciliter la détection olfactive des fuites de gaz. On retrouve aussi des thiols dans les sécrétions défensives de la mouffette.

Il faut donc garder la bière le plus possible à l'abri de la lumière, surtout les bières foncées qui absorbent davantage la lumière que les bières pâles. Les longueurs d'onde affectant la bière se trouvent dans l'ultraviolet, le violet, le bleu et le vert de faible longueur d'onde (jusqu'à 500 nanomètres). Or, les bouteilles vertes laissent passer beaucoup plus de violet, de bleu et de vert que les brunes; ces dernières sont donc préférables. Si la bière est exposée au soleil, le goût déplaisant peut apparaître en quelques minutes si la bière est dans une bouteille verte, mais le processus prend quelques heures avec une bouteille brune. Ainsi, toutes les bières en bouteille, mais surtout celles contenues dans des bouteilles vertes, devraient être conservées à la noirceur.

Les bouteilles transparentes, de plus en plus populaires, permettent de mettre en valeur la couleur de la bière aux yeux du consommateur. Les bouteilles doivent toutefois rester à l'abri de la lumière tout au long de leur parcours entre la brasserie et le réfrigérateur du consommateur. Dans certaines bières, les composés photosensibles (les isohumulones) sont éliminés en cours de production. Cependant, les isohumulones contribuent beaucoup à l'amertume de la bière. Pour retrouver cette amertume, certains fabricants ajoutent à la fin du brassage des isohumulones hydrogénés (l'hydrogénation empêche la formation de composés au goût déplaisant).

Pierre s'est décapsulé une belle rousse. D'où vient cette couleur? Elle résulte du processus de fabrication de la bière. Tout part de l'orge, la céréale traditionnellement la plus utilisée. Les grains d'orge sont riches en amidon et constituent une bonne source de glucides pour la fermentation. Avant d'en arriver là, il faut faire germer partiellement les grains: c'est le maltage. Durant ce processus, qui dure plusieurs jours, des enzymes sont synthétisées, une partie de l'amidon est transformée en sucres solubles et fermentescibles (glucose, fructose et maltose), et des protéines sont sectionnées en PEPTIDES et acides aminés.

Jus de mouffette

Le « jus » défensif de la mouffette rayée contient des thiols, des composés analogues aux alcools, sauf que le groupement OH des alcools est remplacé par un groupement SH. Ces composés présentent généralement une odeur très désagréable. Le groupement SH est moins polaire que le groupement OH, ce qui rend les thiols peu solubles dans l'eau : laver un animal arrosé par une mouffette n'a guère d'effet.

Le liquide défensif de la mouffette est emmagasiné dans deux glandes situées dans la région anale. Si elle se sent menacée, la mouffette tourne le dos, lève la queue et éjecte ses sécrétions à une distance allant jusqu'à trois mètres.

Afin d'élucider la composition du très puant liquide, des chimistes dévoués ont poursuivi de longues recherches, dont la principale difficulté était de surmonter les réactions olfactives de leurs collègues de laboratoire. Les principaux constituants des sécrétions sont le trans-2-butène-1-thiol et le 3-méthyl-1-butanethiol, qui comptent respectivement pour environ 40 % et 25 % des composés odorants. Cinq autres composés se trouvent à des concentrations supérieures à 1 %. Ces composés ont un poids moléculaire relativement faible, ce qui les rend passablement volatils.

Sécrétions de la mouffette

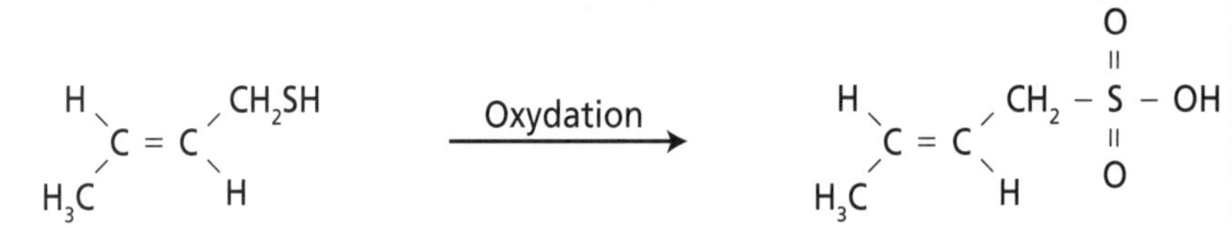

Trans-2-butène-1-thiol

Un acide sans odeur !

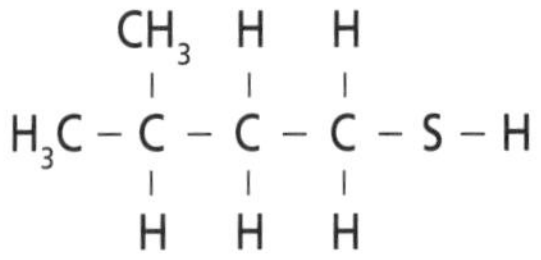

3-méthyl-1-butanethiol

Structures chimiques des deux thiols les plus abondants dans les sécrétions de la mouffette. Ces composés peuvent être transformés par oxydation, tel qu'illustré pour le trans-2-butène-1-thiol, en acides non odorants et solubles dans l'eau.

Tous ces composés s'infiltrent dans les poils d'un animal aspergé, comme un chien qui est allé mettre son nez là où il ne fallait pas. Il faut généralement plusieurs jours avant que les thiols s'évaporent et que l'animal n'empeste plus. Cependant, certains composés moins volatils, apparentés aux deux thiols représentés ci-dessus, demeurent dans le poil et se transforment en thiols quand ils viennent en contact avec de l'eau, s'il pleut ou durant une journée humide. Un animal arrosé par une mouffette peut donc encore sentir mauvais une semaine après la « rencontre ».

Tenter d'éliminer l'odeur pestilentielle en donnant à l'animal un bain de jus de tomate n'a pas d'effet positif : l'odeur du jus de tomate ne fait qu'occulter temporairement celle des thiols. Le chimiste américain Paul Krebaum a publié en 1993 la composition d'une solution maison, facile à fabriquer, qui permet d'éliminer les thiols en les oxydant. Il suffit de mélanger un litre de peroxyde d'hydrogène (disponible à la pharmacie), 60 millilitres de bicarbonate de sodium et cinq millilitres de détergent liquide. Le bicarbonate de sodium rend la solution basique, ce qui favorise la décomposition du peroxyde d'hydrogène et la libération d'oxygène. Le détergent contribue à détacher du poil et de la peau de l'animal les thiols et composés apparentés, qui sont un peu huileux.

Si vous avez à traiter un animal, répandez la solution sur la région affectée (attention aux yeux, ceux de l'animal et les vôtres – portez des lunettes protectrices), attendez cinq minutes puis rincez ; répétez si nécessaire. La solution doit être utilisée immédiatement, car c'est l'oxygène atomique que le peroxyde dégage qui réagit avec les composés à éliminer et les transforme en composés moins odorants. Elle ne doit pas non plus être conservée dans un contenant fermé, qui risque d'exploser sous l'effet de la pression générée par l'oxygène libéré (cette pression peut dépasser 1 000 kilopascals).

À la fin du maltage, les grains sont séchés et torréfiés (chauffés à haute température), comme pour le café. Plus la torréfaction est poussée, plus on obtiendra une bière foncée, au goût prononcé : pour fabriquer une bière rousse, les grains sont davantage torréfiés que pour une bière blonde. Lors du chauffage, des réactions entre les glucides et les acides aminés (regroupées sous le nom de réaction de Maillard) engendrent des composés savoureux de couleur foncée ; la viande ou les rôties brunissent pour la même raison.

On passe ensuite au brassage : l'orge maltée est moulue et mélangée à de l'eau chaude pour favoriser l'action des enzymes. Celles-ci attaquent le reste de l'amidon pour le convertir en sucres simples (en particulier du glucose) qui seront utilisés par les levures au cours de la fermentation. À ce stade, certains producteurs augmentent la teneur en sucres en ajoutant des extraits de céréales, comme le riz ou le maïs, dont l'amidon est facilement converti en sucres simples.

Après le brassage, on filtre le liquide pour en retirer les résidus solides, on ajoute le houblon (les fleurs de la plante femelle, en fait) et on fait bouillir. Il y a quelques siècles, le houblon servait d'agent de préservation, car il contient plusieurs composés antibactériens (les isohumulones, déjà mentionnés au début de cette section). Aujourd'hui, il a surtout l'avantage de conférer une amertume agréable à la bière grâce à certains acides qu'il apporte.

Le liquide (le moût) est ensuite refroidi et on l'ensemence de levures. Les levures se multiplient puis entament la fermentation anaérobie. À partir du glucose, elles produisent de l'éthanol et du gaz carbonique. Le gaz carbonique sortant du liquide est récupéré par le fabricant et injecté dans la bière au moment de l'embouteillage (sauf pour les bières fermentées en bouteille).

Vers la fin de la fermentation, selon qu'elles font partie de l'une ou de l'autre des deux grandes sortes de levure utilisées, les cellules de levure s'agglutinent et coulent au fond ou s'élèvent à la surface du bassin, portées par les bulles de gaz. Si la levure surnage, on parle de bières de haute fermentation, comme les *ale*, au goût prononcé. Si la levure coule, la bière est dite de basse fermentation : les *lagers* sont plus douces et plus blondes. Une fois la fermentation principale terminée, on transfère la bière dans des cuves où elle subit une maturation à basse température (0 à 2 °C) qui dure plusieurs semaines.

Les effets de l'alcool

Sophie et les filles reviennent, ayant suffisamment écumé la mer. Sophie offre un verre de jus aux enfants et, voyant Pierre entamer une seconde bouteille de bière, décide de se rincer le gosier elle aussi. Elle se prépare un pastis. Alors que la boisson est transparente dans la bouteille, elle se trouble quand Sophie ajoute de l'eau dans son verre.

Le pastis est fait à partir d'anis étoilé ou d'anis vert, des aromates. L'huile essentielle extraite de l'anis est soluble dans l'éthanol, mais pas dans l'eau. Quand on ajoute de l'eau au pastis, l'huile devient moins soluble et forme des microgouttelettes dans le liquide. Ces gouttelettes diffusent (dévient) la lumière, ce qui rend le liquide opalescent (laiteux). Il en est de même pour les liqueurs d'absinthe.

Sophie vient s'asseoir auprès de Pierre :

– Tu te reposes, mon chéri ?

– Ouais, ça fait du bien…

– Tant mieux, comme ça tu seras en forme pour préparer le souper !

Piégé, Pierre avale une grande gorgée de bière et approuve :

– Tu sais, je suis prêt à tout pour te faire plaisir !

Pierre est-il en train de perdre l'esprit sous l'effet de l'alcool ? Après une bière bue assez rapidement, il n'en est pas encore là, mais progressivement, l'éthanol s'infiltre dans toutes les cellules de son organisme. Une partie de l'alcool, environ 20 %, pénètre dans les capillaires sanguins de son estomac ; le reste parvient à l'intestin grêle où il est aussi absorbé par les vaisseaux sanguins. Du sang, l'alcool diffuse dans tous les organes et tissus en proportion de leur contenu en eau parce que, comme on l'a vu à la fin du chapitre 7, les molécules d'éthanol se lient avec les molécules d'eau. Ainsi, le cerveau et le sang contiennent plus d'éthanol que les tissus adipeux ou les muscles.

Le taux d'absorption de l'alcool dépend de divers facteurs comme le type de boisson et l'état de l'estomac. L'absorption est retardée si l'estomac est plein, car le passage du mélange alcool-nourriture dans l'intestin ne se fait qu'une fois la digestion bien entamée. Les effets de l'apéro pris par Pierre et Sophie sont ainsi plus rapides que ceux de l'alcool bu en mangeant. Par ailleurs, plus la boisson est concentrée en alcool, plus le passage de l'alcool dans le sang est rapide. L'alcool présent dans une boisson effervescente, comme la bière de Pierre, est aussi absorbé plus vite parce que la pression exercée dans l'estomac par le gaz carbonique contribue à ouvrir le pylore, le passage entre l'estomac et l'intestin grêle.

Une très faible partie de l'alcool, entre 2 et 10 %, est éliminée dans la sueur et l'urine ou est rejetée par les poumons ; c'est d'ailleurs cette évacuation pulmonaire qui sert de fondement à l'alcootest. Le reste de l'éthanol est métabolisé, surtout dans le foie. Les résidus sont rejetés dans le sang et transformés par d'autres organes. Au fur et à mesure que le foie dégrade l'éthanol, le taux d'alcool dans le sang tend à diminuer ; l'alcool ressort des cellules où il avait pénétré et repasse dans le sang. Ce processus se poursuit jusqu'à élimination complète. Au bout du compte, l'alcool aura été transformé en gaz carbonique, en eau et en énergie… qui sont les « matières premières » que les végétaux utilisés pour la production de l'alcool (l'orge, par exemple) ont consommées pour croître. Est-ce le cycle de la vie que Pierre contemple ainsi dans le fond de son verre ?

Un millilitre d'éthanol fournit 23 kilojoules d'énergie à l'organisme. Une demi-bouteille de vin (375 millilitres) à 10 % d'alcool apporte donc plus de 800 kilojoules, environ 10 % de la ration énergétique quotidienne. Si les besoins en énergie du corps sont déjà comblés, les produits de dégradation de l'alcool servent à synthétiser de la graisse. Cette graisse envahit le foie, un signe précurseur de la cirrhose, et est aussi emmagasinée dans les tissus adipeux. C'est de là que vient la bedaine des gros buveurs.

L'élimination de l'alcool par le foie est habituellement limitée par la disponibilité d'une enzyme particulière, la déshydrogénase d'alcool, qui transforme l'éthanol

(CH_3CH_2OH) en acétaldéhyde (CH_3CH_2O), substance qu'une autre enzyme convertit en acide acétique (CH_3COOH), lui-même utilisé dans d'autres réactions chimiques fournissant de l'énergie (ouf!). Chez une personne moyenne, le foie réussit au mieux à traiter 10 millilitres d'éthanol par heure, soit à peu près l'alcool contenu dans 30 millilitres de spiritueux, un verre de vin ou une bouteille de bière. Si l'alcool est bu plus vite, il s'accumule dans l'organisme. Après l'ingestion de 90 millilitres de spiritueux à 40 %, ou de trois bières, en une heure, le taux d'alcool dans le sang atteint environ 0,07 gramme par 100 millilitres. Il faudra au moins quatre heures pour éliminer cet alcool de l'organisme. Et ce n'est pas l'activité musculaire qui va y changer quoi que ce soit : le taux de dégradation de l'alcool reste le même. Le café, un stimulant, contrecarre l'effet sédatif de l'alcool, mais n'abaisse pas le taux d'alcool dans le sang.

Après l'ingestion de quantités d'alcool équivalentes en tenant compte de leurs poids, Sophie aura un taux d'éthanol dans le sang environ 30 % plus élevé que celui de Pierre. Pourtant, quand l'éthanol est administré par voie intraveineuse, les concentrations dans le sang sont similaires chez la femme et l'homme. Cette disparité n'est pas due au rythme de métabolisation de l'éthanol par le foie, qui est le même pour les deux sexes. On a découvert dans les années 1980 que le foie n'est pas le seul à métaboliser l'éthanol : la muqueuse gastrique contient aussi de la déshydrogénase d'alcool et dégrade une partie de l'alcool dans l'estomac lui-même ! Or, l'enzyme transforme près de deux fois plus d'éthanol dans les estomacs masculins que dans les estomacs féminins. Avantage Ève : Sophie peut se soûler à moindre coût que Pierre !

Après avoir bu sa deuxième bière, Pierre se dirige vers le petit coin. L'éthanol réduit la sécrétion de vasopressine, une hormone antidiurétique provenant de l'hypophyse. Normalement, cette hormone amène les reins à réabsorber une partie de l'eau qu'ils ont traitée. Si la concentration de l'hormone baisse, les reins retiennent moins d'eau et l'urine devient moins concentrée.

C'est sur le système nerveux de Pierre que les effets de l'alcool sont les plus marqués. L'éthanol, au contraire de beaucoup d'autres molécules, peut pénétrer dans le cerveau. À faible dose, comme aujourd'hui pour Pierre, l'alcool modifie l'action de certains NEUROTRANSMETTEURS. Il réduit ainsi l'activité du système nerveux, et en particulier diminue les inhibitions… ce qui fait que l'alcool semble stimuler ! L'alcool procure ainsi euphorie et confiance. Une personne sous l'influence d'un peu d'alcool croit que sa performance physique et mentale est normale ou meilleure, alors que c'est le contraire en réalité : les résultats des tests d'intelligence ou de coordination passés sous l'influence de l'alcool sont généralement plus faibles.

À dose plus élevée, l'éthanol perturbe davantage la conduction des INFLUX NERVEUX et modifie l'équilibre délicat assurant le fonctionnement normal du cerveau. Les perceptions s'amoindrissent, le contrôle des muscles diminue, la personne peut avoir des pertes de mémoire. L'éthanol modifie la densité du liquide de l'oreille interne, affectant la perception de la position du corps et de l'équilibre. Certaines personnes peuvent voir double, l'intégration des stimulus venant des deux yeux se faisant mal (la vision binoculaire est défectueuse). À très forte dose, l'alcool a des effets dépresseurs : la personne est confuse, se sent triste, titube, ne fait plus rien volontairement, s'endort. La mort peut s'ensuivre si la concentration d'alcool est suffisante (0,50 gramme par 100 millilitres) pour anesthésier les parties du cerveau contrôlant la respiration et le cœur.

Coucou ! Le petit oiseau va sortir !

Après avoir fini leur jus, les deux filles commencent à jouer au ballon près de leurs parents, que la perspective de voir le ballon aboutir sur leur précieux verre inquiète un peu. Néanmoins, Pierre décide d'immortaliser cet événement sportif et va chercher l'appareil photo.

Le voilà qui s'approche des filles et les cadre dans le viseur : Julie est à gauche, Rachel à droite. Oups ! Pierre pense soudainement que la mise au point automatique va se faire sur l'arrière-plan et que les images de ses filles seront floues. Comment réussir la photo ?

Aujourd'hui, la plupart des appareils offrent la mise au point automatique, ce qui permet de réussir la majorité des photos. Mettre au point, c'est ajuster la position de l'objectif de façon à ce que la lumière venant du sujet principal forme une image nette sur le film ou, pour les appareils numériques, sur le capteur CCD (de l'anglais *charge-coupled device*). Prendre une photo sans faire la mise au point, c'est comme être myope et regarder sans ses lunettes !

Pour mettre au point, il faut avancer ou reculer l'objectif. Sur un appareil manuel, on procède en tournant la bague de mise au point. Quand le sujet est très loin, la distance objectif-film (ou objectif-senseur) correcte est égale à la DISTANCE FOCALE de l'objectif. Cette distance focale dépend de la courbure des surfaces des lentilles constituant l'objectif.

La distance focale des objectifs des appareils compacts est d'environ 35 millimètres pour un appareil avec film et d'environ sept millimètres pour un appareil numérique. Pourquoi cette différence ? Sur un film photo, la dimension de l'image atteint 24 par 36 millimètres[5]. Le capteur électronique d'un appareil numérique est

5. Un négatif fait 35 millimètres de largeur. Comme les trous servant à l'entraînement du film occupent de l'espace, la hauteur de l'image négative n'atteint que 24 mm pour un appareil tenu en position horizontale. L'autre dimension de l'image, 36 mm, a été choisie de façon à ce que l'image présente des proportions agréables.

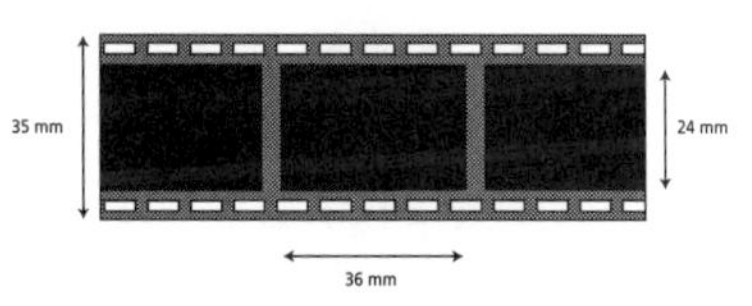

environ six fois plus petit, environ quatre par six millimètres, ce qui permet d'utiliser une focale six fois plus petite. Le capteur est plus près de l'objectif et l'appareil peut donc être plus compact.

Figure 9.5

Optique simplifiée d'un appareil avec film et d'un appareil numérique

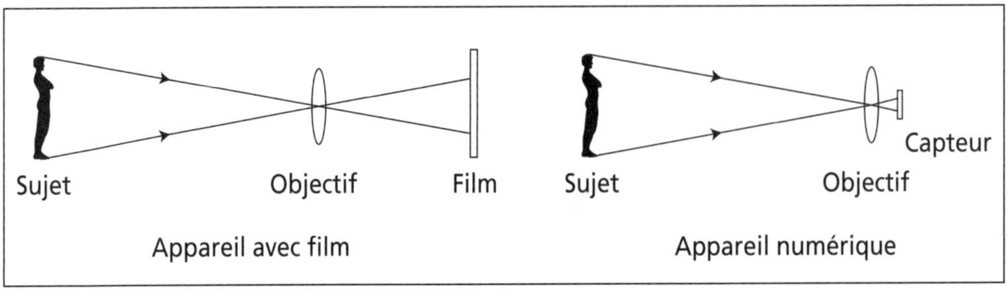

Dans un appareil numérique, le capteur est plus petit, et la distance focale plus courte que dans un appareil photo avec film. En réalité, l'objectif d'un bon appareil photo est constitué de plusieurs lentilles accolées. S'il n'y avait qu'une seule lentille, les surfaces de la lentille seraient plus bombées pour l'objectif de l'appareil numérique, dont la distance focale est plus courte.

La mise au point automatique repose généralement sur l'émission d'un faisceau de rayons infrarouges (invisibles) par l'appareil, un peu comme le fait une télécommande. Dans un procédé, l'appareil photo émet des impulsions de rayons infrarouges quand on enfonce légèrement le déclencheur. Ces rayons se réfléchissent sur le sujet et reviennent à la caméra, où ils sont détectés par un capteur situé à l'avant de l'appareil. Un microprocesseur mesure le temps d'aller-retour d'une impulsion et, connaissant la vitesse des rayons, calcule la distance du sujet. Il actionne ensuite un moteur qui déplace l'objectif au bon endroit.

Enfoncer légèrement le déclencheur actionne le photomètre incorporé, qui mesure la lumière arrivant sur l'appareil photo. Dans une caméra automatique, le microprocesseur détermine alors l'ouverture (l'espace par lequel la lumière entre dans l'appareil) et le temps d'exposition qui permettront d'obtenir une exposition optimale du film ou du capteur CCD. Avec un temps d'exposition trop long, le film ou le capteur pourrait être saturé par l'excès de lumière incidente et le contraste de l'image serait faible ou nul.

L'enfoncement complet du déclencheur fait ouvrir l'obturateur : la lumière se rend jusqu'au film ou, pour la caméra numérique de Pierre, jusqu'au capteur CCD, constitué de SEMICONDUCTEURS. Chaque pixel (de l'anglais *picture element*) du capteur, constitué d'une minuscule diode sensible à la lumière, emmagasine une charge électrique. Cette charge est proportionnelle à l'intensité de la lumière incidente. Un convertisseur analogique-numérique convertit ensuite la charge de chaque pixel en un signal numérique (binaire, constitué de 0 et de 1) dont la valeur reflète l'intensité de la lumière. Les signaux sont finalement transmis et emmagasinés en mémoire.

Pour obtenir une photo couleur, il faut que le film ou le capteur CCD enregistre la composition spectrale de la lumière, et pas seulement son intensité. Un film photo couleur comporte trois couches sensibles respectivement à la lumière bleue, à la lumière verte et à la lumière rouge[6]. Les diodes d'un capteur CCD sont sensibles seulement à l'intensité totale de la lumière. Pour obtenir une image couleur, la plupart des caméras numériques incorporent un filtre coloré. Le filtre ressemble à un damier constitué de cases alternativement bleues, vertes et rouges, cases dont la taille est celle d'un pixel de l'image (donc d'une diode). Certains pixels réagissent ainsi au bleu, d'autres au vert et d'autres au rouge. La couleur réelle d'un pixel donné est obtenue par un microprocesseur qui analyse le signal provenant de ce pixel et des pixels voisins. L'information sur la couleur est incorporée au signal numérique avant la mise en mémoire.

Pierre, ayant terminé son travail de paparazzi, joue au ballon quelques minutes avec ses filles. Sentant que ses enfants ont l'estomac creux, il se dirige ensuite vers la cuisine du chalet.

6. Les trois couleurs primaires, quand on considère des faisceaux lumineux, sont le bleu, le vert et le rouge. C'est par la combinaison de points de ces trois couleurs qu'une télé couleur ou qu'un écran d'ordinateur reproduit toutes les couleurs.

Pour l'obtention de couleurs avec des filtres (filtres de plastique, encres, peintures), les couleurs primaires sont le magenta, le jaune et le cyan. À l'école, dans les cours d'arts plastiques, on entend souvent parler de rouge, de jaune et de bleu, mais c'est pour ne pas introduire de mots peu connus (magenta et cyan).

TABLE D'HÔTE

Pour faire plaisir aux enfants, et à lui-même parce que c'est facile à cuisiner, Pierre décide de préparer des pâtes. Avec une sauce florentine, tiens (ce qui fait moins plaisir aux jeunes). Notre cuisinier sort les pâtes de l'armoire et les épinards et la crème du réfrigérateur.

Pour cuire les pâtes, Pierre a le choix entre une casserole en aluminium et une autre en acier inoxydable à fond de cuivre. Il y a là matière à réflexion.

Les secrets des casseroles

Comme on l'a vu au début du chapitre 7, les métaux conduisent bien la chaleur à cause de la présence d'électrons libres, qui peuvent se déplacer sur des grandes distances au niveau atomique. La conductivité thermique varie d'un métal à un autre, car elle dépend de la densité d'électrons libres et de la distance moyenne qu'un électron parcourt dans un métal donné avant de subir une collision. La conductivité du cuivre, par exemple, est environ 70 % plus grande que celle de l'aluminium, elle-même une des plus élevées parmi celles des métaux courants.

Tous les aciers inoxydables sont des alliages, c'est-à-dire des mélanges de plusieurs métaux, dans des proportions qui peuvent varier passablement selon l'usage visé. L'acier inoxydable contient évidemment du fer, comme tous les aciers, un peu de carbone (moins de 1 %) et souvent du nickel. Mais c'est la présence de chrome qui le rend inoxydable, car le chrome forme en surface une couche d'oxyde de chrome qui protège le métal d'une corrosion ultérieure.

Dans un alliage, un électron rencontre plus d'irrégularités que dans un métal pur, ce qui réduit la distance qu'il parcourt entre deux collisions. La conductivité thermique d'un acier inoxydable est donc nettement inférieure à celle d'un métal pur ; typiquement, elle est 20 fois plus faible que celle du cuivre. Pour compenser cette mauvaise conduction, le fond des bonnes casseroles en acier inoxydable est constitué de cuivre ou d'aluminium ; ces métaux sont souvent recouverts en dessus et en dessous d'un mince revêtement d'acier inoxydable. La conductivité du fond est ainsi suffisante pour assurer une bonne répartition de la chaleur et éviter la formation de points chauds (vis-à-vis les régions les plus chaudes de l'élément de la cuisinière, par exemple) où les aliments pourraient coller.

Expérience • L'un m'attire, l'autre pas

Selon leur composition et leur structure, certains aciers inoxydables sont magnétiques, d'autres pas. Prenez un aimant, par exemple un de ceux qu'on utilise pour fixer nos petits mots d'amour (« Chéri, n'oublie pas de sortir la poubelle ») sur un réfrigérateur, et approchez-le de divers objets en acier inoxydable, comme un couteau de cuisine, une casserole ou un évier. Que se passe-t-il ?

Expérience • La chaleur se propage

Prenez une tige de métal de largeur constante, par exemple cylindrique ou rectangulaire (petit tuyau de cuivre, de laiton, tringle à rideau, gros fil de fer, etc.), de 20 à 25 centimètres de longueur. Allumez une bougie et faites couler quelques gouttes de cire à chaque cinq centimètres sur la tige de métal, en laissant cinq centimètres sans cire à un bout. Laissez refroidir quelques minutes, de façon que toutes les gouttes de cire soient à la même température.

Déposez la tige sur deux supports isolants, comme des morceaux de bois, des verres ou des tasses. Au moyen d'un brûleur à fondue, chauffez l'extrémité de la tige libre de cire durant plusieurs minutes. Observez les fragments de cire. Lesquels fondent en premier ? Selon le métal utilisé, le diamètre de la tige, etc., il se peut que le ou les fragments les plus éloignés ne fondent pas. Pourquoi ?

Évidemment, ce qui est bon pour le fond l'est moins pour les côtés de la casserole : plus ceux-ci conduisent la chaleur, plus il y a de pertes dans l'environnement. Ça n'a pas d'impact en hiver, puisqu'il faut chauffer la maison de toute façon, mais en été l'énergie qui sort de la casserole est perdue.

Avant de choisir entre la casserole en aluminium (l'aluminium est aussi allié, pour améliorer ses propriétés mécaniques) et celle en acier inoxydable, Pierre pourrait considérer un autre point : laquelle des deux casseroles absorbe le plus de chaleur ? Le matériau de la casserole absorbe-t-il une proportion importante de l'énergie fournie par l'élément ? Comme on l'a vu au chapitre 3, Il faut 4186 joules pour augmenter d'un degré Celsius la température d'un kilogramme d'eau (c'est la chaleur spécifique de l'eau). Si Pierre fait chauffer quatre litres d'eau, donc quatre kilogrammes, de 20 °C à 100 °C, l'élément doit fournir au moins 4 × 80 × 4 186 joules, soit 1 340 kilojoules (« au moins » parce que, comme on l'a vu, il y a toujours des pertes thermiques dans l'air).

Les chaleurs spécifiques de l'aluminium et de l'acier inoxydable sont respectivement d'environ 900 et 480 joules par kilogramme et par degré. Pour une casserole en aluminium comportant un kilogramme de métal, l'énergie requise pour une élévation de température de 20 à 100 °C vaut 1 × 80 × 900 joules, soit 72 kilojoules ; le chiffre correspondant pour l'acier inoxydable (en considérant le fond homogène) est 38 kilojoules[1]. La différence de 34 kilojoules ne constitue que 3 % de toute l'énergie nécessaire pour chauffer la casserole et l'eau[2].

Un autre critère que pourrait considérer Pierre est la quantité de métaux dissous dans la nourriture. Eh oui ! la surface des casseroles n'est pas totalement inerte. Quand on cuit un aliment, un peu d'aluminium, de cuivre, de fer ou de chrome se retrouve dans la nourriture, surtout si celle-ci est acide (comme une sauce tomate). Avant d'avoir peur de se transformer en robot métallique, il faut penser que tout est une question de quantité. Par exemple, les études montrent qu'un adulte absorbe environ 10 milligrammes d'aluminium par jour, dont moins de deux proviennent des ustensiles de cuisine ; le reste se trouve dans les aliments eux-mêmes. Or, la dose quotidienne tolérable, selon l'Organisation mondiale de la santé, atteint 70 milligrammes pour une personne de 70 kilos. Le chrome est présent aussi dans de nombreux aliments (viandes, fruits, légumes, etc.) en faible concentration et la quantité fournie par la cuisson dans une casserole en acier inoxydable reste inférieure à la limite sécuritaire.

Pierre pourrait aussi considérer l'esthétique des casseroles pour faire son choix, mais il accorde finalement beaucoup de poids à un autre critère important : l'endroit où est rangée la casserole. Comme la casserole en aluminium se trouve au fond de l'armoire, et que celle en acier inoxydable est sur la tablette supérieure, plus facilement accessible, Pierre choisit la seconde.

1. Ces valeurs ne sont que des estimations. En réalité, une partie du fond de la casserole, en contact avec l'élément, atteindra une température supérieure à 100 °C ; les côtés seront moins chauffés et ne dépasseront guère 100 °C, à cause du contact avec l'eau et l'air.

2. Évidemment, on n'a pas tenu compte ici du chauffage supplémentaire que nécessitent les pertes thermiques dans l'air, qui dépendent de la forme et de la surface de la casserole et de la durée du chauffage.

L'eau en ébullition

Maintenant qu'il a choisi sa casserole, Pierre y fait couler de l'eau, puis la met sur le feu. Dès que l'eau commence à se réchauffer, vers 25-30 °C, le fond de la casserole se couvre de petites bulles, d'un diamètre inférieur à un millimètre. Certaines de ces bulles se détachent et montent à la surface, où elles peuvent rester quelques secondes avant d'éclater.

Ces bulles sont des bulles d'air et non de vapeur. En effet, la solubilité d'un gaz dans un liquide diminue quand la température augmente, parce que l'énergie cinétique accrue des molécules de gaz accroît leurs chances de s'échapper du liquide. Un litre d'eau peut contenir 31 millilitres d'oxygène à 20 °C, mais seulement 18 millilitres à 80 °C. L'eau qui a déjà été chauffée puis refroidie contient peu d'air et il s'y forme moins de bulles d'air si on la réchauffe de nouveau.

Cette solubilité amoindrie explique en partie pourquoi les bulles d'air se forment au fond du récipient plutôt que n'importe où dans l'eau : c'est là que l'eau, en contact avec le fond de la casserole, est la plus chaude. Mais surtout, le fond est parsemé de minuscules fissures, cavités et saletés, qui servent de sites de nucléation pour les bulles, tout comme les irrégularités du verre de Pierre servaient de sites de nucléation pour les bulles de gaz carbonique dans la bière.

Figure 10.1
Force d'Archimède s'exerçant sur une bulle

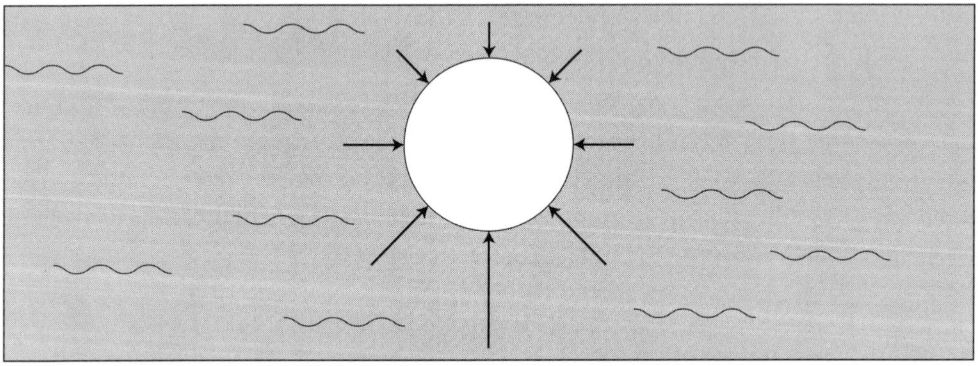

La pression, représentée par les flèches, est plus grande au-dessous qu'au-dessus de la bulle. La force résultante, la poussée d'Archimède, est donc dirigée vers le haut et tend à faire monter la bulle.

La force d'Archimède tend à faire monter les bulles parce que la pression exercée vers le haut par l'eau se trouvant sous une bulle est plus grande que la pression exercée vers le bas par l'eau se trouvant au-dessus. La force résultante vers le haut dépasse le faible poids des bulles. Toutefois, la bulle est initialement retenue au fond de la casserole par la TENSION SUPERFICIELLE existant à l'interface entre l'eau et l'air de la bulle (et par l'adhésion au fond de l'eau avoisinante). Cette force résulte des attractions entre les molécules d'eau au voisinage de l'interface.

Figure 10.2
Forces s'exerçant sur une bulle dans une casserole

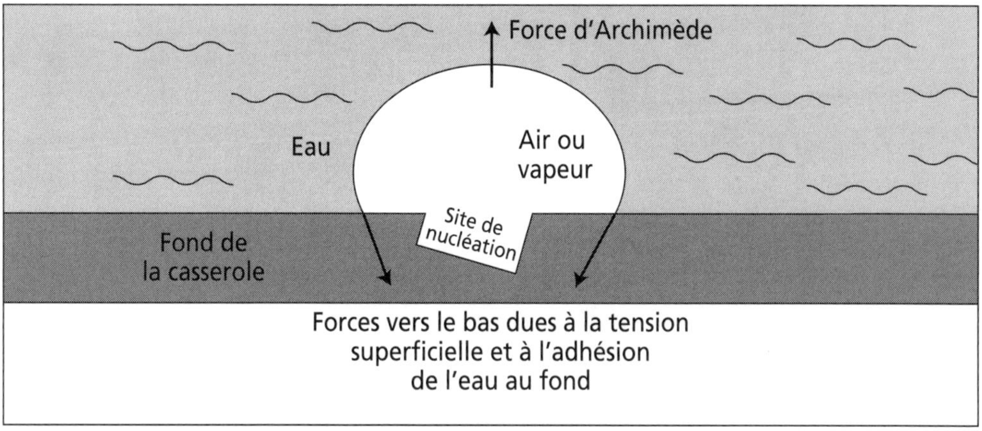

La bulle en contact avec le fond de la casserole ne monte que si la force d'Archimède est plus grande que les composantes verticales des forces retenant la bulle au fond, ce qui se produit quand la bulle grossit suffisamment.

En grossissant, les bulles d'air finissent par se détacher du fond du récipient. C'est que la différence de pression entre le bas et le haut de la bulle, et donc la force d'Archimède, augmente avec le volume de la bulle. Quand la force d'Archimède finit par dépasser la composante vers le bas de la tension superficielle, la bulle quitte le fond et monte à la surface.

Pierre jette un coup d'œil à sa casserole pendant qu'il lave les épinards. Quand la température de l'eau atteint 75 °C, il n'observe plus guère de bulles d'air. L'eau du fond devient de plus en plus chaude. Moins dense, cette eau s'élève par convection, encore à cause de la force d'Archimède, et est remplacée par de l'eau plus froide venant du haut de la casserole ; cette eau froide est réchauffée à son tour.

Vers 80-85 °C, il se dégage déjà de la vapeur de la surface de l'eau. Même s'il n'y a pas ébullition, un nombre substantiel de molécules d'eau ont assez d'énergie pour quitter le liquide. Près du fond, l'eau finit par atteindre une température proche de 100 °C, ou même supérieure : on dit alors que l'eau est *surchauffée*. Des bulles de vapeur se forment, meurent, se reforment, grossissent puis quittent le fond. En montant, pffft !, les premières bulles se condensent dans l'eau située au-dessus, qui est plus froide, et disparaissent en produisant un bruit que l'on décrit savoureusement en disant que l'eau

« chante ». Quand toute l'eau est devenue très chaude, les bulles montent jusqu'à la surface, où elles éclatent et libèrent leur vapeur. Lorsque toute l'eau approche les 100 °C, elle frémit puis bouillonne carrément.

Expérience • Fabriquer des bulles

Faites chauffer de l'eau et, au moment où elle commence à bouillir, retirez la casserole du feu (l'ébullition s'arrête presque aussitôt). Cette expérience peut aussi être faite avec de l'eau chauffée au micro-ondes. Saupoudrez un peu de sucre ou de sel dans l'eau. Que se passe-t-il ?

Le sucre ou le sel déclenche la montée soudaine d'une myriade de bulles, grosses et petites. Les microscopiques poches d'air retenues à la surface des cristaux de sucre servent de sites de nucléation : elles favorisent la vaporisation de l'eau et la formation de bulles. De plus, la chute des cristaux entraîne des turbulences qui provoquent des réductions locales de pression, ce qui favorise le regroupement des molécules de gaz et la formation de bulles.

Vous pouvez refaire l'expérience en versant dans l'eau frémissante une cuillerée d'eau froide. Le résultat est le même : une flopée de belles bulles ! Ce qui engendre la formation des bulles, c'est donc la présence de microbulles d'air entraînées dans l'eau, et non pas les irrégularités des cristaux comme telles. En fait, à peu près n'importe quoi peut provoquer la formation de bulles.

Pâtes molles

L'eau étant bouillante, Pierre y jette les pâtes. Celles-ci ont été fabriquées en mélangeant de l'eau à de la semoule de blé dur, formant une pâte dont le taux d'humidité atteint environ 32 %. Afin de lui donner une forme, la pâte est ensuite extrudée, c'est-à-dire forcée à passer à travers une matrice comportant des trous ou des fentes. Elle peut ensuite être aplatie, lissée, découpée… En usine, les pâtes sont immédiatement séchées à l'air chaud durant une dizaine d'heures afin de réduire leur teneur en eau à 12 % ou moins, ce qui assure leur conservation sans addition d'agent de conservation.

La farine contient de l'amidon, des protéines, de l'eau et des lipides. Cette composition explique le comportement des pâtes lors de la cuisson. Dans l'eau bouillante, sous l'effet de la chaleur, les protéines se déforment, le réseau de protéines se resserre et retient les granules d'amidon. Parallèlement, ces granules absorbent de l'eau, gonflent et s'amollissent, comme dans le gruau (voir le chapitre 4). Les pâtes absorbent une quantité d'eau valant environ 150 % de leur poids. C'est la présence de l'eau à l'intérieur des granules d'amidon qui rend les pâtes molles.

Les granules d'amidon s'amollissent à une température supérieure à 60 °C. Pierre pourrait-il se contenter de chauffer l'eau à cette température avant d'y mettre les pâtes ? Non, car à cette température le réseau de protéines du gluten ne se resserrerait pas assez vite, et beaucoup d'amidon passerait dans l'eau, la rendant trouble. Ce même phénomène se produit quand on fait bouillir les pâtes trop longtemps : une grande partie de l'amidon migre en surface des pâtes puis dans l'eau. La présence d'amidon en surface rend collantes les pâtes trop cuites parce qu'il se crée des liaisons hydrogène entre les molécules d'amidon. Voilà pourquoi on recommande de faire bouillir un grand volume d'eau pour cuire des pâtes. On s'assure ainsi que l'eau refroidit peu quand on y met les pâtes, ce qui réduit le temps de cuisson et la dissolution de l'amidon dans l'eau.

Expérience • Gonflées, ces pâtes !

Faites bouillir 500 millilitres d'eau dans une casserole. Ajoutez-y 100 grammes de macaronis dont vous aurez préalablement mesuré le volume au moyen d'une tasse graduée, et la masse au moyen d'une balance de cuisine. Réduisez le feu et laissez cuire selon les instructions. Égouttez les macaronis (conservez le liquide), pesez-les et mesurez leur volume. Par quels facteurs la masse et le volume des macaronis cuits ont-ils augmenté ?

Expérience • Pâtes tièdes

Dans un bol, versez 500 millilitres d'eau froide et ajoutez 100 grammes de macaronis. Laissez tremper une heure. Égouttez les macaronis et pesez-les. Qu'en concluez-vous ?

Mange tes épinards

Pendant que les pâtes cuisent, Pierre prépare sa sauce florentine. Il fait d'abord sauter dans l'huile deux échalotes puis, après une ou deux minutes de cuisson, il verse de la crème et ajoute les épinards coupés en petits morceaux. Les épinards, tout comme de nombreuses plantes, dont la ciboulette, l'oseille et le persil, renferment une faible quantité d'un poison, l'acide oxalique (du grec *oxalis*, « oseille »), $H_2C_2O_4$. Ces plantes contiennent en poids plus de 1 % d'acide oxalique ou de son sel, l'oxalate. Les feuilles de rhubarbe contiennent environ 0,5 % d'acide oxalique ; certaines personnes concoctent un insecticide à base de feuilles de rhubarbe (des recettes sont disponibles sur Internet).

Expérience • Où est donc l'amidon ?

Versez dans un verre un peu d'eau de cuisson restant de l'expérience « Gonflées, ces pâtes ! ». Ajoutez-y quelques gouttes de teinture d'iode (en vente à la pharmacie) ; utilisez un compte-gouttes ou une petite cuillère. Travaillez au-dessus d'une grande assiette, d'un évier ou d'un grand sac en plastique pour ne rien tacher. Que se passe-t-il ?

Déposez quelques gouttes de teinture d'iode sur une nouille, une tranche de pomme, une tranche de pomme de terre et un morceau de céleri.

Faites chauffer le verre avec l'eau de cuisson pendant 10 secondes au micro-ondes. Répétez plusieurs fois, si nécessaire (la durée de chauffage dépend de la quantité d'eau de cuisson utilisée), jusqu'à ce que le liquide soit près de bouillir. Que se passe-t-il ?

La teinture d'iode réagit avec l'amidon et forme un composé de couleur bleu foncé, presque noir. L'expérience révèle la présence d'amidon dans la nouille, dans l'eau de cuisson et dans la pomme de terre ; par contre, il n'y en a pas dans la pomme (si elle est mûre) et dans le céleri. Essayez de découvrir de l'amidon dans d'autres aliments.

La dernière expérience révèle que le composé amidon-iode se décompose à température élevée.

L'acide oxalique se lie avec plusieurs nutriments, en particulier le calcium, les rendant moins disponibles pour le métabolisme. Ainsi, manger des épinards réduit l'absorption du calcium présent dans le lait qu'Antoine, Julie et Rachel boiront à la fin du repas.

Absorbé en grande quantité dans l'organisme, l'acide oxalique forme des cristaux insolubles d'oxalate de calcium (CaC_2O_4), qui endommagent le cerveau, les poumons, le cœur et, surtout, les tubules rénaux. Dans les cas aigus, les reins peuvent devenir inopérants et la personne meurt d'urémie : l'urée et d'autres déchets azotés s'accumulent dans le sang.

La formation d'acide oxalique à partir d'autres substances peut avoir le même effet : c'est ce qui rend très toxique l'éthylène glycol ($C_2H_6O_2$), l'ingrédient principal des antigels pour moteurs d'automobile. L'antigel est généralement constitué de 50 % d'éthylène glycol (un colorant donne une teinte verte au liquide) et de 50 % d'eau. L'éthylène glycol ingéré est transformé par le foie en divers acides, dont l'acide oxalique. Celui-ci se lie au calcium dans l'organisme, formant de l'oxalate de calcium.

La dose toxique pour un adulte est d'environ 60 millilitres d'éthylène glycol. Cinq millilitres suffisent à tuer un chat, ce qui se produit souvent, car les chats (et d'autres animaux) lapent les flaques d'antigel résultant de fuites dans le circuit de refroidissement d'un véhicule moteur. Comble de malheur, l'éthylène glycol a un petit goût sucré très attirant pour les animaux… et les enfants.

Figure 10.3
Structure chimique de l'acide oxalique

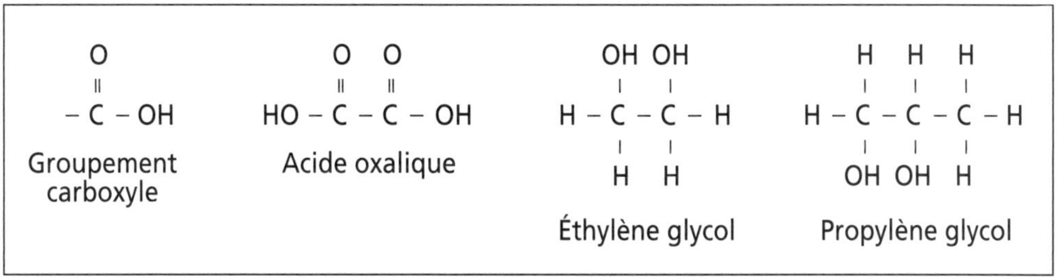

L'acide oxalique est constitué de deux groupements carboxyle. L'éthylène glycol et le propylène glycol sont des glycols, des alcools qui contiennent deux groupements OH situés sur deux carbones contigus.

Dégradé dans l'organisme par l'enzyme déshydrogénase, l'éthylène glycol se transforme en acide oxalique et est donc très toxique. Avec un atome de carbone de plus, le propylène glycol n'est pas toxique ; il pourrait être utilisé comme antigel, mais son coût est plus élevé que celui de l'éthylène glycol. Le propylène glycol entre dans la composition de plusieurs essences aromatiques commerciales utilisées en cuisine (par exemple, les extraits d'amande, d'orange, de cannelle…).

Comme pour l'alcool, ou le chrome de la casserole, la nocivité de l'acide oxalique est une question de dose. La dose létale pour un adulte est d'environ 25 grammes d'acide oxalique pur. Pour atteindre cette dose, un adulte devrait consommer au moins quatre kilogrammes d'épinards. Les enfants sont sensibles à des doses plus faibles, de l'ordre d'un kilogramme. Mais on peut douter qu'ils mangeront autant d'épinards, même si, comme tous les parents le savent, ils adorent ce légume ! Antoine, Julie et Rachel ne pourront utiliser l'argument de l'empoisonnement possible par l'acide oxalique pour échapper à leurs épinards.

Bombance en vacances

Pendant que Pierre termine la préparation du plat principal, ses futurs commensaux se succèdent à la cuisine, qui pour venir chercher la nappe, qui pour apporter les couverts… Sophie tranche des fruits pour le dessert et ouvre une bouteille de vin, Antoine s'empare d'une bouteille de boisson gazeuse à l'orange, de trois verres et de trois pailles.

Les pâtes et la sauce florentine sont prêtes. Pierre sert tout le monde, en commençant par la plus jeune. Les enfants, même s'ils sont unanimes à dire que la sauce est « dégueulasse », comme presque tout ce que cuisine leur père, ont si faim qu'ils engouffrent le contenu de leur assiette en un temps record, tout en l'arrosant de grandes lampées d'orangeade extraites de leurs verres au moyen des pailles.

Figure 10.4
Aspiration au moyen d'une paille

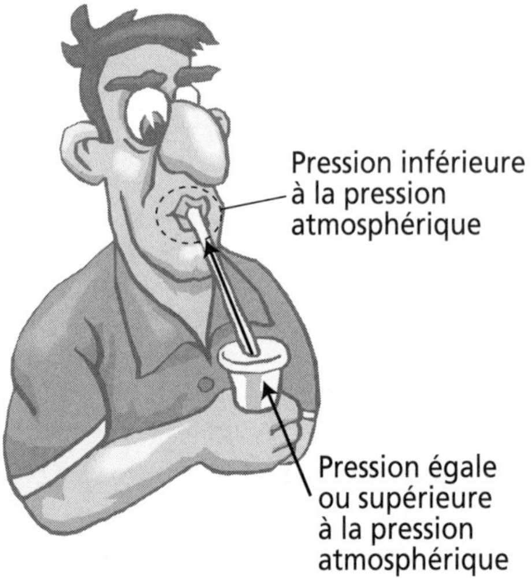

L'expansion des poumons réduit la pression dans la bouche, ce qui amène le liquide à monter dans la paille.

Pour aspirer l'orangeade avec sa paille, Julie utilise une pompe corporelle : ses poumons. Comme pour la plupart des pompes, une action mécanique génère une différence de pression et amène un fluide à se déplacer. En contractant son diaphragme et en soulevant les côtes, Julie augmente le volume de sa cavité thoracique, ce qui a pour effet de diminuer légèrement la pression dans ses poumons (d'environ 0,1 à 0,2 kilopascal – rappelons que la pression de l'air vaut normalement 101 kilopascals, ou une atmosphère). Si ses lèvres sont bien collées sur la paille, la pression dans la paille est égale à celle existant dans ses poumons, et donc inférieure à la pression atmosphérique. Or, l'orangeade est soumise à la pression atmosphérique, et même à une pression un peu supérieure au bas du liquide (à cause du poids du liquide). La portion de liquide se trouvant dans la paille est donc poussée vers le haut.

Les enfants quittent vite la table, laissant à leurs parents le temps de savourer la fin de leur plat principal et quelques verres de vin.

Une glace à la vanille

Sophie et Pierre convient bientôt les enfants à prendre un dessert, de la glace à la vanille accompagnée de fruits. Comme la plupart des glaces commerciales, celle qu'ils ont achetée ne contient pas de vraie crème mais plutôt des « substances laitières », modifiées ou pas, des agents sucrants, des saveurs et des colorants artificiels. Une glace contient aussi des stabilisants, comme la gomme de caroube, la carragénine ou l'alginate provenant des algues, qui augmentent la viscosité et l'onctuosité du mélange et qui limitent la formation de gros cristaux de glace durant et après la fabrication.

L'air incorporé lors de la fabrication occupe environ 50 % du volume de la glace et lui donne sa consistance onctueuse. En poids, l'air est cependant en quantité négligeable. Typiquement, le reste de la glace contient de 55 à 65 % d'eau, qui provient du lait et des substances laitières, 10 % de protéines et de glucides déjà présents dans le lait (comme le lactose), de 10 à 15 % de lipides, 15 % de sucres ajoutés (sucre de table, sucre inverti, dérivés du sirop de maïs) et moins de 0,5 % de stabilisants et d'émulsifiants.

Lors de la fabrication de la glace, tous ces ingrédients sont mélangés, fouettés et refroidis. Les globules de gras provenant du lait s'agrègent et forment un réseau tridimensionnel qui stabilise les bulles d'air incorporées au mélange ; le même phénomène se produit quand on fouette de la crème. Sous l'effet de la basse température, l'eau en solution forme de petits cristaux de glace pure. En conséquence, la concentration de sucres dans la solution liquide augmente. Le malaxage empêche la formation de gros cristaux de glace, qui seraient désagréables sous la langue. À la température normale d'un congélateur (–18 °C), plus de 70 % de l'eau est gelée, mais il en reste près de 30 % sous forme de solution sucrée. Avec l'air, cette eau liquide permet à la crème glacée de rester malléable et onctueuse[3]. Sans eau liquide, la crème glacée serait solide.

Un litre d'une glace typique contient quelque trois milliards de bulles d'air, dont le diamètre moyen est semblable à celui d'un cheveu (70 micromètres). On y retrouve aussi la même quantité de cristaux de glace, d'un diamètre moyen un peu plus faible (50 micromètres), et un million de milliards de globules de gras dont le diamètre moyen vaut un micromètre.

Seules les glaces haut de gamme contiennent de l'extrait de vanille naturel ou des gousses de vanille moulues. L'ingrédient aromatique de la vanille est la vanilline ($C_8H_8O_3$). On en retrouve dans de nombreuses plantes (arachides, pamplemousse, riz, etc.), mais les concentrations les plus élevées, entre 1 et 3 %, sont obtenues dans les gousses de vanille correctement traitées.

3. La crème glacée molle vendue par les crèmeries contient généralement moins de gras (elle coûte donc moins cher au commerçant) et est conservée à une température supérieure à celle d'un congélateur domestique, typiquement à –6 °C. À cette température, seulement 50 % de l'eau se trouve sous forme de glace.

Expérience • Fabriquer de la crème glacée

Dans un sac de plastique solide et transparent (de type *Zip loc* ou sac de lait), mettez 15 millilitres de sucre, 2,5 millilitres d'essence de vanille et 125 millilitres de lait; vous pouvez aussi ajouter un peu de crème. Fermez le sac et placez-le dans un autre sac plus grand. Entourez le petit sac de glaçons et ajoutez 50 à 100 millilitres de sel, qui fait fondre une partie de la glace tout en abaissant la température de fusion.

Massez doucement les sacs de 5 à 10 minutes; mettez des gants si vous trouvez la manipulation des sacs trop froide pour les mains. Après un certain temps, le mélange durcit : vous avez de la crème glacée! Si vous désirez qu'elle soit plus dure, mettez-la au congélateur pour une demi-heure. Cette crème glacée est moins onctueuse que la glace commerciale, car elle contient moins d'air.

Figure 10.5
Structures chimiques de la vanilline, de l'eugénol et du benzène

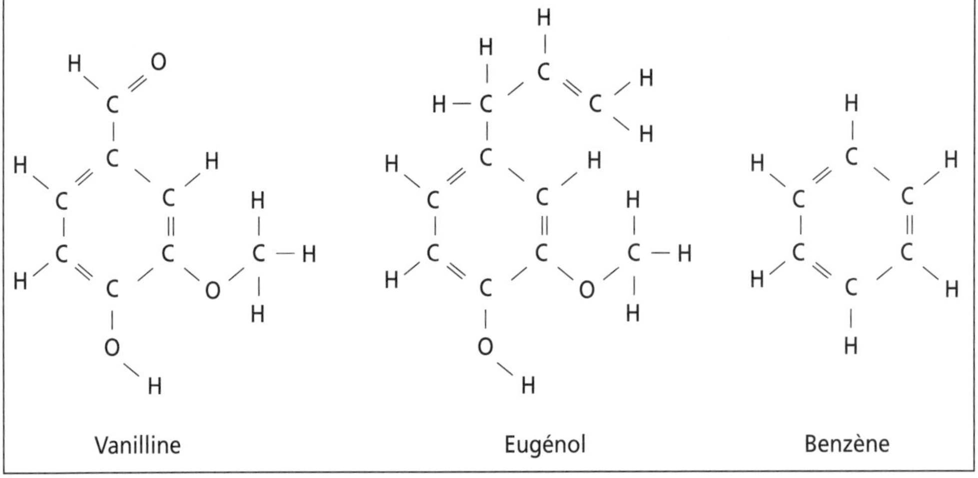

Structures chimiques de la vanilline, de l'eugénol, composé aromatique du clou de girofle, et du benzène. Avec son groupement CHO, en haut du cycle de six atomes de carbone (cycle benzénique), la vanilline fait partie d'un type de molécules appelées aldéhydes. L'eugénol est utilisé en dentisterie, dans les obturations temporaires, pour réduire l'inflammation de la pulpe des dents cariées. Le benzène comporte un anneau de six atomes de carbone, comme celui retrouvé dans la vanilline. Le fait que la vanilline soit comestible, alors que le benzène ne l'est pas, tient aux groupements chimiques ajoutés sur le cycle benzénique à la place des atomes d'hydrogène.

La vanille, une plante grimpante originaire du Mexique, fait partie de la famille des orchidées. Les fleurs fécondées produisent des gousses de 15 à 25 centimètres de long, semblables à des haricots. Les gousses fraîches ne sentent pas la vanille, car la vanilline y est liée à du glucose et n'est ainsi pas volatile. Après la cueillette, les gousses sont trempées dans l'eau chaude puis on les laisse fermenter de trois à six mois avant de les faire sécher au soleil. Durant ce processus, les gousses brunissent et des enzymes séparent la vanilline du glucose.

La vanilline est peu soluble dans l'eau, mais l'est beaucoup plus dans l'éthanol : on l'extrait en faisant macérer les morceaux de gousse dans une solution d'eau et d'éthanol. L'éthanol dissout également de nombreux composés aussi présents dans la gousse de vanille. L'essence de vanille naturelle vendue dans le commerce contient ainsi 35 % d'éthanol (ce serait toutefois une façon coûteuse de s'enivrer !), environ 1,5 milligramme de vanilline par millilitre... et des centaines d'autres substances, en quantité plus faible que la vanilline.

La majeure partie de la vanilline consommée, environ 95 %, est toutefois obtenue à partir de la lignine du bois ou à partir de... pétrole. Le composé obtenu artificiellement est le même que celui retrouvé dans les gousses de vanille.

En 1875, un chimiste rapportait que les effluents produits par la fabrication de papier, dans le procédé chimique au bisulfite de calcium, sentaient un peu la vanille. Ces résidus contiennent beaucoup de lignine, un des principaux constituants du bois (avec la cellulose). La lignine comporte de nombreux cycles benzéniques, qui sont des anneaux de six atomes de carbone auxquels sont liés des atomes d'hydrogène. Des réactions bien contrôlées permettent de remplacer certains des atomes d'hydrogène par les groupements chimiques spécifiques de la vanilline. De façon un peu similaire, le vieillissement en fût de chêne d'une boisson alcoolisée, et les réactions chimiques qui se produisent, peuvent conférer un (léger) arôme de vanille à la boisson.

En 1936 et 1937, deux usines ont été construites, aux États-Unis et au Canada, pour fabriquer de la vanilline à partir d'effluents de papeteries. Les deux usines ont été fermées à la fin du 20e siècle, en partie pour des raisons environnementales : la production d'un kilo de vanilline oblige à traiter 150 litres de liquides polluants, contenant entre autres de l'acide sulfurique. D'autres usines ont pris le relais ailleurs dans le monde. Il est aussi possible d'obtenir la vanilline à partir du benzène extrait du pétrole.

Après avoir engouffré rapidement plusieurs bouchées de glace, Antoine ressent un mal de tête qui dure une trentaine de secondes. Les maux de tête peuvent avoir de nombreuses origines : certaines personnes en éprouvent sous l'effet du stress, après avoir mangé du chocolat ou du fromage, en toussant ou même... lors du coït. Il semble que le mal de tête d'Antoine résulte du contact d'une substance froide avec son palais. Ce phénomène mal compris ne se produit que s'il fait chaud.

Un quart des gens semblent éprouver de telles sensations. Une expérience menée au Canada a montré que chez des adolescents mangeant 100 millilitres de glace en cinq secondes, 27 % ont eu mal à la tête. La proportion est tombée à 13 % chez les jeunes qui ont mangé leur glace lentement. Soixante pour cent des maux de tête ont duré moins de 10 secondes.

En utilisant l'échographie Doppler pour mesurer la vitesse du sang dans les artères, un chercheur néo-zélandais a constaté que chez des sujets souffrant de maux de tête déclenchés par le froid, la vitesse du sang dans certaines artères cérébrales diminuait nettement. Il est donc possible que ce phénomène soit à l'origine des maux de tête. Mais ce n'est pas certain, et le mécanisme influençant les artères n'est pas compris. Une autre question que la science n'a pas encore résolue !

La sarabande des moustiques

Le vent est tombé, ce qui laisse le champ libre à une autre manifestation de la nature : les moustiques, qui tournent autour de nos vacanciers en guettant un relâchement de leur part. Vivre dans la nature n'a pas que de bons côtés.

Pierre, Sophie et les enfants terminent donc leur repas en étant eux-mêmes au menu des moustiques femelles. Après s'être accouplée avec un mâle, la femelle n'est pas repue et va fouiner dans « son » garde-manger, à la recherche de nutriments pour le développement de ses 200 à 300 œufs. Le sang de nombreux animaux constitue une bonne source de nourriture, gratuite à part ça.

Figure 10.6
Un moustique et sa trompe

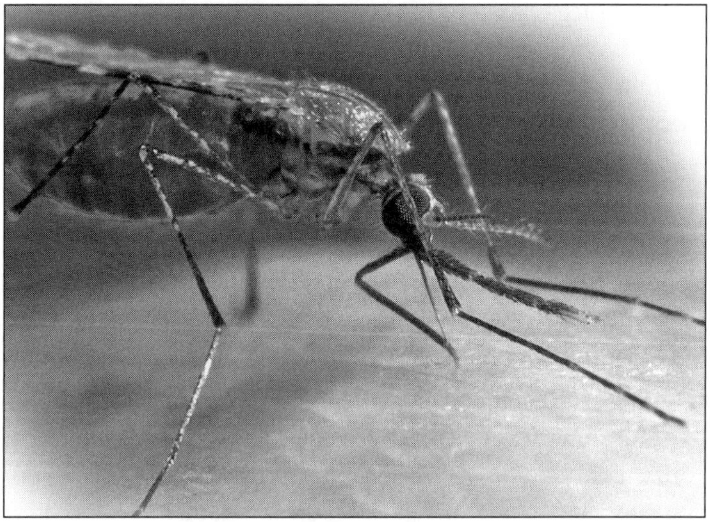

Une femelle repère Pierre. Après un atterrissage en douceur, elle introduit sa trompe dans la vieille peau, fourrage un peu à la recherche d'un capillaire pas trop bouché par le cholestérol, injecte un anticoagulant puis aspire le sang comme Julie le faisait avec son orangeade. Sous l'effet de son plantureux repas, la masse de la femelle augmente de 50 à 100 %… et celle de Pierre diminue d'environ 0,000001 %. Gorgée de sang, la femelle vole moitié moins vite, ce qui augmente ses risques de recevoir une taloche avant d'avoir pu disparaître. Que ne faut-il pas faire pour assurer la transmission de ses gènes (notons que les moustiques mâles, eux, n'ont pas à affronter tous ces dangers pour se perpétuer) ! Tout de même, ça fonctionne : les moustiques existent depuis au moins 200 millions d'années et sont, hélas, loin de faire partie des espèces en voie de disparition.

Antoine, héroïquement, tente de protéger Julie contre les malfaisantes bestioles. Puisque atteindre des cibles mouvantes est assez difficile, il attend que les ennemies se soient posées sur la peau de sa sœur avant de leur balancer une taloche. Julie, ingrate, pousse de hauts cris ; elle n'apprécie pas les dommages collatéraux.

La meilleure solution pour éviter les piqûres de moustiques est d'aller vivre en Antarctique, le seul endroit sur Terre où il n'y en a pas. Une autre possibilité est d'apprivoiser une chauve-souris qui vous suivra partout. Autrement, on recommande de porter des vêtements longs (agréable, quand il fait 30 °C !) et d'utiliser un antimoustique. Le seul produit vraiment efficace est le Deet, abréviation du N,N-diéthyl-m-toluamide.

Figure 10.7

Structures chimiques du toluène, de l'urée et du N,N-diéthyl-m-toluamide

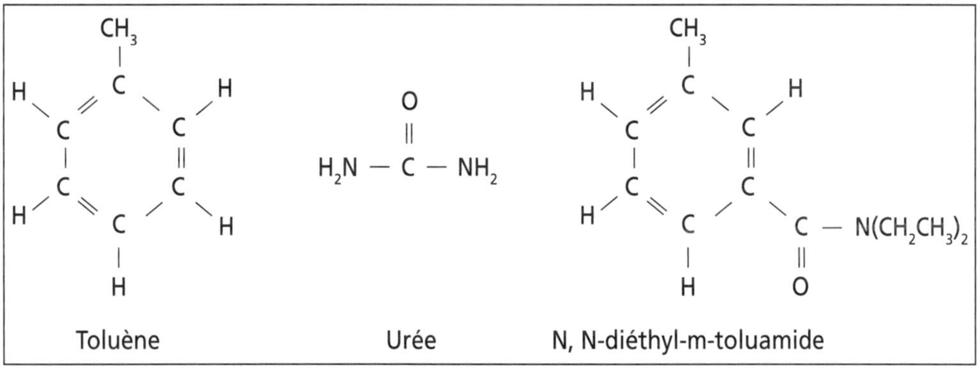

Le toluamide est un amide dérivé du toluène. Un amide contient de l'azote (N) et sa formule générale est $RCONH_2$, où R représente d'autres atomes liés à l'atome de carbone ; l'urée, dont nous avons parlé au chapitre 1, est donc un amide. Le « m » (pour « méta »), devant « toluamide », signifie que le groupement amide $CONH_2$ se trouve sur le deuxième carbone, à partir du groupement CH_3 du toluène, sur le cycle benzénique de 6 atomes. Enfin, « N, N-diéthyl », au début du nom, indique que les atomes d'hydrogène normalement liés à l'azote, dans un amide, sont remplacés par deux groupements éthyle, CH_2CH_3.

On ne connaît pas avec certitude le mode d'action du Deet ! Selon la théorie la plus considérée, le Deet perturberait le fonctionnement des récepteurs logés dans les antennes des moustiques. Ces récepteurs détectent des substances émises par les animaux et les humains, comme le gaz carbonique et l'acide lactique, et permettent ainsi aux moustiques de repérer leurs proies.

La plupart des antimoustiques contiennent du Deet, en proportion variable selon les produits, dissous dans de l'alcool ou de l'eau. À une concentration de 10 % (préférable pour les enfants), le Deet assure une protection moyenne de trois heures ; à 30 % de Deet, le temps de protection grimpe à six heures.

Des milliers de plantes ont été testées pour servir d'antimoustique. Parmi ces produits naturels, seules les huiles d'eucalyptus et de soya semblent fournir une protection réelle, moins durable que celle du Deet mais tout de même acceptable : entre une et deux heures. Les produits à base d'huile de citronnelle (à une concentration de 10 %) sont peu efficaces, assurant une protection de moins de 20 minutes !

Appliqué sur la peau, le Deet y pénètre et passe dans le sang. Six heures après l'application, de 10 à 50 % de la dose se retrouve dans la circulation. Une partie est éliminée dans l'urine et le reste est métabolisé dans le foie. Des recherches exhaustives ont montré qu'à des doses normales, le Deet ne semble pas présenter d'effets nocifs pour la santé.

Lumières nocturnes

Pierre se sauve des moustiques en allant laver la vaisselle à l'intérieur avec Rachel. Dehors, le soleil est maintenant couché. Sophie allume une lanterne de camping pour pouvoir jouer aux cartes avec Antoine et Julie.

Sophie et Pierre ont acheté une lampe de camping qui fonctionne au naphte, comme le poêle utilisé pour préparer le repas du midi. La lumière émise par une simple flamme n'est pas très intense : la majeure partie de la radiation émise se trouve dans l'infrarouge. C'est pour cette raison qu'on a mis au point le manchon d'éclairage dans la seconde moitié du 19e siècle, alors que l'éclairage au gaz était très répandu. Le manchon survit aujourd'hui dans les lanternes de camping.

Le manchon joue le même rôle que le filament de tungstène dans une ampoule à incandescence. Chauffé par le courant électrique, le filament devient incandescent et émet de la lumière. Chauffé par une flamme, le manchon devient incandescent et brille beaucoup plus qu'une flamme.

Les premiers manchons assez efficaces et résistants aux chocs comportaient surtout du thorium, un élément radioactif (numéro atomique 90). Ces manchons ont été en usage jusqu'à tout récemment. Leur radioactivité était faible, inférieure à 0,1 microcurie, soit environ 10 fois moins que la radioactivité de l'américium utilisé dans les détecteurs de fumée. Ces manchons ne présentaient aucun danger pour les utilisateurs, mais leur fabrication nécessitait d'importantes précautions pour le personnel ouvrier.

Figure 10.8
Lampe avec manchon d'éclairage

Aujourd'hui, les métaux utilisés sont divers : yttrium, erbium, cérium, etc., tous non radioactifs. Comme le thorium, ils restent solides à haute température. Le manchon neuf est constitué d'un tissu combustible, rayonne ou coton, imprégné par exemple d'hydroxydes d'yttrium et de cérium. On attache le manchon au brûleur de la lanterne au moyen d'un fil incombustible, puis on enflamme le manchon dont le tissu brûle complètement, laissant une trame relativement fragile d'oxydes d'yttrium et de cérium. Quand le gaz brûle, ces composés sont portés à incandescence, à plus de 2 000 °C, et émettent beaucoup de lumière visible.

Pendant la partie de cartes, des lueurs fugitives apparaissent dans les herbes et les arbustes autour de la table. Les lucioles émettent de la lumière parce qu'elles portent des molécules qui, lors de réactions chimiques, acquièrent plus d'énergie qu'elles n'en ont d'habitude : les molécules deviennent EXCITÉES. Ces molécules retournent à leur état normal en émettant de la lumière. Une luciole émet des éclairs lumineux pour informer ses congénères qu'elle est prête à s'accoupler. (On regrette presque que les êtres humains n'aient pas développé un système aussi simple ; ça éviterait bien des pertes de temps dans les bars…)

De nombreux organismes, surtout marins, sont bioluminescents. Les composés chimiques en cause varient d'une espèce à l'autre, mais on les regroupe sous le terme de luciférine, de *Lucifer*, dont le nom signifie en latin « porteur de lumière ». En interagissant avec l'enzyme luciférase, la luciférine devient excitée et émet de la lumière. Les réactions en cause sont nombreuses et complexes. La luciole émet une lumière dont la longueur d'onde est comprise entre 550 et 600 nanomètres (dans le jaune), avec une efficacité de 99 % ; c'est-à-dire que seulement 1 % de l'énergie excédentaire est rejetée sous forme de chaleur. C'est beaucoup mieux qu'une ampoule à incandescence ordinaire, dont le rendement lumineux est inférieur à 10 %. D'autres organismes biolumicescents présentent toutefois des rendements nettement plus faibles, jusqu'à seulement 4 %.

L'aurore à la fin du jour

Après avoir terminé la vaisselle, Pierre et Rachel ont préparé du pop-corn au micro-ondes et viennent le manger avec les joueurs de cartes. Il existe plusieurs variétés de maïs, mais seul le pop-corn éclate avec régularité. Dans un grain de maïs à éclater, des granules d'amidon sont imbriqués dans un réseau protéinique plus dur que celui des autres variétés de maïs ; le tégument, l'enveloppe extérieure, est aussi plus solide et étanche.

Du maïs à éclater de bonne qualité, séché à point, contient de 12 à 14 % d'eau. Le maïs à éclater devrait toujours être conservé dans un contenant fermé pour maintenir la bonne proportion d'humidité. Quand on chauffe le grain, dans l'huile ou l'air chaud ou au micro-ondes, l'eau pénètre dans les granules d'amidon, qui s'amollissent. En atteignant ensuite la température d'ébullition, l'eau se vaporise. La pression et la température à l'intérieur des grains augmentent. Quand la pression atteint environ 900 kilopascals (neuf fois la pression atmosphérique), le tégument et le réseau protéinique finissent par céder et le grain éclate. L'intérieur du grain prend de l'expansion ; le volume est multiplié par 20 ou 30. En même temps, la vapeur d'eau s'échappe et le grain éclaté sèche en devenant croustillant.

Comme la veille au soir, pendant que les enfants grignotent, Pierre et Sophie observent le ciel. Bizarrement, bien qu'il n'y ait aucun nuage, les étoiles sont plus difficiles à voir que la veille et le ciel semble faiblement lumineux, comme en ville. Soudain, ils comprennent : une aurore polaire !

L'aurore polaire, ou aurore boréale (dans l'hémisphère Nord), est un phénomène « astroluminescent », pourrait-on dire, car il est dû au vent solaire, le flux de particules chargées émises par le Soleil. À proximité de la Terre, ces particules chargées, principalement des électrons et des protons, sont piégées dans le champ magnétique terrestre. La configuration du champ fait qu'à des altitudes de plusieurs centaines ou milliers de kilomètres, les particules chargées vont et viennent entre les pôles magnétiques Nord et Sud. La convergence du champ près d'un pôle magnétique a pour effet d'exercer sur les particules chargées une force qui tend à leur faire rebrousser chemin et à les renvoyer vers l'autre pôle. Un électron d'énergie moyenne peut ainsi faire l'aller-retour entre les deux pôles (une distance de plusieurs dizaines de milliers de kilomètres) en quelques secondes !

Les particules énergétiques, majoritairement des électrons, s'approchent suffisamment de la Terre, aux environs des pôles magnétiques, pour interagir avec les atomes et les molécules de la haute atmosphère. Un électron frappant un atome lui transfère de l'énergie et ainsi l'excite ou l'ionise. Après un temps relativement court, l'atome excité se désexcite en émettant l'énergie excédentaire sous forme de lumière. Ce processus s'appelle la FLUORESCENCE. Il est à la base du fonctionnement des tubes fluorescents (on l'aurait deviné !) et de la télévision. Lors d'une aurore polaire, l'atmosphère joue ainsi le rôle d'un immense écran de télévision !

Puisque les électrons sont focalisés dans la région des pôles magnétiques, c'est près et autour de ces régions que l'on observe surtout des aurores polaires. La fluorescence se produit aussi du côté de la Terre où il fait jour, mais elle est noyée dans la brillante lumière du ciel. Le pôle géomagnétique de l'hémisphère Nord étant situé vers l'extrémité nord-ouest du Groenland, on observe plus d'aurores polaires au Canada qu'en Europe.

Les molécules d'azote excitées émettent dans le bleu et le violet. Les atomes d'oxygène excités émettent surtout de la lumière verte, parfois de la lumière rouge, peu intense, aux hautes altitudes (200 à 400 km d'altitude). Cela ne signifie pas que l'on bénéficie de la télé couleur. En effet, la lumière des aurores polaires est généralement peu intense ; sauf exception, il faut donc sortir des villes pour les observer. Sous luminosité faible, comme on l'a vu au chapitre 4, les cellules de l'œil responsables de la vision des couleurs (les cônes) sont inopérantes. Seules les cellules appelées bâtonnets restent sensibles, fournissant une image en « noir et blanc ». La plupart des aurores de faible intensité apparaissent donc blanchâtres. Dans le cas d'aurores intenses, il est possible que l'on observe du jaune, parce que la perception simultanée par l'œil du vert et du rouge donne une impression de jaune.

Le spectacle céleste qu'observent longuement nos estivants clôt magnifiquement leur première journée de vacances. Après une vingtaine de minutes, Pierre et Sophie décrètent le couvre-feu, avant que les enfants soient si fatigués qu'ils ne veuillent plus se brosser les dents.

Pierre, Sophie, Antoine, Julie et Rachel s'endormiront vite après cette journée bien remplie. Peut-être rêveront-ils aux journées suivantes qui, elles aussi, passeront sûrement trop vite. Après tout, le plus court chemin d'un point à un autre n'est-il pas celui qui va du commencement à la fin des vacances ?

L'ÉCLATEMENT DES SAUCISSES

Au chapitre 7, Pierre a constaté que la peau des saucisses éclate dans le sens de la longueur. L'analyse suivante le convaincrait du phénomène, pour peu qu'il accepte de faire quelques calculs simples.

Considérons d'abord l'éclatement selon une circonférence d'une saucisse cylindrique de rayon r. Chacun des bouts est soumis à une force F égale à la pression P multipliée par la surface des bouts (car la pression est égale à la force divisée par la surface). En langage algébrique, $P = F/S$ donc $F = P \times S$.

Figure A1.1
Éclatement selon une circonférence

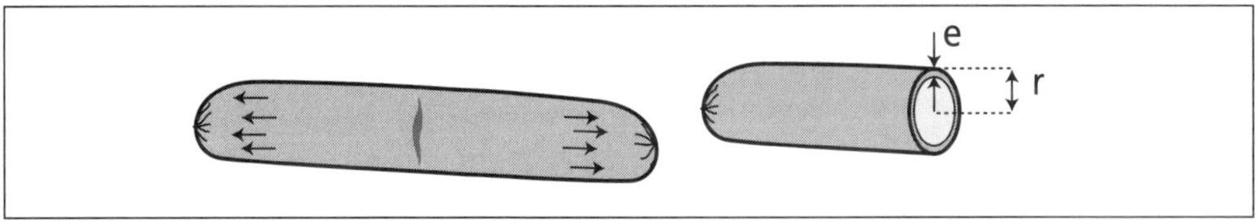

À gauche, forces tendant à faire éclater la saucisse selon une circonférence. À droite, la section à l'extrême droite représente la surface de l'enveloppe impliquée à la résistance à l'éclatement.

Les bouts ont une surface hémisphérique, ce qui complique un peu les choses. Avec l'aide du calcul intégral, on peut toutefois montrer que la surface qui compte dans le calcul est la « projection » de l'hémisphère dans un plan, un peu comme si on écrasait l'hémisphère jusqu'à ce qu'il devienne un cercle de rayon r. La surface d'un cercle vaut π multiplié par le rayon au carré, et les forces sont donc données par $F = P\pi r^2$.

Ces forces tendent à séparer deux portions cylindriques de la saucisse. La résistance de l'enveloppe dépend de sa section, à l'extrême droite sur la figure ci-dessus. Si l'enveloppe est mince, la section S est égale à la circonférence de la saucisse (2 fois π fois le rayon r) multipliée par l'épaisseur de l'enveloppe : $S = 2\pi re$.

La force supportée par une surface donnée d'enveloppe vaut donc $\frac{P\pi r^2}{2\pi re}$, soit $\frac{Pr}{2e}$.

Le même raisonnement permet d'évaluer les forces exercées sur les parois latérales de la saucisse, comme le demi-cylindre représenté ci-dessous. La projection du demi-cylindre est un rectangle de longueur L et de largeur 2r. La surface d'un rectangle est égale à la longueur multipliée par la largeur, et la force exercée sur le demi-cylindre vaut PL2r.

Figure A1.2
Éclatement dans le sens de la longueur

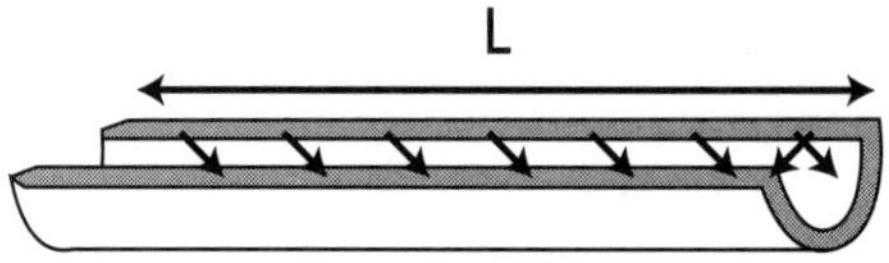

Forces tendant à faire éclater la saucisse dans le sens de la longueur. La section ombrée représente la surface de l'enveloppe impliquée à la résistance à l'éclatement.

Cette force est supportée par une section de peau (ombrée sur la figure ci-dessus) égale à la longueur multipliée par le double de l'épaisseur : S = L2e.

La force supportée par une section donnée d'enveloppe vaut donc $\frac{PL2r}{L2e}$, soit $\frac{Pr}{e}$.

Cette force par unité de surface vaut le double de son équivalent dans le sens longitudinal. La saucisse tend donc à fendre en deux dans le sens de la longueur plutôt que selon une circonférence. Cette conclusion est valable quel que soit le rayon de la saucisse.

Glossaire

Pour clarifier ou compléter une définition, vous pouvez consulter l'index et lire les passages référant à une notion scientifique donnée.

Acide: composé chimique qui peut libérer un ion hydrogène (H^+) ou en transférer un à un autre composé. La formule chimique d'un acide, par exemple celle de l'acide chlorhydrique HCl, contient toujours au moins un atome d'hydrogène.

Acide aminé: composé chimique dont les molécules portent à la fois un groupement carboxyle (COOH) et un groupe amine (NH_2). Les protéines sont formées d'acides aminés.

Acide gras: molécule constituée d'une chaîne d'atomes de carbone et d'hydrogène se terminant par un groupement carboxyle (COOH). Une molécule de gras, ou triglycéride, résulte de la réaction du glycérol avec trois acides gras. Une molécule de savon est constituée d'un acide gras ayant perdu son atome H^+ et lié à un ion de sodium (Na^+) ou de potassium (K^+) positif.

ADN: longue molécule portant le code génétique dans les cellules vivantes.

Alcool: composé chimique constitué d'atomes de carbone et d'hydrogène et comportant un ou plusieurs groupements fonctionnels hydroxyles (OH) liés à des atomes de carbone. L'alcool le plus simple, le méthanol, CH_3OH, est utilisé comme combustible dans les brûleurs à fondue, les poêles de camping et les véhicules automobiles. L'alcool présent dans les boissons alcooliques est l'éthanol, C_2H_5OH.

Antioxydant: substance s'oxydant très facilement, ce qui fait qu'elle protège les autres composés de l'oxydation.

Artère: vaisseau qui transporte le sang du cœur aux tissus. Une veine ramène le sang au cœur.

Atome: particule la plus petite d'un élément chimique qui retient les propriétés chimiques de cet élément. Les atomes sont eux-mêmes constitués de particules encore plus petites appelées électrons, protons et neutrons. Lors de réactions chimiques, les atomes restent intacts, mais se combinent différemment.

Axone: partie allongée d'une cellule nerveuse qui conduit l'influx nerveux à partir du « corps » de la cellule. Les nerfs sont constitués d'axones.

Base: substance fournissant des ions hydroxydes, OH^-. Selon une définition plus générale, une base capte des ions H^+. Une base réagit avec un acide, formant de l'eau (H_2O) et un sel.

Capillaire: vaisseau sanguin de moins de 0,01 millimètre de diamètre. Ce faible diamètre ralentit la circulation du sang, ce qui permet un échange efficace de substances (oxygène, glucose, gaz carbonique, etc.) entre le sang et les tissus.

Catalyseur: substance qui permet ou accélère une réaction chimique sans être elle-même transformée dans cette réaction.

Cellulose: principal constituant des végétaux; elle assure l'existence de parois cellulaires rigides. Une molécule de cellulose est un polymère de glucose (un sucre simple), c'est-à-dire une longue chaîne de molécules de glucose liées l'une à la suite de l'autre.

Centre de gravité: point d'un corps (ou d'un ensemble d'objets) autour duquel la masse est distribuée également. La position du centre de gravité est la moyenne des positions de chacune des parties du corps, en tenant compte de la masse de chaque partie. Chez un être humain se tenant droit, le centre de gravité se situe dans l'abdomen, un peu plus bas que le nombril.

Bien que la gravité s'exerce en fait sur chaque partie d'un objet, il est plus simple (et correct) de considérer qu'elle s'exerce entièrement au centre de gravité. Un objet est en équilibre si son centre de gravité se situe à l'intérieur de la base de sustentation, surface délimitée par les points d'appui.

Centrifuge (force): force fictive qui semble dirigée vers l'extérieur d'une trajectoire circulaire. Elle résulte de l'inertie de l'objet qui suit la trajectoire circulaire. Une centrifugeuse sépare des substances de densités différentes en tournant à grande vitesse.

Chaleur spécifique: quantité d'énergie que doit céder ou gagner une quantité donnée (généralement un kilogramme) d'une substance pour que sa température diminue ou augmente de 1 °C.

Champ électrique: état de l'environnement qui influence toutes les particules ayant une charge électrique. Une particule chargée se trouvant dans un champ subit une force électrique.

Champ magnétique: état de l'environnement qui influence les aimants, ou dipôles magnétiques, et les charges électriques en mouvement. Un aimant génère autour de lui un champ magnétique.

Charge électrique: propriété d'une particule matérielle qui lui fait produire et subir des effets électriques et magnétiques.

Collagène: protéine qui est le constituant majeur du tissu conjonctif (tissu situé entre les organes).

Composante: portion, dans une direction donnée, d'une quantité physique ayant une orientation (comme une force ou une vitesse). Par exemple, une vitesse dirigée vers le nord-est possède une composante vers le nord et une composante vers l'est.

Conduction (thermique): processus de transfert de la chaleur dans lequel l'énergie est transférée d'un atome (ou molécule) à l'atome voisin par collision, sans que les atomes eux-mêmes se déplacent à grande distance.

Convection: processus de transfert de la chaleur lié au mouvement d'un fluide, comme l'air ou l'eau.

Courant électrique: déplacement global de charges électriques dans une direction donnée. Dans un fil métallique, le courant électrique résulte du mouvement des électrons libres soumis à un champ électrique.

Densité: voir « Masse volumique ».

Détergent: composé synthétique qui nettoie efficacement grâce à sa structure chimique qui comporte une partie hydrophile et une partie hydrophobe, ce qui assure une liaison entre l'eau et les corps gras.

Diffusion (de la radiation): changement de direction d'une onde résultant d'une interaction avec une petite particule ou une inhomogénéité.

Diffusion (des molécules): migration graduelle des molécules ou atomes, provoquée par leur mouvement désordonné, à travers une paroi ou un milieu donné (généralement gazeux ou liquide), d'une région de forte concentration à une région de concentration moindre.

Digestion: dégradation des nutriments en molécules plus petites pouvant être absorbées par l'estomac ou l'intestin.

Distance focale: distance caractérisant la façon dont une lentille réfracte la lumière; elle dépend de la courbure des deux faces de la lentille. Pour une lentille convergente, comme une loupe ou un objectif d'appareil photo, la distance focale est la distance à laquelle des rayons incidents parallèles (venant d'un objet très éloigné) convergent après avoir traversé la lentille.

Électroaimant: bobine de fil métallique, contenant souvent un « noyau » de fer, qui devient aimantée quand un courant électrique passe dans le fil.

Électrode: conducteur par où le courant électrique arrive ou sort d'un milieu ou d'un dispositif donné.

Électron: très petite particule de charge électrique négative tournant autour du noyau positif dans un atome.

Émulsifiant: substance qui facilite et stabilise le mélange de composés qui ne se dissolvent pas l'un dans l'autre, comme l'eau et l'huile.

Énergie: propriété physique d'un système qui le rend capable d'une action sur lui-même ou sur son environnement. Il existe différentes formes d'énergie: énergie cinétique (liée au mouvement), potentielle (pouvant produire un mouvement), thermique (chaleur), électrique, chimique, nucléaire, lumineuse, etc. La caractéristique la plus importante de l'énergie est que l'énergie totale (d'un système isolé) est constante; il ne peut y avoir que des transferts entre les différentes formes d'énergie.

Enzyme: protéine qui active (catalyse) ou facilite une réaction biochimique spécifique, comme les réactions impliquées dans la dégradation de l'éthanol par le foie.

Excité: un atome (ou une molécule) excité a plus d'énergie qu'à l'ordinaire. Généralement, l'atome ou la molécule retourne à son état habituel en émettant l'énergie excédentaire sous forme de rayonnement.

Fluorescence: processus par lequel les atomes ou molécules absorbent un rayonnement ayant une certaine énergie, deviennent excités puis émettent une radiation d'énergie égale ou inférieure.

Force : influence exercée sur un corps, qui produit une accélération ou une déformation de ce corps. Si une force s'oppose à une autre, le corps peut rester immobile ou continuer à vitesse constante, comme dans le cas d'un véhicule pour lequel la résistance s'oppose à la force de propulsion. L'unité de la force est le newton (N).

Force d'Archimède : force dirigée vers le haut qui s'exerce sur tout objet plongé dans un fluide dans le champ gravitationnel de la Terre. La force d'Archimède (*buyoancy*, en anglais) résulte de la présence de la gravité, qui fait que la pression augmente avec la profondeur. Un morceau de bois flotte parce que, quand il est complètement immergé dans l'eau, son poids, dirigé vers le bas, est plus faible que la force d'Archimède, dirigée vers le haut.

Fréquence : rythme auquel un processus se répète ; nombre de cycles par unité de temps. L'unité de la fréquence est le hertz (Hz).

Frottement : force empêchant ou réduisant le mouvement relatif (glissement) entre deux surfaces.

Gaz : état de la matière consistant en particules individuelles (atomes ou molécules) relativement éloignées les unes des autres et interagissant peu. Au contraire d'un liquide ou d'un solide, un gaz occupe tout l'espace disponible dans son contenant.

Glucides : composés formés de carbone, d'oxygène et d'hydrogène. On les appelle aussi hydrates de carbone, car la formule chimique de nombreux glucides se rapproche de $C_n(H_2O)_m$, comme si les molécules étaient formées d'atomes de carbone auxquels se seraient liées des molécules d'eau (H_2O). Les sucres, comme le glucose ($C_6H_{12}O_6$) ou le sucrose ($C_{12}H_{22}O_{11}$) – ou sucre de table –, sont de petits glucides. Les glucides complexes, comme l'amidon ou la cellulose, ne sont pas des sucres au sens strict du mot.

Groupement fonctionnel : ensemble d'atomes, liés par des liaisons covalentes, associé à une molécule plus grande. Un groupement fonctionnel présente des propriétés et un comportement chimique définis. Par exemple, les alcools comportent au moins un groupe hydroxyle (OH).

Hertz (Hz) : unité de fréquence dans le système international d'unités (SI). Un hertz correspond à un cycle par seconde, une oscillation par seconde. Une onde radio de 85 kilohertz est constituée de champs électriques et magnétiques oscillant 85 000 fois par seconde. Captée par une antenne, elle induit un courant électrique alternatif oscillant aussi 85 000 fois par seconde.

Hormone : substance produite par un organe ou un groupe de cellules et agissant sur d'autres tissus.

Incandescence : état d'un corps chauffé suffisamment pour être rendu lumineux.

Influx nerveux : courant électrique se propageant dans les cellules nerveuses à la suite de l'excitation d'une terminaison nerveuse. Ce courant résulte du transfert d'ions chargés à travers la membrane cellulaire des neurones (et non d'un mouvement d'électrons comme dans un fil électrique).

Infrarouges (rayons) : gamme d'ondes électromagnétiques non perçues par l'œil humain, d'énergie inférieure à celle de la lumière visible. Les longueurs d'ondes des infrarouges varient de 0,0007 à 1 millimètre. La transmission de rayons infrarouges correspond à un transfert de chaleur.

Ion: atome ou groupe d'atomes possédant une charge électrique parce que son nombre d'électrons est inférieur ou supérieur au nombre total de protons. Un atome ou une molécule ordinaire, électriquement neutre, comporte autant d'électrons que de protons.

Isotope: atome d'un élément donné dont la masse diffère de celle des autres atomes de cet élément. Par exemple, quatre isotopes du carbone existent. Le plus courant est le carbone 12, qui constitue 98,9 % des atomes de carbone; son noyau contient six protons et six neutrons. Ensuite vient le carbone 13, avec 1,1 % des atomes; le noyau contient six protons et sept neutrons. Le carbone 11 et le carbone 14, radioactifs, sont en quantité négligeable, mais restent néanmoins décelables.

Joule (J): unité d'énergie dans le système international d'unités (SI). Un joule correspond à peu près à l'énergie potentielle fournie à une tablette de chocolat de 100 grammes que l'on élève d'un mètre (ce n'est pas beaucoup!). Au repos, un être humain dépense environ 100 joules par seconde pour son métabolisme.

Kilojoule (kJ): unité d'énergie valant mille joules. Un adulte absorbe et dépense environ 10 000 kilojoules par jour. Cette unité est surtout employée en nutrition, quoique de nombreuses personnes utilisent encore la vieille unité Calorie, valant 1 000 calories ou 4,18 kilojoules.

Kilopascal (kPa): unité de pression dans le système international d'unités (SI), valant 1 000 pascals (Pa). Un pascal correspond à une force d'un newton appliquée sur une surface d'un mètre carré. Une atmosphère, égale à la pression atmosphérique moyenne, vaut $1{,}01 \times 10^5$ pascals, ou 101 kilopascals.

Levier: dispositif tournant autour d'un point fixe (le pivot ou l'axe) et permettant de diminuer ou d'augmenter la grandeur d'une force à appliquer. La grandeur de la force dépend de la distance de son point d'application par rapport au pivot.

Liaison chimique: attraction entre atomes ou molécules, stable (liaisons covalentes, ioniques, métalliques) ou temporaire (liaisons hydrogène, de Van der Waals). Toutes les liaisons existent grâce à la force électrique entre particules chargées.

Liaison covalente: liaison forte qui se forme entre deux atomes quand ils partagent une paire d'électrons, ce qui réduit la répulsion électrique des noyaux.

Liaison double: liaison entre deux atomes qui partagent deux paires d'électrons.

Liaison hydrogène: liaison chimique faible résultant de l'attraction entre un atome d'hydrogène attaché à un atome d'oxygène, d'azote ou de fluor dans une molécule, et un atome d'oxygène, d'azote ou de fluor d'une autre molécule.

Lipides: constituants des végétaux et des animaux insolubles dans l'eau et solubles dans des solvants non polaires, comme l'éther. Les triglycérides (corps gras) sont des lipides, mais tous les lipides ne sont pas des triglycérides. Quelques autres exemples de lipides: mono et diglycérides, cires, stéroïdes (dont le cholestérol), phospholipides.

Longueur d'onde: distance entre deux crêtes, ou « maximums », d'une onde (comme la distance entre deux vagues successives à la surface de l'eau).

Lumière visible : gamme d'ondes électromagnétiques perceptibles par l'œil humain. Les longueurs d'onde de la lumière visible varient de 400 nanomètres (lumière violette) à 700 nanomètres (lumière rouge).

Masse volumique : rapport de la masse d'un objet sur son volume. Les unités de la masse volumique sont des kilogrammes par mètre cube (kg/m^3) ou des grammes par centimètre cube (g/cm^3). La masse volumique de l'eau vaut environ 1 000 kg/m^3, ou un gramme par centimètre cube. En anglais, on utilise le mot *density* pour désigner la masse volumique. Il ne faut pas confondre avec la densité en français, qui désigne le rapport sans unité entre la masse volumique d'un corps et la masse volumique de l'eau, qui sert de référence. Par exemple, la masse volumique de l'acier tourne autour de 7 800 kg/m^3, et la densité de l'acier vaut 7,8.

Membrane cellulaire : cloison semi-perméable entourant une cellule vivante. La membrane, fluide mais stable, est constituée de lipides et de protéines.

Métabolisme : ensemble des réactions chimiques se déroulant dans un organisme vivant.

Molécule : assemblage d'atomes liés par des forces électriques. Par exemple, la molécule d'eau, dont le symbole chimique est H_2O, comporte deux atomes d'hydrogène (H) et un atome d'oxygène (O).

Nanomètre (nm) : unité de longueur d'onde valant un milliardième de mètre (10^{-9} mètre). La longueur d'onde de la radiation verte vaut environ 500 nanomètres, ou 0,0005 millimètre.

Neurotransmetteur : substance libérée par un neurone (cellule nerveuse) qui, en se liant à un autre neurone, assure la transmission d'un influx nerveux.

Noyau (d'une cellule) : corpuscule contenant le matériel génétique et contrôlant ainsi le fonctionnement de la cellule.

Noyau atomique : partie centrale, très petite, d'un atome. Le noyau est constitué de protons et de neutrons et possède une charge électrique positive.

Onde : perturbation (d'un milieu matériel ou de champs) qui se propage.

Ondes électromagnétiques : ondes constituées de champs électrique et magnétique oscillants qui se propagent dans l'espace, y compris dans le vide. Les ondes radio, les micro-ondes, les rayons infrarouges, la lumière visible, les rayons ultraviolets, les rayons X et les rayons gamma sont tous des ondes électromagnétiques ; c'est leurs énergies, leurs longueurs d'onde et leurs fréquences qui les différencient.

Organique : qui contient du carbone. La chimie organique est la chimie des composés du carbone, composés qui peuvent provenir d'organismes vivants, mais peuvent aussi avoir été synthétisés en laboratoire.

Oscillation : mouvement répétitif et rythmique.

Oxydation : liaison d'oxygène à une substance ou processus par lequel des électrons sont enlevés à un atome ou à une molécule.

Peptide : molécule formée d'un petit nombre d'acides aminés. Une protéine est aussi formée d'acides aminés mais en nombre beaucoup plus grand que dans un peptide.

pH: mesure de la concentration des ions hydrogène H^+, donc de l'acidité. En général, le pH vaut entre 0 et 14 (il peut être négatif). Une solution est acide si son pH est inférieur à 7, basique (ou alcaline) s'il dépasse 7.

Photon: particule associée à la lumière (le préfixe grec *phôtos* signifie « lumière »), possédant de l'énergie mais pas de masse.

Photosynthèse: processus qui utilise la lumière pour synthétiser des glucides à partir d'eau et de gaz carbonique. L'énergie lumineuse est ainsi stockée sous forme d'énergie chimique.

Pigment: substance absorbant de façon non uniforme les diverses longueurs d'onde de la lumière visible et donnant ainsi sa couleur à un objet. La chlorophylle est un pigment vert.

Poids: force gravitationnelle sur un objet, dirigée vers le bas (vers le centre de la Terre) et exercée par la Terre. Le poids est égal à la masse (en kilogrammes) multipliée par l'accélération gravitationnelle existant à la surface terrestre (9,8 mètres par seconde carrée).

Polaire (molécule): état d'une molécule, ou d'un groupe d'atomes, dans laquelle il existe un déséquilibre permanent dans la répartition des charges parce que des atomes attirent davantage les électrons que d'autres. L'exemple le plus important de molécule polaire est la molécule d'eau (H_2O), dans laquelle l'oxygène acquiert une charge légèrement négative et les atomes d'hydrogène sont légèrement positifs.

Polymère: longue molécule formée par la liaison bout à bout de plus petites molécules appelées monomères. Par exemple, la cellulose, l'amidon et le glycogène sont tous des polymères de glucose, mais avec une structure différente; les deux premiers sont synthétisés par les végétaux, le dernier par les animaux.

Pression: quotient de la force agissant sur une surface par la grandeur de la surface sur laquelle la force agit. La pression peut être exercée par un gaz, un fluide ou un solide dont les atomes ou les molécules entrent en contact avec la surface considérée.

Protéine: grosse molécule constituée de milliers d'acides aminés. Les protéines sont présentes chez tous les êtres vivants et sont les principaux constituants des tissus comme les muscles, les organes ou la peau. Elles jouent aussi un rôle majeur dans le métabolisme.

Proton: particule élémentaire présente dans le noyau des atomes et portant une charge électrique positive.

Puissance: taux de production ou de consommation de l'énergie. La puissance est exprimée en watts (W). Un watt correspond à une énergie d'un joule produite ou consommée en une seconde; c'est la puissance consommée par une ampoule de lampe de poche typique.

Radiation (thermique): transmission de chaleur par émission de rayonnement infrarouge.

Radioactivité: propriété de certains éléments dont le noyau peut se désintégrer aléatoirement en émettant un rayonnement (particule ou photon).

Récepteur: site ou structure (souvent une protéine) de la membrane cellulaire où se lie une substance donnée, modifiant ainsi l'état ou le fonctionnement de la cellule.

Réfraction: déviation d'une onde, en particulier de la lumière, quand elle passe d'un milieu à un autre et que sa vitesse change. La réfraction se produit aussi dans un même milieu si l'onde rencontre des régions dont les propriétés physiques (densité, élasticité, etc.) sont différentes.

Résistance (d'un fluide): force retardatrice exercée par un fluide sur un solide qui se meut à travers le fluide (en réaction, le solide accélère le fluide). Aussi appelée *traînée*.

Sel: en chimie, un sel est en général un composé formé par la réaction d'un acide et d'une base. Le sel de table, ou chlorure de sodium (NaCl), se forme par exemple à la suite de la réaction de l'acide chlorhydrique (HCl) avec de l'hydroxyde de sodium (NaOH), une base.

Semiconducteur: matériau, comme le silicium, qui conduit l'électricité moins bien qu'un métal mais mieux qu'un isolant. La plupart des dispositifs électroniques comportent des semiconducteurs modifiés.

Solution: mélange homogène d'un solvant et d'une ou de plusieurs substances dissoutes.

Sucre: petit glucide, comme le glucose ($C_6H_{12}O_6$) ou le sucrose ($C_{12}H_{22}O_{11}$), notre sucre de table. On appelle parfois « sucres complexes » les gros glucides, comme l'amidon ou la cellulose, qui ne sont pas des sucres à proprement parler.

Tension électrique: énergie nécessaire pour faire passer une charge électrique d'un endroit à un autre, divisée par la valeur de la charge. Plus la tension est élevée, plus le courant électrique dans un circuit ou un appareil donné sera grand. La tension, aussi appelée différence de potentiel ou voltage, est mesurée en volts (V). La tension aux bornes d'une pile électrique ordinaire vaut 1,5 volt.

Tension superficielle: force, due aux attractions entre atomes et molécules, qui s'exerce à la surface d'un fluide et assure sa cohésion. À cause de la tension superficielle, on dit parfois que la surface d'un fluide se comporte comme une membrane élastique.

Travail: produit d'une force agissant sur un objet par la distance sur laquelle la force agit. En faisant un travail positif sur un objet, on lui transfère de l'énergie. Par exemple, une personne qui soulève un objet à vitesse constante effectue sur cet objet un travail qui se transforme en énergie potentielle. Si elle soulève l'objet en l'accélérant, le travail effectué se transforme en énergie potentielle et en énergie cinétique.

Turbulence: état d'un fluide qui s'écoule irrégulièrement, dans lequel la vitesse du fluide à un point donné change de grandeur et de direction de façon imprévisible.

Ultrasons: ondes de même nature que le son (suite de compressions et de raréfactions se propageant dans un milieu matériel) mais oscillant à une plus grande fréquence. La fréquence des ondes sonores se situe entre 20 et 20000 hertz; les ultrasons ont une fréquence supérieure à 20000 hertz.

POUR EN APPRENDRE DAVANTAGE

Si vous désirez en savoir davantage sur les aspects scientifiques de la vie quotidienne, voici quelques sites Internet intéressants. Suivent aussi des sources portant sur les sujets abordés dans ce livre, ou sur des sujets liés. Ces sources spécifiques consistent le plus souvent en d'autres sites Internet ou en articles parus dans des revues de vulgarisation scientifique générale, comme *Québec Science*, *Pour la Science*, *La Recherche*, etc., ou dans des revues s'adressant à des enseignants ou chercheurs scientifiques comme *The Physics Teacher*, *Chem Matters* ou *Journal of Chemical Education*. Ces revues moyennement spécialisées sont souvent disponibles dans les bibliothèques des écoles, collèges et universités.

SITES INTERNET

- *How Stuff Works*. Un site magnifique (en anglais) dans lequel on expose le fonctionnement des appareils retrouvés dans notre vie quotidienne, comme la toilette, le réfrigérateur, la jauge de pression, le stylo, l'arroseur, etc. Beaucoup de visuel. Les champs d'intérêt touchent aussi aux sciences biologiques et à divers autres sujets scientifiques et techniques.
  www.howstuffworks.com/
- *How Things Work*, un autre site incontournable (encore en anglais). Ce site est tenu par un professeur de l'Université de Virginie et porte sur un tas de questions posées par ses élèves et concernant les aspects concrets de la physique. Des tas de détails intéressants sur le four à micro-ondes, les lecteurs de DC, les montagnes russes, les lasers, les trains à lévitation magnétique, les thermomètres, les photocopieuses, etc.
  rabi.phys.virginia.edu/HTW/home.html
- *The last word* est le titre d'une page publiée depuis plusieurs années dans l'excellent magazine britannique *New Scientist*. Cette chronique fascinante regroupe des questions posées par des lecteurs et les réponses envoyées par d'autres lecteurs, généralement des spécialistes. Sur le site Internet du magazine, un outil de recherche permet de trouver les questions portant sur un sujet qui nous intéresse, ou simplement de s'amuser à toutes les lire ! Les questions portent sur tous les domaines de la vie quotidienne : les plantes et les animaux, la maison, le corps, les inventions et les gadgets…
  www.newscientist.com/lastword/

- Vous aurez aussi plaisir à consulter les sites de divers magazines scientifiques, ou les magazines eux-mêmes. Certains sites n'offrent que les sommaires ou les index, d'autres le texte complet de certains articles.

  Le site du magazine *Québec Science*: **www.cybersciences.com**
  Le site du magazine *Pour la Science*: **www.pourlascience.com**
  Le site du magazine *La Recherche*: **www.larecherche.fr**
  Le site du magazine *New Scientist*: **www.newscientist.com**
  Le site de l'Agence Science-Presse: **www.sciencepresse.qc.ca**

  Ce dernier site héberge une ressource appelée *La bibliothèque*, qui recense des milliers de sites Internet portant sur tous les sujets: sciences pures et appliquées, technologies, sciences sociales, arts, langues et littérature, etc. Un bon point de départ pour d'autres recherches!

SOURCES SPÉCIFIQUES

Chapitre 1

L'écholocation des chauves-souris

- N. Suga, «Le système sonar des chauves-souris», *Pour la science*, n° 154, août 1990, p. 64-73.

L'importance des engrais azotés

- V. Smil, «Engrais et démographie», *Pour la science*, n° 239, sept. 1997, p. 86-91.

L'expérience du pot renversé sur la bougie

- J.B. Caplan et collaborateurs, «The Hidden Complexities of a "Simple" Experiment», *The Physics Teacher*, vol. 32, n° 5, mai 1994, p. 310-314.
- G.D. Peckham, «A New Use for the Candle and Tumbler Myth», *Journal of Chemical Education*, vol. 70, n° 12, déc. 1993, p.1008-1009.

L'effet de serre

- É. Bard, «L'effet de serre», *La Recherche*, n° 356, sept. 2002, p. 50-53. Un article de la série *Bac to basics*; ces articles de quatre pages vulgarisent de nombreux sujets de façon excellente. Celui-ci fait bien ressortir le nombre des facteurs influant sur le climat et la complexité de leurs interactions.
- J. Hansen, «Réchauffement global: une bombe à retardement?», *Pour la science*, n° 318, avril 2004, p. 50-56.
- Dossier «Climat» du magazine *Science & Vie*, n° 1035, déc. 2003, p. 46-117.
- H. Kempf, «Poker climatique», *Québec Science*, vol. 40, n° 9, juin 2002, p. 34-39.
- S. Joussaume, «Alerte aux gaz à effet de serre», *Pour la science*, n° 300, oct. 2002, p. 84-87.
- Y. Villedieu, «Le climat change… Et vous?», *L'actualité*, vol. 27, n° 20, 15 déc. 2002, p. 26-36.
- Site et rapport du GIEC (Groupe d'experts intergouvernemental sur l'évolution du climat): www.ipcc.ch/pub/un/syrfrench/spm.pdf
- Calculateur personnel d'émissions de gaz à effet de serre: www.changements-climatiques.qc.ca

Le verre

- D. Kolb, D.E. Kolb, « The Chemistry of Glass », *Journal of Chemical Education*, vol. 56, n° 9, sept. 1979, p. 604-608.
- G.J. Fine, « Glass and Glassmaking », *Journal of Chemical Education*, vol. 68, n° 9, sept. 1991, p. 765-768.
- R.C. Plumb, « Antique Windowpanes and the Flow of Supercooled Liquids », *Journal of Chemical Education*, vol. 66, n° 12, déc. 1989, p. 994-996 (on y décrit en particulier l'ancienne méthode de fabrication des vitres).
- www.glassonline.com/infoserv/history.html (histoire du verre et de sa fabrication)

La transparence du verre à la lumière et aux rayons ultraviolets

- E. Hecht, « Why isn't paper transparent, like glass ? », *The Physics Teacher*, vol. 22, n° 5, mai 1984, p. 316-317.
- R. Bartels, F. Loxsom, « Can You Get a Sunburn Through Glass ? », *The Physics Teacher*, vol. 33, oct. 1995, p. 466-469.

Chapitre 2

Les couleurs du ciel

- J. Walker, « Les couleurs du ciel », *Pour la science*, n° 137, mars 1989, p. 98-101.
- D.K. Lynch, W. Livingston, *Color and Light in Nature*, Cambridge University Press, 1995, p. 21-50.
- M.G.J. Minnaert, *Light and Color in the Outdoors*, Springer-Verlag, 1993.

Fabrication du camembert

- http://www.camembert-country.com/cwp/cwp_fabr.htm

Moisissures et aliments

- C.M. Bourgeois et coll., *Microbiologie alimentaire*, Tec Doc, t.1, partie I, chap. 1 ; partie II, chap. 5 et 9 ; partie III, chap. 3 ; partie IV, chap. 7 ; partie VII, chap. 3.

Paradoxe d'Olbers

- J.-C. Pecker, « Le ciel est noir », *Pour la science*, n° 44, juin 1981, p. 124-135.
- E.R. Harrison, « The dark night Sky paradox », *American Journal of Physics*, vol. 45, n° 2, fév. 1977, p. 119-124.

Exoplanètes

- http://exoplanets.org
- http://obswww.unige.ch/Exoplanets/
- J.J. Lissauer, « Objectif Terres : mille et une méthodes de détection », *La Recherche*, n° 359, déc. 2002, p. 32-39.
- V. Sicotte, « Planétomania », *Québec Science*, vol. 41, n° 2, p. 20-24.

Chapitre 3

L'eau

- C. Michaut, « L'eau » (série *Bac to basics*), *La Recherche*, n° 372, fév. 2004, p. 81-84.

Cheveux et shampooings

- B. Bernard, « Un métronome biologique : le cheveu », *Pour la science*, nº 307, mai 2003, p. 76-83.
- www.cite-sciences.fr/francais/ala_cite/expo/tempo/cheveu (sur l'exposition de 2001 « Le cheveu se décode »)
- Anonyme, « pH & Hair Shampoo », *Chem Matters*, vol. 1, nº 2, avril 1983, p. 8-9.

Les figures de moiré

- G. Oster, Y. Nishijima, « Les phénomènes de moiré », *in Les phénomènes naturels*, Bibliothèque *Pour la science*, 1978, p. 134-143.
- M. Henry, « Les images insolites », *La Recherche*, nº 144, mai 1983, p. 615-622.
- M. Stecher, « The Moiré Phenomenon », *American Journal of Physics*, vol. 32, nº 4, avril 1964, p. 247-257 (plus mathématique mais avec un excellent tour d'horizon du phénomène).

Le sommeil

- Numéro « Sommeil » du magazine *Science & Vie*, hors série nº 220, sept. 2002, p. 1-160.
- J. Siegel, « Les clés du sommeil », *Pour la science*, nº 315, janv. 2004, p. 42-47.
- L. Schalchli, « Les rêves » (série *Bac to basics*), *La Recherche*, nº 376, juin 2004, p. 71-74.
- Magazine *New Scientist*, supplément « Mind travellers, Unravelling the mysteries of sleep », 26 avril 1997.

Chapitre 4

Les marées

- B. Simon, « Les caprices des marées », *Pour la science*, nº 286, août 2001, p. 24-32.
- A. Cazenave, A. Brahic, « L'effet des marées dans le système solaire », *Pour la science*, nº 35, sept. 1980, p. 22-34.

L'aspect de la mer

- C.F. Bohren, *Clouds in a Glass of Beer*, Wiley, 1987, chapitre 20, « Colors of the Sea », p. 155-170.
- D.K. Lynch, W. Livingston, *Color and Light in Nature*, Cambridge University Press, 1995.

La distance de l'horizon

- Z.H. Levine, « How to Measure the Radius of the Earth on Your Beach Vacation », *The Physics Teacher*, vol. 31, nº 7, oct. 1993, p. 440-441.
- A.P. French, « How far away is the horizon ? », *American Journal of Physics*, vol. 50, nº 9, sept. 1982, p. 795-799 (niveau spécialisé).
- C.F. Bohren, A. B. Fraser, « At what altitude does the horizon cease to be visible ? », *American Journal of Physics*, vol. 54, nº 3, mars 1986, p. 222-227 (niveau spécialisé).

Yeux et vision

- R. Dahm, « L'étrange transparence du cristallin », *La Recherche*, nº 373, mars 2004, p. 60-64.
- Numéro « L'œil et la vision » du magazine *Science & Vie*, hors série nº 216, sept. 2001, p. 1-160.

Mauvaise haleine et bactéries buccales

- J.E. Stevens, « Oral Ecology », *Technology Review*, janv. 1997, p. 49-55.
- M. Rosenberg, « La mauvaise haleine », *Pour la science*, n° 295, mai 2002, p. 46-50.

Les gras *trans*

- E. Doyle, « Trans Fatty Acids », *Journal of Chemical Education*, volume 74, n° 9, septembre 1997, p. 1030-1032.

  Accessible sur Internet à l'adresse http://jchemed.chem.wisc.edu/Journal/Issues/1997/Sep/abs1030.html

Le café et les taches de café

- F. Lemarchand, « Le café » (série *Bac to basics*), *La Recherche*, n° 371, janv. 2004, p. 91-94.
- B. Sicard, « Caféine et vigilance », *Pour la science*, n° 298, août 2002, p. 46-52.
- G. Walker, « The thrill of the spill », *New Scientist*, 25 oct. 1997, p. 34-35.
- http://jfi.uchicago.edu/~tten/Coffee.drops/Nagel.7.4.pdf

  Cette page donne accès à un article sur les taches de café paru dans *Nature* : R.D. Deegan et collaborateurs, « Capillary flow as the cause of ring stains from dried liquid drops », *Nature*, vol. 389 (1997), p. 827-829.

Chapitre 5

Le vélo

- F.R. Whitt, D. G. Wilson, *Bicycling Science*, MIT Press, 1982.
- C.R. Kyle, « How Wind Affects Cycling », *Bicycling*, mai 1988, p. 194-204.
- A. Gross, C. Kyle, D. Malevicki, « L'aérodynamique des véhicules mus par la force musculaire », *Pour la science*, n° 76, févr. 84, p. 66-74.
- J.-P. Vieren, « La bicyclette », *La Recherche*, n° 127, nov. 1981, p. 1204-1212.
- J.-M. Courty, É. Kierlik, « L'équilibre à vélo », *Pour la science*, n° 309, juillet 2003, p. 106-107.
- *Québec Science*, numéro hors série, été 1997, « L'ADN du vélo »
- « Science of Cycling » : www.exploratorium.org/cycling/index.html

La roue

- Brevet australien : www.ipmenu.com/archive/AUI_2001100012.pdf
- R.D. Stepp, « Why wheels work », *The Physics Teachers*, vol. 20, n° 8, nov. 1982, p. 550-551.
- S. Krasner, « Why Wheels Work : A Second Version », *The Physics Teacher*, vol. 30, n° 4, avril 1992, p. 212-215 (de niveau plus spécialisé).

La régulation de la température corporelle

- J. Bligh, « La défense contre le chaud et le froid », *La Recherche*, n° 177, mai 1986, p. 600-611.

Chapitre 6

Le sable et les plages

- W. Mack, E. Leistikow, « Les sables du monde », *Pour la Science*, n° 228, oct. 1996, p. 68-73.
- R. Paskoff, « L'érosion des plages », *La Recherche*, n° 140, janv. 1983, p. 20-28.

La couche d'ozone et le bronzage

- Stratospheric Ozone, An Electronic Textbook: www.ccpo.odu.edu/SEES/ozone/ oz_class.htm. Très élaboré; 12 chapitres, dont «Morphology of Ozone», «Radiation and the Atmosphere», «Stratospheric Photochemistry», «The Antarctic Ozone Hole», etc.
- J.-P. Césarini, «Les dangers du bronzage», *Sciences et Avenir*, hors série n° 107, août 1996, p. 60-65.
- C. Dubé, «Ce qu'il faut savoir sur les crèmes solaires», *Québec Science*, vol. 37, n° 10, juillet-août 1999, p. 34-37.
- R. Bartels, F. Loxsom, «The Sun-Protection Factors of Wet and Dry T-Shirts», *The Physics Teacher*, vol. 36, févr. 1998, p. 86-89.
- R.H. Grant, G.M. Heisler, «Multi-waveband Solar Irradiance on Tree-shaded Vertical and Horizontal Surfaces: Cloud-free and partly Cloudy Skies», *Photochemistry and Photobiology*, vol. 73, n° 1, 2001, p. 24-31.

Les algues et leurs polysaccharides

- C. Gagnon, «Potager marin», *Québec Science*, vol. 35, n° 1, sept. 1996, p. 42-45.
- C.G. Wood, «Seaweed Extracts», *Journal of Chemical Education*, vol. 51, n° 7, juillet 1974, p. 449-452.
- G.L. Cote, «Polysaccharides», *Chem Matters*, vol. 4, n° 2, avril 1986, p.12-14.

La balançoire

- J. Walker, «L'art de la balançoire», *Pour la Science*, n° 139, mai 1989, p. 98-101.
- S.M. Curry, «How children swing», *American Journal of Physics*, vol. 44, n° 10, oct. 1976, p. 924-926 (article spécialisé; plusieurs références).

Chapitre 7

Les poêles de camping

- T. Smith, «Camping stoves», *Chem Matters*, vol. 10, n° 2, avril 1992, p. 7-11.

Les légumes fermentés

- C.J. Oberg, R.J. Brown, «Preservation by Fermentation», *Journal of Chemical Education*, vol. 70, n° 8, août 1993, p. 653-656.

Chapitre 8

Le Soleil

- L. Orluc, «Le point sur le Soleil» (quatre articles), *Science & vie*, n° 1043, août 2004, p. 94-112.

L'origine de l'eau terrestre

- D.L. Pinti, B. Marty, «La mer est tombée du ciel», *La Recherche*, n° 355, juillet-août 2002, p. 14-17.
- F. Robert, É. Deloule, «D'où vient l'eau du système solaire?», *La Recherche*, n° 320, mai 1999, p. 70-74.

La mer, le sel, les vagues

- Numéro spécial «La mer», *La Recherche*, n° 355, juillet-août 2002, p. 14-96.
- F. Dias, «Le déferlement», *Pour la science*, n° 303, janv. 2003, p. 38-44.

Chapitre 9

Le ricochet des cailloux sur l'eau

- L. Bocquet, N. Witkowski, « L'art des ricochets », *La Recherche*, n° 365, juin 2003, p. 46-49.
- J.-M. Courty, É. Kierlik, « L'art du ricochet », *Pour la Science*, n° 304, févr. 2003, p. 106-107.
- L. Bocquet, « The physics of stone skipping », *American Journal of Physics*, vol. 71, n° 2, févr. 2003, p. 150-155 (article spécialisé).

  Accessible sur Internet à l'adresse http://arxiv.org/abs/physics/0210015

La voile

- V. Radhakrishnan, « De la voile à l'aile », *Pour la Science*, n° 257, mars 1999, p. 70-77.
- H.C. Herreshoff, J.N. Newman, « The Study of Sailing Yachts », *Scientific American*, vol. 215, août 1966, p. 61-68.

Le cerf-volant

- www.grc.nasa.gov/WWW/K-12/airplane/shortk.html

  Ce site de la NASA américaine porte sur les aspects scientifiques du cerf-volant. En particulier, une section montre comment déterminer la hauteur atteinte en vol.
- J. Walker, « Connaître, construire et faire voler [...] des cerfs-volants », *Pour la Science*, n° 6, avril 1978, p. 120-125.

La datation au carbone 14

- É. Bard, « La datation au carbone 14 fait peau neuve », *La Recherche*, n° 323, sept. 1999, p. 52-56.
- C. Laj et coll., « La datation par le carbone 14 », Dossier *Pour la Science*, n° 42, janvier/mars 2004, p. 50-53 (cet excellent dossier de la revue *Pour la Science* comporte d'autres articles sur de nombreuses méthodes de datation).

La bière et la mousse

- C.L. Bering, « The Biochemistry of Brewing », *Journal of Chemical Education*, vol. 65, n° 6, juin 1988, p. 519-521.
- C. Dalgliesh, « La biochimie de la bière », *La Recherche*, n° 110, avril 1980, p. 434-443.
- R. Lemieux, « Le secret est dans la cuve », *Québec Science*, vol. 39, n° 6, mars 2001, p. 39-42.
- A. Vogler, H. Kunkely, « Photochemistry and Beer », *Journal of Chemical Education*, vol. 59, n° 1, janv. 1982, p. 25-27.
- C.S. Burns et collaborateurs, « Mechanism for Formation of the Lightstruck Flavor in Beer Revealed by Time-Resolved Electron Paramagnetic Resonance », *Chemistry European Journal 2001*, vol. 7, n° 21, p. 4554-4561.
- T. Inglis, « Hops and Beer Flavours », www.nzhops.co.nz/articles/flavours.htm
- F. Graner, « La mousse » (série *Bac to basics*), *La Recherche*, n° 345, sept. 2001, p. 46-49.
- M. Vignes-Adler, F. Graner, « La vie éphémère des mousses », *Pour la science*, n° 293, mars 2002, p.48-55.
- A. Leike, « Demonstration of the exponential decay law using beer froth », *European Journal of Physics*, vol. 23, 2002, p. 21-26, disponible sur Internet à stacks.iop.org/EJP/23/21

La mouffette et ses sécrétions

- S. Larivière, « Haut la queue ! », *Québec Science*, vol. 38, n° 1, sept. 1999, encart, p. 10-11.
- N. Touchette, « Skunk Non-scents », *Chem Matters*, vol. 14, n° 3, oct. 1996, p. 7-9.
- Site Internet de William F. Wood, un chercheur qui a analysé la composition du liquide : www.humboldt.edu/~wfw2/skunkspray.shtml
- home.earthlink.net/~skunkremedy/home

Éthanol et effets de l'alcool

- http://chemcases.com/alcohol/index2.htm (site sérieux, bien vulgarisé, très complet)

La photographie

- J. Belloni-Cofler et collaborateurs, « La photographie révélée », *La Recherche*, n° 217, janv. 1990, p. 48-56.
- M.S. Simon, « New Developments in Instants Photography », *Journal of Chemical Education*, vol. 71, n° 2, fév. 1994, p. 132-140.

Chapitre 10

Éthylène glycol et empoisonnement

- B. Goldfarb, « Antifreeze Antidote », *Chem Matters*, vol. 14, n° 3, oct. 1996, p. 4-6.

La glace à la vanille

- www.foodsci.uoguelph.ca/dairyedu/home.html (un excellent site de l'Université de Guelph, en Ontario, sur les produits laitiers et la crème glacée)
- G.K. Haines, « Vanilla ! It's Everywhere ! », *Chem Matters*, déc. 2003, p. 4-6.
- C.H. Breedlove, « Vanilla », *Chem Matters*, vol. 6, n° 2, avril 1988, p. 8-9.
- M.B. Hocking, « Vanillin : Synthetic Flavoring from Spent Sulfite Liquor », *Journal of Chemical Education*, vol. 74, n° 9, sept. 1997, p. 1055-1059.
- J. Hulihan, « Ice cream headache », *British Medical Journal*, vol. 314, 10 mai 1997, p. 1364, disponible sur Internet à bmj.bmjjournals.com/cgi/content/full/314/7091/1364

Les antimoustiques

- M.S. Fradin et coll., « Comparative Efficacy of Insect Repellets Against Mosquito Bites », *New England Journal of Medicine*, vol. 347, n° 1, 4 juillet 2002, p. 13-18.
- G. Koren et collaborateurs, « DEET-based insect repellents : safety implications for children and pregnant and lactating women », *Canadian Medical Association Journal*, vol. 169, n° 3, 5 août 2003, p. 209-212 ; disponible sur Internet à www.cmaj.ca/content/vol169/issue3

Le pop-corn

- L.K. Sibley, « Pop Corn », *Chem Matters*, vol. 2, n° 3, oct. 1984, p. 10-12.

L'aurore polaire

- G. Drouin, « Les feux du ciel », *Québec Science*, vol. 33, n° 5, fév. 1995, p. 36-39.
- S.-I. Akasofu, « La dynamique des aurores polaires », *Pour la Science*, n° 141, juillet 1989, p. 74-85.

INDEX

D

E

F

G

H

I

J

K

L

M

N

O

P

Q

R

S

T

U

V

W

Y